"十二五"职业教育国家规划教材

经全国职业教育教材审定委员会审定

种子生产技术综合实训指导

ZHONGZI SHENGCHAN JISHU

ZONGHE SHIXUN ZHIDAO

第二版

周显忠　梅四卫　主编

U0300722

化学工业出版社

·北京·

本教材以专业能力培养为中心，参照作物种子繁育员国家职业标准，将种子生产的有关内容有机地结合起来，以技能为单位，融入理论知识，独立安排实践内容，自成体系。教材以项目为载体，引导学生通过动手操作掌握技能要点，达到能独立应用、分工合作、直接与生产管理接轨的目的，让学生把掌握的技能应用于生产管理实践当中。全书按照种子生产全过程展开，分为七个项目：制订方案、播前准备、播种、田间管理、质量控制、观察记载、包装与贮藏。每个项目下又分为若干任务，共计 36 个任务，每个任务又分为"任务描述"、"任务目标"、"任务实施"、"任务考核"、"相关理论知识"、"课后训练"六个单元。每个项目后都有项目自测与评价。

本教材可作为种植类专业种子生产课程的实训教材，也可供农业技术推广及有关部门的管理和技术人员使用。

图书在版编目（CIP）数据

种子生产技术综合实训指导/周显忠，梅四卫主编.—2版.
北京：化学工业出版社，2018.6
"十二五"职业教育国家规划教材
ISBN 978-7-122-32006-3

Ⅰ.①种… Ⅱ.①周… ②梅… Ⅲ.①作物育种-职业教育-教材 Ⅳ.①S33

中国版本图书馆 CIP 数据核字（2018）第 077886 号

责任编辑：李植峰 迟蕾　　　　　　　　　文字编辑：姚凤娟
责任校对：王素芹　　　　　　　　　　　　装帧设计：刘丽华

出版发行：化学工业出版社（北京市东城区青年湖南街 13 号　邮政编码 100011）
印　　刷：北京市振南印刷有限责任公司
装　　订：北京国马印刷厂
787mm×1092mm　1/16　印张 12½　字数 302 千字　2018 年 8 月北京第 2 版第 1 次印刷

购书咨询：010-64518888（传真：010-64519686）　售后服务：010-64518899
网　　址：http://www.cip.com.cn
凡购买本书，如有缺损质量问题，本社销售中心负责调换。

定　　价：34.00 元

《种子生产技术综合实训指导》(第二版)编写人员

主　　编　　周显忠　梅四卫

副 主 编　　刘丽云　冯云选

参编人员　　（按姓名汉语拼音排列）

冯云选　（辽宁农业职业技术学院）

贾利元　（商丘职业技术学院）

焦　颖　（辽宁职业学院）

梁庆平　（广西农业职业技术学院）

刘丽云　（辽宁职业学院）

刘秀娟　（沈阳市农林技术推广中心）

梅四卫　（河南农业职业学院）

周显忠　（辽宁职业学院）

主　　审　　何　晶　（辽宁丹玉种业公司）

前　言

本教材的编写是根据《国家中长期教育改革和发展规划纲要（2010－2020）》、《教育部关于加强高职高专教育人才培养工作的意见》、《关于全面提高高等职业教育教学质量的若干意见》及《关于加强高职高专教育教材建设的若干意见》等文件精神基于"教材要与岗位技术标准对接，着力培养学生就业创业能力"，紧紧围绕培养学生实践技能，从而提高学生动手能力而编写。

"国以农为本，农以种为先"作为现代农业技术的载体，是农业生产最重要的生产资料，种子选育与生产是农业生产最基本、最可靠、最经济有效的增产措施。

种子生产技术综合实训课程是种子生产与经营专业教学过程中必不可少的主要环节，也是实现高职教育培养目标、提高教学质量、培养学生实践技能、提高学生动手能力的主要手段。本课程是一门经历全学程，涉及若干课程教学与实践内容的综合性应用型课程。

本教材以专业能力培养为中心，参照作物种子繁育员国家职业标准，将种子生产的有关内容有机地结合起来，以技能为单位，融入理论知识，独立安排实践内容，自成体系。以项目为载体，引导学生通过动手操作掌握技能要点，达到能独立应用、分工合作、直接与生产管理接轨的目的，让学生把掌握的技能应用于生产管理实践当中。全书按照种子生产全过程展开，分为七个项目：制订方案、播前准备、播种、田间管理、质量控制、观察记载、包装与贮藏。每个项目下又分为若干任务，共计 36 个任务，每个任务又分为"任务描述"、"任务目标"、"任务实施"、"任务考核"、"相关理论知识"、"课后训练"六个单元。每个项目后都有项目自测与评价。本教材可以独立设置一门课程讲授和训练，也可以作为专业理论教材的辅助课程。由于各地差异和实践教学条件不同，因此在使用时要因地制宜选择项目。

承蒙辽宁丹玉种业公司玉米育种专家何晶研究员在百忙之中以深厚的学识和文字功底仔细审阅了全部书稿，提出了宝贵的意见。本书参考了多所农业院校的先进经验，更借鉴和吸纳了大量企业一线的意见和要求，对相关的专家学者表示衷心的感谢。同时，本教材的编写也得到了编者所在学校的大力支持，在此表示诚挚的谢意。

本教材配套有立体化教学资源，可从 www.cipedu.com.cn 免费下载。

以种子生产过程为主线，按农时季节和生产内容安排教学活动编写实训指导教材尚属一种尝试，由于编者水平有限，书中疏漏之处在所难免，敬请广大读者批评指正。

编者
2018 年 1 月

第一版 前言

种子生产综合实训课程，是种子专业教学过程中必不可少的主要环节，也是实现高职教育培养和提高教学质量的主要手段。本教材以专业能力培养为中心，将种子生产的有关内容有机地结合起来，结合理论教学，以技能为单位，独立安排实践内容，自成体系。以专业技能为单位，可有效引导学生通过动手操作掌握技能要点，既能独立应用，又可分工合作，直接与生产管理接轨，把掌握的技能应用于生产管理实践当中。

本教材以种子生产过程为主线，完全按照农时季节和生产内容安排教学活动。全书分为制订方案、播前准备、播种技术、田间管理、质量控制、观察记载、包装贮藏七个单元，设计了36项技能训练项目。每个技能训练项目强调可操作性，内容包括训练目标、训练材料与用具、相关理论依据、训练方法步骤、考核标准、作业。本教材可以独立设置为一门课程讲授和训练，也可以作为专业理论教材的辅助实训教材。由于各地差异和实践教学条件不同，在使用时可因地制宜地选择项目。

本教材由周显忠制定编写提纲并负责编写第二单元、第三单元、第四单元的部分内容；梅四卫负责编写第一单元、第四单元、第五单元、第七单元的部分内容；刘丽云负责编写第一单元、第二单元、第六单元部分内容；冯云选负责编写第四单元、第五单元部分内容；贾利元负责编写第三单元部分内容；焦颖负责编写第二单元部分内容；梁庆平负责编写第一单元部分内容。

本教材编写过程中不仅总结了多所农业院校骨干教师的先进经验，更征求了企业一线技术人员的意见和建议，在此一并表示感谢！

限于编者水平，加之编写时间仓促，教材中疏漏之处在所难免，敬请指正。

编者
2011 年 1 月

目　录

项目一　制订方案

种子生产方案是规范种子生产者行为，推动种子生产产业化，强化种子质量和农业生产用种安全的有力保障。种子生产方案的制订要依当地的自然生态条件、社会经济状况等，选择适宜的种子生产基地，制订科学的种子生产方案。

任务一　种子生产基地的建设

一、任务描述
我国西北、东北已成为我国首要的种子生产基地，种子生产基地选择要结合当地生态环境、社会经济环境、种植习惯，确定相应种类的作物种子生产，宜种则种，宜农则农。

二、任务目标
掌握建立种子生产基地的条件、程序和形式。

三、任务实施
（一）实施条件

具备有代表性种子企业、种子生产基地数个；主要作物杂交制种田。

（二）实施过程

1. 严格考察种子生产基地的条件

种子生产基地要保持相对稳定。因此在建立基地之前，要对预选基地的条件进行细致的调查研究和周密的思考，经过详细比较后择优建立。建立种子生产基地的条件有以下几个方面。

（1）自然条件　自然条件对建立种子生产基地、生产高质量的种子至关重要。基地的自然条件包括以下几方面。

① 气候条件　品种的遗传特性及优良性状表现需要适宜的温度、湿度、降雨、日照和无霜期等气候因素。不同作物及同一作物不同品种需要的上述气候条件不同。种子基地应能满足品种所要求的气候条件。

② 地形地势　有利的地形地势可以达到安全隔离的效果。如山区，不仅可以采用时间隔离，而且可以进行空间隔离和自然屏障隔离，几种隔离同时起作用，对防杂保纯及隔离区的设置极为有利。

③ 各种病虫害发生情况　基地的各种病虫害要轻，不能在病虫害常发区以及有检疫性病虫害的地区建立基地。

④ 交通条件　基地的交通要方便，便于开展种子生产和种子运输。

（2）生产水平和经济条件　基地应有较好的生产条件和科学种田的基础，地力肥沃，排灌方便，生产水平较高。大多数农户以农为主，粮食的商品率高，劳动力充足。

（3）领导干部和群众的积极性　建立和发展种子基地，需要当地的领导干部，尤其是基层领导干部的关心和大力支持。领导重视，群众的积极性高，事情就容易办好。如果群众的文化水平较高，通过技术培训，便可形成当地种子生产的技术力量，利于各个环节的管理和各项技术措施的落实，有利于提高种子的质量和产量。

2. 建立种子生产基地

建立种子生产基地，通常要进行以下几方面的工作。

（1）搞好论证　在种子生产基地建立之前首先要进行调查研究，对基地的自然条件和社会经济条件进行详细的调查和考察，在此基础上编写出建立种子生产基地的设计任务书。设计任务书的主要内容包括基地建设的目的和意义、现有条件（自然和社会经济条件）分析、主要建设内容（基地规模、水利设施、收购、加工、贮藏设施及技术培训等）、预期达到的目标、实施方案、投资额度、社会经济效益分析等，然后请有关专家论证。

（2）详细规划　在充分论证的基础上，做好种子生产基地建设的详细规划。根据良种推广计划和种子公司对种子的收购量及基地自留量来确定基地的规模和生产作物品种的类型、面积、产量以及种子生产技术规程等。基地规模可用下列公式计算。

$$基地规模 = \frac{计划生产量}{正常年份平均单产} \times 风险系数$$

风险系数是考虑到自然灾害、混杂等因素对种子生产的影响而预留的，一般为1～1.2，可视具体情况而定。

（3）组织实施　制订出基地建设实施的方案后，组织有关部门具体实施。各部门要分工协作，具体负责基地建设的各项工作，使基地能保质保量、按期完成并交付使用。

四、　任务考核

项目	重点考核内容	考核标准	分值
种子生产方案	种子基地类型	掌握种子基地类型	30
	种子生产基地条件	正确应用种子生产基地基本条件	30
	种子生产基地建设程序	制订种子生产基地建设方案	40
分数合计	100		

五、　相关理论知识

1. 种子生产基地建设的意义

种子生产是一项专业性强、技术环节严格的工作。在种子生产中，常常会因为土壤肥力水平、栽培条件或繁种、制种技术的差异而导致种子产量和质量出现很大差别，因此必须建立专业化和规模较大的种子生产基地进行种子生产。

建立种子生产基地：一是有利于种子质量的控制与管理，国家有关种子工作方针、政策和法规的贯彻与执行，从而净化种子市场，实现种子管理法制化，加速种子质量标准化的实现；二是有利于进行规模生产，发挥专业化生产的优势和作用，既可降低种子生产成本，又可避免种子生产多、乱、杂现象的发生，也有利于按计划组织生产；三是有利于促进种子加工机械化的实施；四是有利于新品种的试验、示范和推广，促进新品种的开发与利用，形成育、繁、产、销一体化。

2. 种子生产基地建设的主要任务

（1）迅速繁殖新品种　　新品种经审定通过后，种子量一般很少，因此迅速地大量繁殖新品种，以满足生产上对优良品种的需要，促进优良品种的迅速推广，让育种家的研究成果迅速转化为生产力，尽早发挥其应有的经济效益，就成为十分迫切的任务。

（2）保持优良品种的种性和纯度，延长其使用年限　　优良品种在大量繁殖和栽培过程中，由于机械混杂、生物学混杂等原因造成优良品种的纯度和种性降低。因此，要求种子生产基地要具备可靠的隔离条件，适宜品种特征特性的自然条件、栽培条件，以及繁种、制种技术和防杂保纯措施等条件，以确保优良品种和其亲本种子在多次繁殖生产中不发生混杂退化，保持其纯度和种性。

（3）为实现品种的合理布局和有计划地进行品种更新和更换提供种子　　在农业生产中，一个自然生态区，只应推广1～2个主干品种，适当搭配2～3个其他品种。依靠种子生产基地供种，可以打破行政区划的界限，按自然生态区统筹安排，实现品种的合理布局，有效地克服品种的多、乱、杂现象。

3. 种子生产基地的形式

种子生产基地的形式主要有以下两种。

（1）自有种子生产基地　　这类基地包括种子企业通过国家划拨、企业购买而拥有土地自主使用权的或通过长期租赁形式获得土地使用权的种子生产用地以及国有农场、国有原（良）种场、高等农业院校及科研单位的试验农场或教学实验农场等。这类基地的经营管理体制较完善，技术力量雄厚且集中，设备设施齐全，适合生产原种、杂交种的亲本及某些较珍贵的新品种。尤其是高等农业院校及科研单位，既是农作物育种单位，其试验农场或教学实验农场又是原种生产的主要基地，在整个种子生产中发挥着重要作用。

（2）特约种子生产基地　　这类基地主要是指种子生产企业根据企业自身的种子生产计划，选择符合种子生产要求的地区，通过协商与当地组织或农民采取合同约定的形式把农民承包经营的土地用于种子生产，使之成为种子企业的种子生产基地。特约种子生产基地是我国目前以及今后相当长一个时期内种子生产基地的主要形式。这类基地不受地域限制，可充分利用我国农村的自然条件、地形地势等各具特色的优势，而且我国农村劳动力充裕，承担种子生产任务的潜力很大，适合量大的商品种子的生产。但是这类基地的设施条件较差，管理难度较大。种子企业可综合种子生产的要求、生产成本及生产地区农民技术水平等因素，选择本地或异地建立特约种子生产基地。

特约种子生产基地根据管理形式、生产规模，又可分为三种类型。

① 区域（化）特约种子生产基地　　也称为县（联县）、乡（联乡）、村（联村）统一管理的大型种子生产基地。这种基地通常把一个自然生态区，或一个自然生态区内的若干县、乡、村联合在一起建立专业化的种子生产基地。种子企业一般与当地政府签订合同，这类基地的领导组织力量强，群众的积极性高，技术力量较雄厚，以种子生产为主业。这种基地适合生产杂交玉米、杂交高粱、杂交棉花、杂交水稻等生产量大、技术环节较复杂的作物种子。

② 联户特约种子生产基地　　这是由自愿承担种子生产任务的若干农户联合起来建立的中、小型基地。联户中推荐一名代表负责协调和管理联户基地的各项工作，代表联户同种子公司签订种子生产合同。联户负责人应精通种子生产技术，组织沟通能力较强；一般联户成员生产种子的积极性高、责任心强。由于基地的规模不大，适合承担种子生产量不大的特殊杂交组合的制种、杂交亲本的繁殖以及需要迅速繁殖的新育成品种的种子生产任务。

③ 专业户特约种子生产基地　由责任田较多、劳动力充足、生产水平高，又精通种子生产技术的专业户直接与种子公司签订生产某一品种的合同。种子公司选派技术人员进行指导和监督。这种小型基地，适合承担一些繁殖系数高或种子量不大的良种或特殊亲本种子的生产任务。

六、 课后训练

结合当地实际制订某种作物种子生产基地建设方案。

任务二　制订种子生产计划

一、 任务描述

种子生产计划是种子企业进行种子生产的直接依据，是种子企业在充分市场调研的基础上，确定种子生产种类、数量、质量、种子生产质量控制等因素，最终决定种子企业经济效益。

二、 任务目标

通过参观或实践某种子公司种子生产的准备工作，能初步掌握制订种子生产计划的内容和方法，为将来指导种子生产奠定基础。

三、 任务实施

（一） 实施条件

生产计划制订的素材、近三年制订的各类种子生产计划等。

（二） 实施过程

1. 调查种子市场

通过种子市场调查，了解种子的供求状况、农民需求、竞争对手。

2. 制订生产计划

根据市场调查结果，参考营销和财务等部门的意见，制订出符合企业营销计划的种子生产计划。

3. 实施生产计划

编制计划只是计划的开始，大量的工作将是计划的执行和监督实施，及时发现问题、采取措施解决，如期完成既定的任务，达到预期目的。

四、 任务考核

项目	重点考核内容	考核标准	分值
种子生产计划	种子市场调查	能应用正确方法进行种子市场调查	30
	种子生产成本核算	正确核算种子生产成本	30
	种子生产计划	制订切实可行种子生产计划	40
分数合计		100	

五、 相关理论知识

主要介绍种子生产计划的内容。

1. 种子生产任务

包括作物种类、品种名称及类型，生产种子数量。

2. 种子生产目标

包括生产出符合营销计划要求、达到质量标准的良种、原种及亲本种子，以及供试种、示范用的种子，编制好各类种子的生产计划及生产费用支出定额。

3. 种子生产基地的选择与建设

包括基地的面积、布点及其组织形式，合同签订等。

4. 种子生产的人员安排及组织、管理措施

种子生产技术比较复杂，特别是杂交种的繁殖和制种技术环节多，每一个环节都必须专人负责把关，才能保证种子生产的数量和质量。因此，必须建立健全技术岗位责任制，明确规定每个单位或个人在种子生产中的任务、应承担的责任及享有的权利，以调动基地干部和技术人员的积极性，增强其责任感，保证种子生产的数量和质量，提高经济效益。

5. 种子生产成本预算

①种子生产基本费用包括生活费、交通费和通讯费。一般由公司配备交通工具。基本费用通常按种子 10 元/t 计算。②乡村工作协调费是指乡村领导协调制种工作所支付报酬。③企业管理费用包括企业人员工资、奖金、业务费、培训费等。

种子生产户主要成本开支：

①土地承包费：是租用土地的价格，占直接成本的 1/3 左右。②材料费：指以物料形式出现的成本，包括亲本种子、化肥、水和农药等。③机耕费：指农业机械作业所发生的费用。包括犁地、平地、耙地、播种、追肥、喷药、收获及田间至晒场的运输等。④ 人工费：指雇用劳动力直接从事田间作业所发生的成本。包括清地、选种、晒种、播种、补种、去杂、去劣、追肥、喷药、收获和入库等活动中发生的费用。

6. 种子生产技术操作规程与种植户培训观摩等

不同作物、同一作物的不同品种需要不同的管理技术，而且同一作物的原种、良种、亲本种子、杂交种子的管理要求也有所不同，在隔离区设置、去杂去雄时间、技术管理、质量标准等方面各不相同。所以，应制订出各品种具体的种子生产技术操作规程，以便于分类指导，具体实施。技术操作规程应对各项技术提出具体指标和具体措施，以规范各环节的操作，这也是种子质量监督部门进行监督检查的依据。

种子生产培训包括对技术员的培训和对种子生产者（农民）的培训。对技术员的培训一般由从事种子生产的专家来完成，通过系统学习种子生产专业知识、开办种子生产技术培训班和研讨会等形式来完成。对种子生产者的技术培训一般是指种子生产技术员在种子生产基地对农民进行的培训和指导，采用技术讲座、建立示范田或田间地头的现场指导来提高他们的技术水平。

7. 种子质量检验与控制

对种子质量低劣，达不到良种等级的，不收购其种子，也不准其自行销售。

8. 种子生产管理办法及考核奖励办法等

在进行种子生产时，首先必须制订出具体的生产计划，才能使本年度的工作有计划、有条不紊地进行，也便于进行工作检查与经验总结。种子生产计划是种子营销计划的一部分，生产部门根据营销部门对作物品种结构、数量和质量的预测和要求，结合公司技术力量及基地、人员、设备等情况，在参与制订营销计划的同时也基本上完成了种子生产计划的制订。

六、 课后训练

根据所参观或实践的种子生产情况，设计出某一作物品种的年度种子生产计划。

任务三　熟悉杂交制种技术操作规程

一、任务描述

杂交种生产在种子生产中起着举足轻重的作用，在我国主要是杂交水稻、杂交玉米、杂交油菜、杂交棉花、杂交高粱等种子生产，杂交种种子生产技术规程是生产杂交种的基本依据。

二、任务目标

掌握主要杂交制种技术。

三、任务实施

（一）实施条件

水稻制种田、玉米制种田和棉花制种田、高粱制种田、授粉器等。

（二）实施过程

1. 三系杂交水稻制种技术

（1）制种基地的选择　杂交水稻制种技术性强、投入高、风险性较大，在基地选择上应考虑其具有良好的稻作自然条件和保证种子纯度的隔离条件。

① 自然条件　在自然条件方面应具备：土壤肥沃，耕作性能好，排灌方便，旱涝保收，光照充足；田地较集中连片；无检疫性水稻病虫害。其次，耕作制度、交通条件、经济条件和群众的科技文化素质也应作为制种基地选择的条件。早、中熟组合的春季制种宜选择在双季稻区，迟熟组合的夏季制种宜选择在一季稻区。

② 安全隔离　杂交水稻制种是靠异花授粉获得种子，因此，为获得高纯度的杂交种子，除了采用高纯度的亲本外，还要做到安全隔离，防止其他品种串粉。具体隔离方法有以下几种。

a. 空间隔离　隔离的距离一般山区丘陵地区制种田要求在 50m 以上；平原地区制种田要求至少 100m 以上。

b. 时间隔离　利用时间隔离，与制种田四周其他水稻品种的抽穗扬花期错开时间应在 20d 以上。

c. 父本隔离　即将制种田四周隔离区范围内的田块都种植与制种田父本相同的父本品种。这样既能起到隔离作用，又增加了父本花粉的来源。但用此法隔离，父本种子必须纯度高，以防父本田中的杂株（异品种）串粉。

d. 屏障隔离　障碍物的高度应在 2m 以上，距离不少于 30m。为了隔离的安全保险，生产上往往因地制宜将几种方法综合运用，用得最多、效果最好的是空间、时间双隔离，即制种田四周 100m 范围内，不能种有与父母本同期抽穗扬花的其他水稻品种，两者头花、末花时间至少要错开 20d 以上方能避免串粉、保证安全。

（2）保证父母本花期相遇的措施　父母本播差期的确定　由于父母本生育期的差异，制种时父、母本不能同时播种。两亲本播种期的差异称为播差期。播差期根据两个亲本的生育期特性和理想花期相遇的标准确定，不同的组合由于亲本的差异，播差期不同。即使是同一组合在不同的季节，不同地域制种，播差期也有差异。要确定一个组合适宜的播差期，首先必须对该组合的亲本进行分期播种试验，了解亲本的生育期和生育特性的变化规律。在此基础上，可采用时差法（又叫生育期法）、叶（龄）差法、（积）温差法确定播差期。

a. 生育期法　亦称时差法，是根据亲本历年分期播种或制种的生育期资料，推算出能达到理想花期父母本相遇的播种期。其计算公式：播差期＝父本始穗天数－母本始穗天数。生育期法比较简单、容易掌握，较适宜于气温变化小的地区和季节（如夏、秋制种）应用，不适用于气温变化大的季节与地域应用。如在春季制种中，年际间气温变化大，早播的父本常受气温的影响，播种至始穗期稳定性较差，而母本播种较迟，正值气温变化较小，播种至始穗期较稳定，应用此方法常常出现花期不遇。

b. 叶差法　亦称叶龄差法，是以双亲主茎总叶片数及其不同生育时期的出叶速度为依据推算播差期的方法。在理想花期相遇的前提下，母本播种时的父本主茎叶龄数，称为叶龄差。不育系与恢复系在较正常的气候条件与栽培管理下，其主茎叶片数比较稳定。主茎叶片数的多少依生育期的长短而异。因此，该方法较适宜在春季气温变化较大的地区应用，其准确性也较好。

叶差法对同一组合在同一地域、同一季节基本相同的栽培条件下，不同年份制种较为准确。同一组合在不同地域、不同季节制种叶差值有差异，特别是感温性、感光性强的亲本更是如此。威优46制种，在广西南宁春季制种，叶差为8.4叶，但夏季制种为6.6叶，秋季制种为6.2叶；在广西博白秋季制种时叶差为6.0叶。因此，叶差法的应用要因地制宜。

c. 温差法（有效积温差法）　将双亲从播种到始穗的有效积温的差值作为父母本播差期安排的方法叫温差法。生育期主要受温度影响，亲本在不同年份、不同季节种植，尽管生育期有差异，但其播种至始穗期的有效积温值相对稳定。

应用温差法，首先必须计算出双亲的有效积温值。有效积温是日平均温度减去生物学下限温度的度数之和。籼稻生物学下限温度为12℃，粳稻为10℃。从播种次日至始穗日的逐日有效温度的累加值为播种至始穗期的有效积温。计算公式是：$A=\Sigma(T-L)$。式中A为某一生长阶段的有效积温；T为日平均气温；L为生物学下限温度。

有效积温差法因查找或记载气象资料较麻烦，因此，此法不常使用。但在保持稳定一致的栽培技术或最适的营养状态及基本相似的气候条件下，有效积温差法较可靠，尤其对新组合、新基地，更换季节制种更合适。

（3）培育适龄分蘖壮秧

① 壮秧的标准　壮秧的标准一般是：生长健壮、叶片清秀，叶片厚实不披垂，基部扁薄，根白而粗，生长均匀一致，秧苗个体间差异小，秧龄适当，无病无虫。移栽时母本秧苗达4～5叶，带2～3个分蘖；父本秧苗达到6～7叶，带3～5个分蘖。

② 培育壮秧的主要技术措施　确定适宜的播种量，做到稀播、匀播，一般父本采用一段育秧方式的，秧田父本播种量为120kg/hm²左右，母本为150kg/hm²左右；若父本采用两段育秧，苗床宜选在背风向阳的蔬菜地或板田，先旱育小苗，播种量为1.5 kg/m²，小苗2.5叶左右开始寄插，插前应施足底肥，寄插密度为10cm×10cm或13.3cm×13.3cm，每穴寄插双苗，每公顷制种田需寄插父本45000～60000穴。同时加强肥水管理，推广应用多效唑或壮秧剂，注意病虫害防治等。

③ 采用适宜行比、合理密植

a. 确定适宜行比和行向　父本恢复系与母本不育系在同一田块按照一定的比例相间种植，父本种植行数与母本种植行数之比，即为行比。杂交水稻制种产量高低与母本群体大小及母本有效穗数有关。因此，扩大行比是增加母本有效穗的重要方法之一。确定行比的原则是在保证父本有足够花粉量的前提下最大限度地增加母本行数。行比的确定主要考虑三个方面：单行父本栽插，行比为(1∶8)～(1∶14)；父本小双行栽插，行比为(2∶10)～(2∶16)；父本大双行栽插，行比为(2∶14)～(2∶18)；父本花粉量大的组合制种，则宜选择大行比；反之，应选择小行比；母本异交能力高的组合可适当扩大行比，反之则缩小行比。制种田的行向对异交结实有一定的影响。行向的设计应有利于授粉期借助自然风力授粉及有利于禾苗生长发育。通常以东西行向种植为好，有利于父母本建立丰产苗穗结构。

b. 合理密植　由于制种田要求父本有较长的抽穗开花期、充足的花粉量，母本抽穗开花期较短、穗粒数多。因而栽插时对父母本的要求不同，母本要求密植，栽插密度为10cm×13.3cm 或 13.3cm×13.3cm，每穴三株或双株，每公顷插基本苗 8～12 万；父本插 2 行，株行距为(16～20)cm×13.3cm；单植，每公顷插基本苗 6～7.5 万。早熟组合制种，母本每 667m² 插基本苗 10～12 万，父本 2～3 万；中、迟熟组合制种，母本每 667m² 插基本苗 12～16 万，父本 4～6 万。

（4）及时做好花期预测与调节

① 花期预测方法　不同的生育阶段可采用相应的方法。实践证明，比较适用而又可靠的方法有幼穗剥检法和叶龄余数法。

a. 幼穗剥检法　就是在稻株进入幼穗分化期剥检主茎幼穗，对父母本幼穗分化进度对比分析，判断父母本能否同期始穗。这是最常用的花期预测方法，预测结果准确可靠。但是，预测时期较迟，只能在幼穗分化Ⅱ期、Ⅲ期才能确定花期，一旦发现花期相遇不好，调节措施的效果有限。

具体做法是：制种田母本插秧后 25～30d 起，以主茎苗为剥检对象，每隔 3d 对不同组合、不同类型的田块选取有代表性的父本和母本各 10～20 株，剥开主茎，鉴别幼穗发育进度。父母本群体的幼穗分化阶段确定以 50%～60%的苗达到某个分化时期为准。幼穗分化发育时期分为八期，各期幼穗的形态特征为：Ⅰ期看不见，Ⅱ期苞毛现，Ⅲ期毛茸茸，Ⅳ期谷粒现，Ⅴ期颖壳分，Ⅵ期谷半长（或叶枕平、叶全展），Ⅶ期稻苞现，Ⅷ期穗将伸。根据剥检的父母本幼穗结果和幼穗分化各个时期的历程，比较父母本发育快慢，预测花期能否相遇（表1-1）。一般情况下，母本多为早熟品种，幼穗分化历程短，父本多为中晚熟品种，幼穗分化历程长。所以父母本花期相遇的标准为：Ⅰ期至Ⅲ期父早，Ⅳ期至Ⅵ期父母齐，Ⅶ期至Ⅷ期母略早。

表 1-1　水稻不育系与恢复系幼穗分化历期

系　名		幼穗分化历期								播始历期/d	主茎叶片数
		Ⅰ 一苞原基分化期	Ⅱ 第一枝梗原基分化期	Ⅲ 第二次枝梗和颖花原基分化期	Ⅳ 雌雄蕊原基形成期	Ⅴ 花粉母细胞形成期	Ⅵ 花粉母细胞减数分裂期	Ⅶ 花粉内容物充实期	Ⅷ 花粉完熟期		
珍汕 97A 二九矮 1 号 A	分化期天数	2	3	4	5	3	2	9		60～75	12～14
	距始穗天数	28～27	26～24	24～20	19～15	14～12	11～10	—			

系　名		幼穗分化历期								播始历期/d	主茎叶片数
		Ⅰ 一苞原基分化期	Ⅱ 第一枝梗原基分化期	Ⅲ 第二次枝梗和颖花原基分化期	Ⅳ 雌雄蕊原基形成期	Ⅴ 花粉母细胞形成期	Ⅵ 花粉母细胞减数分裂期	Ⅶ 花粉内容物充实期	Ⅷ 花粉完熟期		
1R26 1R661 1R24	分化期天数	2	3	4	7	3	2	7	2	90～110	15～18
	距始穗天数	30～29	28～26	25～22	21～15	14～12	11～10	9～3	2～0		
明恢63	分化期天数	2	3	4	7	3	2	8	2	85～110	15～17
	距始穗天数	31～30	29～27	26～23	22～16	15～13	12～11	10～3	2～0		

b. 叶龄余数法　叶龄余数是主茎总叶片数减去当时叶龄的差数。由于生长后期的气温比较稳定，因此，不论春夏制种或秋制种，制种田中父母本最后几片叶的，出叶速度都表现出相对的稳定性。同时，叶龄余数与幼穗分化进度的关系较稳定，受栽培条件、技术及温度的影响较小。根据这一规律，可用叶龄余数来预测花期。该方法预测结果准确，是制种常使用的方法之一。

具体做法是：用主茎总叶片数减去已经出现的叶片数，求得叶龄余数。用公式表示为：

$$叶龄余数＝主茎总叶片数－伸出叶片数。$$

使用叶龄余数法，首先应根据第二双零叶、伸长叶枕距判断新出叶是倒4叶，还是倒3叶，然后确定叶龄余数；再根据叶龄余数判断父母本的幼穗分化进度，分析两者的对应关系，估计始穗时期。

② 花期调节　花期调节的原则是：以促为主，促控结合；以父本为主，父母本相结合。调节花期宜早不宜迟，以幼穗分化Ⅲ期前采用措施效果最好。主要措施有以下几种。

a. 农艺措施调节法　采取各种栽培措施调控亲本的始穗期和开花期。

(a) 肥料调节法　根据水稻幼穗分化初期偏施氮肥会贪青迟熟而施用磷、钾肥能促进幼穗发育的原理，对发育快的亲本偏施尿素：母本为 $105～150$ kg/hm²，父本为 $30～45$ kg/hm²，可推迟亲本始穗 $3～4$ d；对发育慢的亲本叶面喷施磷酸二氢钾肥 $1.5～2.5$ kg/hm²，兑水 1350 kg，连喷 3 次，可提早亲本始穗 $1～2$ d。

(b) 水分调节法　根据父母本对水分的敏感性不同而采取的调节方法。籼型三系法生育期较长的恢复系，如 IR24、IR26、明恢 63 等对水分反应敏感，不育系对水分反应不敏感，在中期晒田，可控制父本生长速度，延迟抽穗。

(c) 密度（基本苗）调节法　在不同的栽培密度下，抽穗期与花期表现有差异。密植和多株移栽增加单位面积的基本苗数，表现抽穗期提早，群体抽穗整齐，花期集中，花期缩短。稀植和栽单株，单位面积的基本苗数减少，抽穗期推迟，群体抽穗分散，花期延长。一般可调节 $3～4$ d。

(d) 秧龄调节法　秧龄的长短对始穗期影响较大，其作用大小与亲本的生育期和秧苗素质有关。IR26 秧龄 25d 比 40d 的始穗期可早 7d 左右，30d 秧龄比 40d 的早 6d 左右。秧龄调节法对秧苗素质中等或较差的调节作用大，对秧苗素质好的调节作用小。

(e) 中耕调节法　中耕并结合施用一定量的氮素肥料可以明显延迟始穗期和延长开花时间。对苗多、早发的田块效果小，特别是对禾苗长势旺的田块中耕施肥效果较差，所以使用此法须看苗而定。在未能达到预期苗数、田间禾苗未封行时采用此法效果好，对禾苗长势好的田块不宜采用。

b. 激素调节法 用于花期调节的激素主要有赤霉素、多效唑以及其他复合型激素。激素调节必须把握好激素施用的时间和用量，才能有好的调节效果，否则不但无益，反而会造成对父母本高产群体的破坏和异交能力的降低。

（a）赤霉素调节 赤霉素是杂交水稻制种不可缺少的植物激素，具有促进生长的作用，可用于父母本的花期调节。在孕穗前低剂量施用赤霉素（母本 $15\sim30g/hm^2$，父本 $2.5g/hm^2$ 左右），进行叶面喷施，可提早抽穗 $2\sim3d$。

（b）多效唑调节 叶面喷施多效唑是幼穗分化中期调节花期效果较好的措施。在幼穗分化Ⅲ期末喷施多效唑能明显推迟抽穗，推迟的天数与用量有关。在幼穗Ⅲ期至Ⅴ期喷施，用量为 $1500\sim3000g/hm^2$，可推迟 $1\sim3d$ 抽穗，且能矮化株型，缩短冠层叶片长度。但是，使用多效唑的制种田，在幼穗Ⅷ期要喷施 $15g/hm^2$ 赤霉素来解除多效唑的抑制作用。在秧田期、分蘖期施用多效唑也具有推迟抽穗、延长生育期的作用，可延迟 $1\sim2d$ 抽穗。

（c）其他复合型激素类调节 该类物质大多数是用植物激素、营养元素、微量元素及其能量物质组成，主要有"青鲜素"、"调花宝"、"花信灵"等。在幼穗分化Ⅴ期至Ⅶ期喷施，母本用 $45g/hm^2$ 左右，兑水 $600kg$，或父本用 $15g/hm^2$，兑水 $300kg$，叶面喷施，能提早 $2\sim3d$ 见穗，且抽穗整齐，促进水稻花器的发育，使开花集中，花期提早，提高异交结实率。

c. 拔苞拔穗法 花期预测发现父母本始穗期相差 $5\sim10d$，可以在早亲本的幼穗分化Ⅶ期和见穗期，采取拔苞穗的方法，促使早抽穗亲本的迟发分蘖成穗，从而推迟花期。拔苞（穗）应及时，以便使稻株的营养供应尽早地转移到迟发分蘖穗上，从而保证更多的迟发蘖成穗。被拔去的稻苞（穗）一般是比迟亲本的始穗期早 $5d$ 以上的稻苞（穗），主要是主茎穗与第一次分蘖穗。若采用拔苞拔穗措施，必须在幼穗分化前期重施肥料，培育出较多的迟发分蘖。

（5）科学使用赤霉素 水稻雄性不育系在抽穗期植株体内的赤霉素含量水平明显低于雄性正常品种，穗颈节不能正常伸长，常出现抽穗卡颈现象。在抽穗前喷施赤霉素，提高植株体内赤霉素的含量，可以促进穗颈节伸长，从而减轻不育系包颈程度，加快抽穗速度，使父母本花期相对集中，提高异交结实率，还可增加种子粒重。所以，赤霉素的施用已成为杂交水稻制种高产的最关键的技术。喷施赤霉素应掌握"适时、适量、适法"。具体技术要求如下。

① 适时 赤霉素喷施的适宜时期在群体见穗前 $1\sim2d$ 至见穗 50%，最佳喷施时期是抽穗达 $5\%\sim10\%$。一天中的最适喷施时间在上午 9 时前或下午 4 时后；中午阳光强烈时不宜喷施；遇阴雨天气，可在全天任何时间抢晴喷施；喷施后 $3h$ 内遇降雨，应补喷或在下次喷施时增加用量。

② 适量

a. 不同的不育系所需的赤霉素剂量不同 以染色体败育为主的粳型质核互作型不育系，抽穗几乎没有卡颈现象，喷施赤霉素为改良穗层结构，所需赤霉素的剂量较小，一般用 $90\sim120g/hm^2$；以典败与无花粉型花粉败育为主的籼型质核互作型不育系，抽穗卡颈程度较重，穗粒外露率在 70% 左右，所需赤霉素的剂量大；对赤霉素反应敏感的不育系，如金 $23A$、新香 A，用量为 $150\sim180g/hm^2$；对赤霉素反应不敏感的不育系，如 V20A、珍汕 97A 等，用量为 $225\sim300g/hm^2$。

最佳用量的确定还应考虑如下情况：提早喷时剂量减少，推迟喷施时剂量增加，苗穗多的应增加用量，苗穗少的减少用量；遇低温天气应增加剂量。

b. 赤霉素的喷施次数 赤霉素一般分 2～3 次喷施，在 2～3d 内连续喷。抽穗整齐的田块喷施次数少，有 2 次即可。抽穗不整齐的田块喷施次数多，需喷施 3～4 次。喷施时期提早的应增加次数，推迟的则减少次数。分次喷施赤霉素时，其剂量是不同的，原则是"前轻、中重、后少"，要根据不育系群体的抽穗动态决定。如分 2 次喷施，每次的用量比为 2：8 或 3：7；分 3 次喷施，每次的用量比为 2：6：2 或 2：5：3。

③ 适宜方法 喷施赤霉素最好选择晴朗无风天气进行，要求田间有 6cm 左右的水层，喷雾器的喷头离穗层 30cm 左右，雾点要细，喷洒均匀。用背负式喷雾器喷施，兑水量为 180～300kg/hm^2；用手持式电动喷雾器喷施，兑水量只需 22.5～30kg/hm^2。

（6）人工辅助授粉 水稻是典型的自花授粉作物，在长期的进化过程中，形成了适合自交的花器和开花习性。恢复系有典型的自交特征，而不育系丧失了自交功能，只能靠异花授粉结实。当然，自然风可以起到授粉作用，但自然风力、风向往往不能与父母本开花授粉的需求吻合，依靠自然风力授粉不能保障制种产量，因而杂交水稻制种必须进行人工辅助授粉。

① 人工辅助授粉的方法 目前主要使用以下三种人工辅助授粉方法。

a. 绳索拉粉法 是用一长绳（绳索直径约 0.5cm，表面光滑），由两人各持一端，沿与行向垂直的方向拉绳奔跑，让绳索在父母本穗层上迅速滑过，振动穗层，使父本花粉向母本行中飞散。该法的优点是速度快、效率高，能在父本散粉高峰时及时赶粉。但该法的缺点：一是对父本的振动力较小，不能使父本花粉充分散出，花粉的利用率较低；二是绳索在母本穗层上拉过，对母本花器有伤害作用。

b. 单竿赶粉法 是一人手握一长竿（3～4m）的一端，置于父本穗层下部，向左右成扇形扫动，振动父本的稻穗，使父本花粉飞向母本行中。该法比绳索拉粉速度慢，但对父本的振动力较大，能使父本的花粉从花药中充分散出，传播的距离较远。但该法仍存在花粉单向传播、不均匀的缺点。适合单行、双行父本栽插方式的制种田采用。

c. 双竿推粉法 是一人双手各握一短竿（1.5～2.0m），在父本行中间行走，两竿分别放置父本植株的中上部，用力向两边振动父本 2～3 次，使父本花粉从花药中充分散出，并向两边的母本行中传播。此法的动作要点是"轻压、重摇、慢放"。该法的优点是父本花粉更能充分散出，花药中花粉残留极少，且传播的距离较远，花粉散布均匀。但是赶粉速度慢，劳动强度大，难以保证在父本开花高峰时及时赶粉。此法只适宜在双行父本栽插方式的制种田采用。

目前，在制种中，如果劳力充裕，应尽可能采用双竿推粉或单竿赶粉的授粉方法。除了上述三种人工赶粉方法外，湖北还研究出了一种风机授粉法，可使花粉的利用率进一步提高，异交结实率可比双竿推粉法高 15.5% 左右。

② 授粉的次数与时间 水稻不仅花期短，而且一天内开花时间也较短，一天内只有 1.5～2h 的开花时间，且主要在上午、中午。不同组合每天开花的时间有差别，但每天的人工授粉次数大体相同，一般为 3～4 次，原则是有粉赶、无粉止。每天赶粉时间的确定以父母本的花时为依据，通常在母本盛开期（始花后 4～5d）前。每天第一次赶粉的时间要以母本花时为准，即看母不看父；在母本进入盛花期后，每天第一次赶粉的时间则以父本花时为准，即看父不看母；这样充分利用父本的开花高峰花粉量来提高田间花粉密度，促使母本外露柱头结实。赶完第一次后，父本第二次开花高峰时再赶粉，两次之间间隔 20～30min，父本闭颖时赶最后一次。在父本盛花期的数天内，每次赶粉均能形成可见的花粉尘雾，田间花

粉密度高，使母本当时正开颖和柱头外露的颖花都有获得较多花粉的机会。所以赶粉次数不一定在多，而是赶准时机。

（7）严格除杂去劣　为了保证生产的杂交种子能达到种用的质量标准，制种全过程中，在选用高纯度的亲本种子和采用严格的隔离措施基础上，还应做好田间的去杂去劣工作。要求在秧田期、分蘖期、始穗期和成熟期进行（见表1-2），根据三系的不同特征，把混在父母本中的变异株、杂株及病劣株全部拔除。特别是抽穗期根据不育系与保持系有关性状的区别（见表1-3），将可能混在不育系中的保持系去除干净。

表 1-2　水稻制种除杂去劣时期和鉴别性状

秧田期	分蘖期	抽穗期	成熟期
叶鞘色、叶色、叶片的形状、苗的高矮。以叶鞘色为主识别性状	叶鞘色、叶色、叶片的形状、株高、分蘖力强弱。以叶鞘色为主识别性状	抽穗的早迟与卡颈与否、花药性状、稃尖颜色、开花习性、柱头特征、花药性状和叶片形状大小。以抽穗的早迟、卡颈与否、花药性状、稃尖颜色为主要识别性状	结实率、柱头外露率和稃尖颜色。以结实率为主，结合柱头外露识别性状

表 1-3　不育系、保持系和半不育株的主要区别

性状	不育系（A）	保持系（B）	半不育株（A′）
分蘖力	分蘖力较强，分蘖期长	分蘖力一般	介于A与B之间
抽穗	抽穗不畅，穗颈短，包颈重，比保持系抽穗迟2～3d且分散，历时3～6d	抽穗畅快，而且集中，比不育系抽穗早2～3d，无包颈	抽穗不畅，穗颈较短，有包颈，抽颈基本与不育系，同时历时较长且分散
开花习性	开花分散，开颖时间长	开花集中，开颖时间短	基本类似不育系
花药形态	干瘪、瘦小、乳白色，开花后成线状，残留花药呈淡白色	膨松饱满，金黄色，内有大量花粉，开花散粉后成薄片状，残留花药呈褐色	比不育系略大，饱满些，呈淡黄色，花丝比不育系长，开花散粉后残留花药
花粉	绝大部分畸形无规则，对碘化钾溶液不染蓝色或浅着色，有的无花粉	圆球形，对碘化钾溶液呈蓝色反应	一部分呈淡褐色，一部分呈灰白色一部分圆形，一部分畸形无规则，对碘化钾溶液，一部分呈蓝色反应，部分浅着色或不染色

（8）加强黑粉病等病虫害的综合防治　制种田比大田生产早，禾苗长得青绿，病虫害较多。在制种过程中要加强病虫鼠害的预防和防治工作，做到勤检查，一旦发现，及时采用针对性强的农药进行防治。近年来，各制种基地都不同程度地发生稻粒黑粉病的为害，影响结实率和饱满度，对产量和质量带来极大的影响。各制种基地必须高度重视，及时进行防治。目前防治效果较好的农药有克黑净、灭黑1号、多菌灵、粉锈宁等。在始穗盛花和灌浆期的下午以后喷药为宜。

（9）适时收割　杂交水稻制种由于使用激素较多，不育系尤其是博A、枝A等种子颖壳闭合不紧，容易吸湿导致穗上芽，影响种子质量。因此，在授粉后22～25d，种子成熟时，应抓住有利时机及时收割，确保种子质量和产量，避免损失。收割时应先割父本及杂株，确定无杂株后再收割母本。在收、晒、运、贮过程中，要严格遵守操作规程，做到单收、单打、单晒、单藏；种子晒干后包装并写明标签，不同批或不同组合种子应分开存放。

2. "两系"杂交水稻制种技术

（1）选用育性稳定的光（温）敏核不育系　两系制种时，首先要考虑不育系的育性稳定性，选用在长日照条件下不育的下限温度较低，短光照条件下可育的上限温度较高，光敏温度范围较宽的光（温）敏核不育系。如粳型光敏核不育系 N5088S、7001S、31111S 等，在长江中下游的平原和丘陵地区的长日照条件下，都有 30d 左右的稳定不育期，在这段不育期制种，风险小。温敏型的籼型核不育系培矮 64S，由于它的育性主要受温度的控制，对光照的长短要求没有光敏型核不育那么严格，只要日平均温度稳定在 23.3℃ 以上，不论在南方或北方稻区制种，一般都能保证种子纯度。但这类不育系在一般的气温条件下繁殖产量较低。

（2）选择最佳的安全抽穗扬花期　由于两系制种的特殊性，对两系父母本的抽穗扬花期的安排要特别考虑，不仅要考虑开花天气的好坏，而且必须使母本处在稳定的不育期内抽穗扬花。

不同的母本稳定不育的时期不同，因此要先观察母本的育性转换时期，在稳定的不育期内选择最佳开花天气，即最佳抽穗扬花期，然后根据父母本播种到始抽穗期历时推算出父母本的播种期。

籼、粳"两系"制种播期差的参考依据有所不同。籼"两系"制种以叶龄差为主，同时参考时差和有效积温差。粳"两系"制种的播期差安排主要以时差为主，同时参考叶龄差和有效积温差。

（3）强化父本栽培　就当前应用的几个"两系"杂交组合父母本的特性来看，强化父本栽培是必要的。一方面强化父本增加父本颖花数量，增加花粉量，有利受精结实。另一方面"两系"制种中的父本有不利制种的特征。一般来说，"两系"制种的父母本的生育期相差不是太大，但往往发生有的杂交组合父本生育期短于母本生育期，即母本生育期长的情况。在生产管理中，容易形成母强父弱的情况，使父本颖花量少，母本异交结实率低。像这样的杂交组合制种更要注重父本的培育。强化父本栽培的具体方法有以下几种。

① 强化父本壮秧苗的培育　父本壮秧苗的培育最有效的措施是采用两段育秧或旱育秧。两段育秧可根据各制种组合的播种期来确定第一段育秧的时间，第一段秧采取室内或室外场地育小苗。苗床按 350～400g/m² 种子的播量，播匀，用渣肥或草木灰覆盖种子，精心管理，在二叶一心期及时寄插，每穴插 2～3 株幼苗，寄插密度根据秧龄的长短来定，秧龄短的可按 10cm×10cm 规格寄插，秧龄长的用 10cm×13.3cm 的规格寄插。加强秧田的肥水管理，争取每株谷苗带蘖 2～3 个。

② 对父本实行偏肥管理　移栽到大田后，对父本实行偏肥管理。父本移栽后 4～6d，施尿素 45～60kg/hm²，7d 后，分别用尿素 45kg/hm²、磷肥 30～60kg/hm²、钾肥 45kg/hm² 与细土 750kg 一起混合做成球肥，分两次深施于父本田，促进早发稳长，达到穗大粒多、总颖花多和花粉量大的目的。在对父本实行偏肥管理的同时，也不能忽视母本的管理，做到父母本平衡生长。

（4）去杂去劣，保证种子质量　"两系"制种比起"三系"制种要更加注意种子防杂保纯，因为它除生物学混杂、机械混杂外，还有自身育性受光温变化、栽培不善、收割不及时等导致自交结实后的混杂，即同一株上产生杂交种和不育系种子。针对两系制种中易出现自身混杂原因，应采用下列防杂保纯措施。

① 利用好稳定的不育性期　将光（温）敏核不育系的抽穗扬花期尽可能地安排在育性稳定的前期，以拓宽授粉时段，避免育性转换后同一株上产生两类种子。如果是光（温）敏核不育系的幼穗分化期，遇上了连续几天低于 23.5℃ 的低温时，应采用化学杀雄的辅助方法来控制由于低温引起的育性波动，达到防杂保纯的目的。

　　具体方法是：在光（温）敏核不育系抽穗前 8d 左右，用 750kg/hm² 0.02% 的杀雄 2 号药液均匀地喷施于母本，隔 2d 后用 750kg/hm² 0.01% 的杀雄 2 号药液再喷母本一次，确保杀雄彻底。喷药时应在上午露水干后开始，在下午 5 点钟前结束，如果在喷药后 6h 内遇雨应迅速补喷 1 次。

　　② 高标准培育"早、匀、齐"的壮秧　通过培育壮秧，以期在大田早分蘖、多分蘖、分蘖整齐，并且移栽后早管理、早晒田，促使抽穗整齐，避免抽穗不齐而造成的自身混杂。

　　③ 适时收割　一般来说在母本齐穗 25d，已完全具备了种子固有的发芽率和容重。因此，在母本齐穗 25d 左右，要抢晴收割，使不育系植株的地上节长出的分蘖苗不能正常灌浆结实，从而避免造成自身混杂。

　　3. 玉米杂交制种操作规程

　　玉米属异花授粉作物，雌雄同株异花，花粉量大，异交率高，易于人工去雄杂交。因此，玉米是农作物中最早利用杂种优势的作物。在玉米杂交制种中曾经大规模利用 T 型细胞质雄性不育系，后因为 T 型细胞质感染玉米小斑病 T 小种，导致该类杂种大面积致病，使得细胞质雄性不育系的利用日渐减少。目前我国主要采用自交系人工或机械去雄配制杂交种。

　　（1）定点生产　生产大田用杂交种，应选择条件适宜的地区，建立制种基地，并保持相对稳定。

　　（2）选地　制种地块应当土地肥沃、旱涝保收，尽可能做到集中连片。

　　（3）隔离　制种田采用空间隔离时，与其他玉米花粉来源地不应少于 300m，甜、糯玉米和白玉米在 500m 以上；采用时间隔离时，错期应在 40d 以上。

　　（4）播种　按照育种者的说明并结合当地实践经验进行播种，播种前要进行精选、晒种。特别要注意错期、行比、密度的设置。错期要保证父母本花期良好相遇；行比要根据有利于提高制种产量、保证父本有足够的花粉供应母本和方便田间作业而定。种子田的两边和开花期季风的上风头要在父本播种 3～5d 后，再顺行播两行以上的父本作采粉用，并对父本行做好标记。

　　（5）去杂　凡异常的父母本植株均应在散粉前拔除干净。若父本的散粉杂株数超过父本植株总数的 0.5%，制种田应报废。收获后脱粒前，要对母本果穗进行穗选，剔除杂劣果穗。经检查核准，杂穗率在 1.5% 以下时，才能脱粒。

　　（6）去雄　母本行的全部雄穗在散粉前及时、干净、彻底拔除，坚持每天至少去雄一遍，风雨无阻，对紧凑型自交系采取带 1～2 叶去雄的办法。拔除的雄穗埋入地下或带出制种田妥善处理。母本花丝抽出后至萎缩前，如果发现植株上出现花药外露的花在 10 个以上时，即定为散粉株。在任何一次检查中，发现散粉的母本植株数超过 0.5%，或在整个去雄过程中三次检查累计散粉株率超过 1% 时，制种田报废。

　　（7）人工辅助授粉　为保证制种田授粉良好，应根据情况进行人工辅助授粉。特别要注意开花初期和末期的辅助授粉工作。如发现母本抽丝偏晚，可辅之以剪苞叶和带叶去雄等措施。授粉结束后，要将父本全部砍除。

　　（8）收贮　配制成功的杂交种，要严防混杂，剔除杂穗，单独收贮，包装物内外各加标签。种子质量达到 GB 4404.1—2008 标准。

　　4. 棉花杂交制种技术

　　我国棉花杂种优势利用已有较长的研究历史，1990 年前后棉花杂交种大面积应用于生产。杂交种子生产技术有人工去雄、雄性不育、应用指示性状制种等。其中以人工去雄和利用核雄性不育制种的研究较多，利用较广。

（1）人工去雄制种技术　人工去雄制种是目前国内外应用最广泛的一种棉花杂交种生产技术，即用人工除去母本的雄蕊，然后授以父本花粉来生产杂交种。其优点是父母本选配不受限制，配制组合自由，扩大了其应用范围。虽然去雄过程费时费工，增加了杂交种生产成本，但近年来随着人工去雄技术改进，制种产量不断提高。同时由于人工制种的杂交种无不育因子介入和亲本选配自由，在生产上可利用杂种二代，从而大大增加了棉花杂交种的使用面积。所以，人工去雄制种方法的应用日趋广泛。目前生产上应用的杂交种能将棉花抗虫性与丰产性融为一体，为杂种优势的利用开辟了更为广阔的前景。

一般说来，采用人工去雄授粉法生产杂交种，一位技术熟练工人一天可配制 0.5kg 种子，结合营养钵育苗或地膜覆盖等技术措施，可供 667m^2 棉田用种，所产生的经济效益是制种成本的十几倍，符合我国农村劳动力密集的国情。所以只要有强优势组合，采用人工去雄配制杂交种是很有应用价值的。

① 隔离区的选择　棉花是常异花授粉作物，为避免非父本品种花粉的传入，制种田周围必须设置隔离区或隔离带。一般隔离距离应在 200m 以上，如果隔离区带有蜜源作物，要适当加大隔离距离。若能利用山丘、河流、林带、村镇等自然屏障作隔离，效果更好，高粱、玉米等高秆作物也可隔离。隔离区内不得种植其他品种的棉花。

② 播种及管理

a. 选地　选择地势平坦，排灌方便，土壤肥沃或中上等肥力的地块，无轻枯、黄萎病，底施农家肥及适量化肥。制种田须集中连片。

b. 播种　播种时要注意调整父母本的播期，使双亲花期相遇。当双亲生育期差异不大时，一般父本比母本早播 3～5d；当双亲生育期差异较大时，可适当提早晚熟亲本的播种期。父母本种植面积比例通常为(1：6)～(1：9)(父本集中在制种田一端播种)。母本种植密度为 37500～49500 株/hm^2，父本密度为 56500～60000 株/hm^2，行距一般为 80～100cm。

c. 管理　苗期管理主攻目标是培育壮苗、促苗早发；蕾期管理主攻目标是壮棵稳长、多结大蕾；花铃期管理主攻目标是适当控制营养生长、充分延长结铃期；吐絮期管理主攻目标是保护根系吸收功能、延长叶片功能期。

③ 人工去雄

a. 去雄时间　大面积人工制种宜采用"全株"去雄授粉法。为了保证杂交种子的成熟度，一般有效去雄授粉日期为 7 月 5 日至 8 月 15 日，7 月 5 日前及 8 月 15 日以后的父母本花、蕾、铃则全部去除。在此期间，每天下午 2：00 至天黑前，选第二天要开的花去雄。在次日清晨授粉前逐行查找未去雄的花，并立即摘除。

b. 去雄方法　棉花去雄主要采取徒手去雄的方法，当花冠呈黄绿色并显著突出苞叶时即可去雄。用左手拇指和食指捏住花冠基部，分开苞叶，用右手大拇指指甲从花萼基部切入，并用食指、中指同时捏住花冠，向右轻轻旋剥，同时稍用力上提，把花冠连同雄蕊一起剥下，露出雌蕊，随即作上标记，以备授粉时寻找。

c. 注意事项　去雄时需注意：一是指甲不要掐入太深，以防伤及子房；二是防止弄破子房膜和剥掉苞叶；三是扯花冠时用力要适度，以防拉断柱头；四是去雄时要彻底干净，去掉的雄蕊要带出田外，以防散粉造成自交；五是早上禁止去雄。

④ 人工授粉　授粉时间以花药散粉时间为准，一般从早上 8：00～12：00 都可授粉。天气晴朗时温度高，湿度小，散粉较早；阴雨低温时，雄花散粉较晚。授粉方法主要有单花

法、小瓶法、扎把法。现分别叙述如下。

a. 单花法　将摘取的父本花放在阴凉处备用，授粉时左手拇指、食指捏住母本柱头基部，右手捏住父本花朵，让父本花药在母本柱头上轻轻转两圈，使柱头上均匀地沾上花粉。一般每朵父本花可授 6～8 朵母本花。

b. 小瓶法　授粉前将父本花药收集在小瓶内，瓶盖上凿制一个 3mm 小孔，授粉时左手轻轻捏住已去雄的花蕾，右手倒拿小瓶，将瓶盖上的小孔对准柱头套入，并将小瓶稍微旋转一下或用手指轻叩一下瓶子，然后拿开小瓶，授粉完毕。

c. 扎把法　扎把法也叫集花授粉法，是将多个从父本上剥下来的雄蕊扎在一起，然后用其在母本柱头上涂抹。该法省时省力，效果较好。无论采用哪种授粉方法，均要求授粉充分、均匀，否则会产生歪嘴桃和不孕籽，严重者会造成脱落。在雨水或露水过大，柱头未干时不能授粉，否则花粉粒会因吸水破裂而失去生活力。制种期间如预报上午有雨，不能按时授粉，可在早上父本花未开时，摘下当天能开花的父本花朵，均匀摆放在室内，雨停后棉棵上无水时再进行授粉。或在下雨前将预先制作好的不透水塑料软管或麦管（长约 2～3cm，一端密封）套在柱头上，授粉前套管可防止因雨水冲刷柱头而影响花粉粒的黏着和萌发，授粉后套管可防止雨水将散落在柱头上的花粉冲掉。当气温高达 35℃ 以上时，散粉受精均会受到一定程度的影响。制种期间若遇持续高温、干旱天气可通过灌水降温增湿，可在夜间灌水，最好采用隔沟灌水或活水串灌，并维持 3～5d。

去雄授粉工作 8 月 15 日结束，不能推迟。结束的当天下午先彻底拔除父本，次日要清除母本的全部花蕾。以后每天检查，要求见花（含蕾、花和自交铃）就去，直至无花。

⑤ 去杂去劣　苗期根据幼苗长势、叶型、叶色等形态特征进行目测排杂；蕾期根据棉株形状、节间长短、叶片大小、叶型叶色、有毛无毛等特征严格去杂；花铃期根据铃的形状、大小再进一步去杂。

⑥ 种子收获与保存　为确保杂交种子的成熟度，待棉铃正常吐絮并充分脱水后才能采收。种子棉采收一般整个吐絮期进行 2～3 次。收花根据棉花成熟情况和气候条件一般截止到 10 月 25 日。收购时要求统一采摘，地头收购，分户取样，集中晾晒，严禁采摘"笑口棉"、僵瓣花。不同级别的棉花要分收、分晒、分轧、分藏，各项工作均由专人负责，严防发生机械混杂。

（2）雄性不育系制种　棉花雄性不育制种方法有利用质核互作雄性不育系的"三系法"和利用核雄性不育系的"两系法"。"三系法"目前尚存在一些具体问题，如恢复系的育性能力低，得到的杂交种子少，不易找到强优势组合，传粉媒介不易解决等问题，因此目前应用较少。"两系法"即利用核不育基因控制的雄性不育系制种。我国研究和应用最多的是"洞A"隐性核不育系及其转育衍生的不育系。在制种过程中，"洞 A"一系两用，与杂合可育株杂交，其后代产生不育株和可育株各一半，不育株用作不育系，可育株用作保持系，从而保持不育系，与恢复系杂交配制杂交种，但在制种过程中需要拔除 50% 的可育株，影响制种产量和成本。目前利用"洞 A"不育系配制了川杂 1～6 号等多个优良杂交组合，使"两系法"制种得到推广。

① 隔离区的选择　与人工去雄制种法选择隔离区的标准相同。

② 播种　由于在开花前要拔除母本行中 50% 左右的可育株，因此就中等肥力水平而言，母本的留苗密度应控制在 75000 株/hm² 左右，父本的密度为 37500～45000 株/hm²。父母本行比为（1∶5）～（1∶8）。为了人工辅助授粉操作方便，可采用宽窄行种植方式。宽行行距

80～100cm，窄行行距 60～70cm。行向最好是南北向，有利于提高制种产量。

③ 拔除雄性可育株　可育株与不育株可通过花器加以识别。不育株的花一般表现为花药干瘪不开裂，内无花粉或花粉很少，花丝短，柱头明显高出花药。而可育株的花器正常。从始花期开始，逐日逐株对母本行进行观察，拔除可育株，对不育株进行标记。依此直到把母本行中的可育株全部拔除为止。为了提早拔除可育株，增大不育株的营养面积，使其充分生长发育，便于田间管理，可将育性的识别鉴定工作提前到蕾期进行，即在开花前 1 周花蕾长到 1.5cm 时剥蕾识别。不育花蕾一般是基部大，顶部尖，显得瘦长，手捏感觉顶部软而空，剥开花蕾可见柱头高，花丝短，花药中无花粉粒或只有极少量花粉粒，花药呈紫褐色，即为不育株。如果花蕾粗壮，顶部钝圆，手捏顶端感到硬，剥开花蕾可见柱头基本不高出花药或高出不明显，则为可育株，即可拔除。

④ 人工辅助授粉　棉花绝大部分花在上午开放，晴朗的天气上午 8：00 左右即可开放。当露水退后，即可在父本行（恢复系）中采集花粉或摘花，给不育株的花授粉。阴凉天气，可延迟到下午 3：00 授粉。授粉时将父本的花粉收集到容器内，用毛笔蘸取花粉，涂授在母本花的柱头上，也可摘下父本花朵，直接在不育株花的柱头上涂抹，一朵可育花可授 8～9 朵不育花。授粉时要注意使柱头均匀接受花粉，以免出现歪铃。为了保证杂交种的成熟度，在 8 月中旬应结束授粉工作。

⑤ 种子收获与保存　同人工去雄制种法。

5. 高粱杂交制种技术

（1）选地　选择地势平坦、地力均匀、土地肥沃、排灌方便、通风透光、旱涝保收的地块，切忌重茬。

（2）隔离　制种田与相邻作物的花粉源距离不得少于 300m。

（3）播种

① 适时播种，要根据所配组合调节花期，母本一次播完，父本分期播种。

② 按照土壤肥力和亲本的株型决定密度。

③ 根据父母本植株高低和父本花粉量多少决定父母本种植行比。

（4）去杂去劣　父母本都要严格去杂去劣，分三期进行。

① 苗期根据叶鞘颜色、叶色及分蘖能力等主要特征，将不符合原亲本性状的植株全部拔掉。

② 拔节后根据株高、叶形、叶色、叶脉颜色以及有无蜡质等主要性状，将杂、劣、病株和可疑株连根拔除，以防再生。

③ 开花前根据株型、叶脉颜色、穗型、颖色等主要性状去杂，特别要注意及时拔除混进不育系行里的矮杂株。对可疑株可采用挤出花药的方法，观察其颜色和饱满度加以判断。

④ 花期鉴定时，制种田一级种子的杂株率不得超过 1%，二级种子的杂株率不得超过 2%，父母本分别计算。

（5）花期的预测和调节

① 花期预测　拔节后可采用解剖植株的方法，始终掌握母本内部比父本内部少 0.5～1 个叶片或母本生长锥比父本大 1/3 的标准来预测花期。

② 花期调节　如发现花期相遇不好时，要采取早中耕、多中耕、偏水偏肥、根外追肥、喷洒激素等措施，促其生长发育，或采取深中耕断根、适当减少水肥等措施，控制其生长发育，从而达到母本开花后 1～2d，第一期父本开花；第二期父本的盛花期与母本的末花期相遇。因为干旱或其他原因，影响父母本不能按时出苗的，可采用留大小苗或促控的办法，调节花期。

（6）辅助授粉 授粉次数应根据花期相遇的程度决定，不得少于3次。花期相遇的情况愈差，则辅助授粉的次数应愈多。对花期不遇的制种田，可从其他同一父本田里采集花粉，随采随授，授粉应在上午露水刚干时立即进行。

（7）收获 要适时收获，应在霜前收完。父母本先后分收、分运、分晒、分打。

四、任务考核

项目	重点考核内容	考核标准	分值
杂交制种技术	玉米杂交制种技术	能选择合适制种基地	4
		能选择合适播种期，保证花期相遇	4
		能正确去杂	4
		能正确去雄	4
		正确人工辅助授粉	4
		合理收贮，防止混杂	4
	水稻杂交制种技术（以三系为例）	基地选择合理	4
		能够保证父母本花期相遇	4
		能培育健壮秧苗	4
		能够正确预测和调节花期	4
		能正确使用赤毒素	4
		能正确人工辅助授粉	4
		能正确去杂去劣	4
		能有效防除病虫害	4
	高粱杂交制种技术	正确选择制种田，有效隔离	4
		能够合理播种	4
		能正确去杂去劣	4
		能合理预测和调节花期	4
		能正确辅助授粉	4
		正确收获，防止混杂，保证种子质量	4
	棉花杂交制种技术（以人工去雄制种为例）	正确选择隔离区	3
		能够合理播种、有效管理	3
		正确人工去雄	3
		正确人工授粉	4
		正确去杂去劣	4
		正确进行种子收获与保护	3
分数合计		100	

五、相关理论知识

（一）人工杂交制种

目前生产上玉米杂交中以人工杂交制种为主。为了提高制种产量，确保杂交种的质量，在制种时必须把握以下几个基本环节。

1. 安全隔离

必须设置隔离区，以防外来花粉的侵入造成混杂。

2. 适期播种

杂交种的双亲同期播种常常存在花期不相遇的问题，为了提高制种产量和质量，根据父母本在同时播种时盛花期相差的天数多少，确定比正常播种期提前或延后的天数，晚开花的亲本提前播种、定植，早开花的亲本延迟播种、定植。安排错期播种时，要掌握"宁可母等父，不可父等母"的原则。

3. 规定父母行比

在不影响授粉结实的基础上，应尽量增加母本行数，以提高制种产量。

4. 严把播种关

播种时要严格分清父、母本行（区），保证做到不重播、漏播、不错播；要保证播种质量，争取一次全苗，并有足够苗数。

5. 去杂去劣

在制种田一般在间苗、定苗时根据父、母本自交系的长相、叶色、叶形、生长势等特征进行第一次去杂去劣；抽穗期间进行第二次去杂去劣；第三次是开花授粉前进行关键性的去杂去劣，这一次去杂去劣一定要认真负责。对父本杂劣株要特别重视，做到逐株检查，以保证制种质量。收获及脱粒前要对母本果穗认真选择，去除杂劣果穗。

6. 花期调控

由于多种原因，在制种中可能出现父母本花期不遇，造成严重减产甚至绝收。因此，应从苗期开始，抓好花期预测，及时调控花期，保证花期良好相遇。在苗期出现父母本生长快慢不一致时，可采用"促慢控快"法，对生长慢的亲本采取早间苗、晚施肥、晚松土或降温的控制措施。

7. 母本去雄

去雄是指在花药开裂前除去雄性器官或杀死花粉的操作过程。去雄的目的是防止混杂，这是保证杂交纯度的关键措施之一。去雄工作包括两项内容，第一，拔除雌雄异株母本区的雄株，如菠菜、石刁柏；第二，摘除雌雄同株异花母本株上的雄花，如玉米、烟草、瓜类等。无论采取哪种去雄方式，都必须要有专人负责，加强巡回检查，保证去雄质量。去雄时间，在每天上、下午均可，每天坚持去雄风雨无阻。去掉的雄蕊要带出隔离区，以免雄蕊离体散粉影响制种质量。

8. 辅助授粉

授粉就是将父本花粉授到母本柱头上的操作过程。可以通过授粉工具将事先采集好的花粉涂抹到柱头上，或直接用已开裂散出花粉的花药在柱头上涂擦。

在一天中，以上午 8～11 时为最佳授粉时间。授粉工作的技术性很强，涂抹量要适中，动作要轻，整个操作过程须认真、细致，尽量避免碰伤花器。整个授粉工作要防止非目的性交配、更换品种或出现可疑的非目的性花粉污染，花粉污染手指和授粉工具后立即消毒。

9. 加强田间管理

一般制种田生长期长，要加强对杂父母本区的管理，提供良好的肥水条件，加强病虫害防治，保证杂交果实的良好生长发育，并注意防止风害、鸟害和鼠害。

（二）利用雄性不育系制种

利用雄性不育系作母本是目前杂交制种应用最广泛的一种简化制种手段，不仅可以省去去雄授粉所需的大量劳动力，而且还可以避免因人工去雄而造成的操作创伤，导致杂交种产量的降低。目前应用最广泛、最有效的方法是利用胞核互作不育型雄性不育系，即利用不育系（A系）、保持系（B系）和恢复系（R系）三系法生产一代杂种种子。

具体制种方法是：每年至少需要设置二个隔离采种区，一个是一代杂种制种区，另一个是不育系留种区。在 F1 制种区不育系（母本）和恢复系以（3～7）：1 的比例种植。从不育系上采收的种子为一代杂种，恢复系上采收的种子经去杂去劣后，可以继续作为制种父本用。不育系和恢复系的栽植行比应根据授粉昆虫的种类及数量、制种区的气候条件、父母本花期长短和相遇情况、父母本各自的生物学特征特性等诸多因素来确定。为了防止父本系的混杂退化，有必要增设隔离区，对父本系也要单独采种。

为了提高制种产量和质量，也应注意在人工杂交制种中注意的一些问题，如把好播种关、花期调整、去杂去劣等。

（三）利用自交不亲和系制种

利用自交不亲和系配制一代杂种是除雄性不育系外的另一种要简化制种途径，已在十字花科蔬菜，特别是甘蓝、大白菜、萝卜、白菜花、青花菜等蔬菜作物上广为应用。目前利用自交不亲和系制种通常利用以下两种方式配制一代杂种（单杂种）；一种方式是自交不亲和系为母本、自交系为父本，母本与父本之比为(4～7)∶1，从不亲和系上采收的种子为杂交种，自交系上采收的种子不可作为自交系繁殖用种子，也不能再配组合用。应另设隔离区繁殖自交系和自交不亲和系。另一种利用自交不亲和系制种方式是父母本都为自交不亲和系，这种方式是目前应用最多、效果最好的。由于一般正反交的增产效果显著而且经济性状基本一致，所以这种组合互为父母本，可按隔行种植的方式采种，有时也可根据双亲的长势、分枝习性、花粉多少、花期长短等按一定比例定植。种子成熟后可混合采种，如正反杂种有明显性状差异，也可分行分亲本收种。

为了提高制种产量和质量，也要注意保证花期相遇的一些措施，人工辅助授粉或利用昆虫授粉，田间去杂去劣等事宜。

六、 课后训练

根据基地的实际条件，制订当年玉米（或棉花、水稻）杂交制种操作方案。

项目自测与评价

一、 填空题

1. 种子生产基地形式有（   ）和（   ）。

2. 种子生产基地条件有（   ）、（   ）、（   ）和交通条件。

3. 基地规模等于（   ）和（   ）的商乘以风险系数。

4. 种子生产成本主要有（   ）、（   ）和乡村工作协调费。

5. 杂交制种父母本错开播种期时要掌握（   ）和（   ）原则

6. 杂交制种田去杂去劣一般在（   ）、（   ）和成熟期三次进行。

7. 利用三系法杂交制种的三系是（   ）、（   ）和恢复系。

8. 空间隔离的方法有天然屏障隔离、（   ）和空间隔离。

9. 人工辅助授粉的方法有（   ）、（   ）和双竿推粉法。

10. 人工去雄要做到干净、（   ）和（   ）。

二、 简答题

1. 简述种子生产基地建设原则。

2. 简述种子生产基地建设主要任务。

3. 如何制订种子生产计划？

4. 简述人工杂交制种技术。

5. 简述利用雄性不育系制种技术。

6. 简述三系法杂交水稻制种技术。

项目二　播前准备

播前准备是种子生产的基础性工作，播种材料的准备、种子处理、化肥的准备与施用，土壤耕作质量的检查等直接影响种子的产量与质量，因此，必须严格按照相关标准与要求做好播种前的准备工作，以保证准确顺利地完成生产任务。

任务一　准备播种材料

一、任务描述

种子、农药、化肥、农机具等播种材料是种子生产前必须准备的生产资料，播种材料的质量直接影响播种质量与种子产量，为此，播种前必须合理确定播种材料的种类、数量，正确辨别播种材料的优劣真伪，并制订合理的购买计划。

二、任务目标

能够辨别种子、农药、化肥、农机具等播种材料的优劣真伪；能够确定所需农业生产资料的种类和数量；能够合理购买农业生产资料并正确保管。

三、任务实施

（一）实施条件

种子、农药、化肥、农机具等。

（二）实施过程

① 根据种子生产计划，确定种子、农药、化肥、农机具等播种材料的种类和用量。

② 辨别种子、农药、化肥、农机具等播种材料的优劣真伪。

③ 进行市场调查，了解生产所需的播种材料的销售情况、价格等方面信息，制订购买计划，条件允许，可由学生自主购买播种材料。

四、任务考核

项目	重点考核内容	考核标准	分值
准备播种材料	播种材料种类与用量	合理确定种子用量	10
		合理确定农药种类与用量	10
		合理确定化肥种类与用量	10
		合理确定农机具种类	10
	播种材料真伪	能辨别种子优劣真伪	10
		能辨别农药优劣真伪	10
		能辨别化肥优劣真伪	10
		能辨别农机具优劣	10
	购买计划	合理制订购买计划	20
分数合计		100	

五、相关理论知识

（一）准备种子

① 了解双亲的代数、种源、生长特性、纯度、发芽势、发芽率等基本情况，选择质量优良的亲本种子，生产用的亲本种子必须是按照生产技术操作规程生产的合格种子。

② 进行精选和晾晒，去除杂质，提高种性。

③ 做好发芽试验，准确掌握种子发芽势、发芽率等状况，确定种子用量。

④ 包衣处理。包衣剂能预防病虫害，并能起到增加营养元素的作用。

具体做法参见本项目任务二主要作物种子处理部分。

（二）准备化肥

① 化学肥料的种类很多，主要有氮肥、磷肥、钾肥、微肥、复合肥等，不同的化肥性质不同，其使用范围与用量也不同。因此，在准备化肥时，首先应综合考虑当地土壤条件和所种植作物的营养特性来选择肥料的种类，并合理计算肥料需要量，具体参见本项目任务三常用化肥的准备及施肥技术部分。

② 购买化肥时要选择有固定经营场所，证、照齐全的农资产品经营单位。

③ 挑选肥料时要注意肥料的产地、品名、有效成分含量以及品质等问题。首先要检查包装袋，国家规定化肥包装袋上应标明商标、肥料名称、生产厂家、肥料成分、产品净重及标准代号。肥料的品质可以进行简单的鉴别，质量较好的化肥颗粒光泽好、颜色鲜艳；将肥料放入手心，拧搓两遍，不易搓破；取少量氮肥和钾肥放入水中搅拌约 5min，能完全溶解，磷酸二铵用水溶解时间较长。

（三）准备农药

① 农药按用途可分为杀虫剂、杀菌剂、杀鼠剂、除草剂、植物生长调节剂、种衣剂等。在准备农药时，首先应根据需要防治的农作物病、虫、草、鼠等，选择对症的农药并合理计算农药用量。需要注意的是，如果有几种对症的农药可供选择时，要优先考虑毒性低、用量少、残留小、安全性好的产品，特别是在水果、蔬菜、茶叶和中草药材上禁止使用高毒、剧毒农药，防止农药中毒。

② 购买农药时，要到正规经营单位，留意查看经营单位是否有经营执照和农药经营许可证。

③ 挑选农药时，要仔细查看农药的标签和说明。凡是合格的商品农药，在标签和说明书上都应标明品名、注册商标、有效成分含量、生产日期、保质期及三证号（农药登记证号、产品标准号、生产批准证号），而且附有合格证和产品说明书，且字迹清晰可辨。

④ 从外观简单鉴别农药质量。常见农药剂型有水剂、粉剂、可湿性粉剂、可溶性粉剂、乳油等。如果水剂混浊不清、有絮状物或沉淀；粉剂、可湿性粉剂、可溶性粉剂有结块；乳油出现水油分离或沉淀物；颗粒剂中粉末过多等现象均属劣质农药或失效农药。

（四）准备农机具

1. 正确保管现有农机具

由于农机具为耐用生产资料，且农业生产季节性强，农忙时要充分利用现有农机具，农闲时就要注意存放保管。首先农机具存放之前应进行彻底清洗，除掉油污、泥土和缠绕在工作部件上的杂草等，并向各润滑点加注润滑油（脂），容易腐蚀变形的零部件，应拆下清洗，放置室内保管，容易腐蚀的部位和生锈后对工作有影响的部件，应涂抹防腐油（漆）；其次农机具的存放场所要保持清洁，无积水、油污、杂草等，若室内存放，应保持通风，避免潮湿。

2. 合理选购农机具

如现有农机具不能满足生产要求，需要添置时，应注意以下三个方面。

① 根据作业项目要求、作业习惯、自然条件等选择农机具类型。

② 选择零配件供应充足，技术服务好的生产厂家的产品。

③ 严格检查农机具质量，并注意查看质量证明标志，如"农业机械推广许可证"、"生产许可证"和"产品合格证"等。

此外，还有农膜、油料等其他生产资料，都应根据需要及时认真准备，避免耽误农时。

六、 课后训练

根据某种子生产计划，准备合适的种子、化肥、农药、农机具等播前材料。

任务二 主要作物种子处理

一、 任务描述

为了增进种用质量，提高种子纯度与发芽率，提高种子抗逆性，种子播种前常采用物理、化学等方法进行处理，主要包括精选、晒种、浸种、拌种、催芽等措施，以达到促使种子发芽快而整齐、幼苗生长健壮、预防病虫害和促使某些作物早熟的目的。

二、 任务目标

掌握水稻、小麦、玉米等主要作物种子处理技术，能够根据种子特点，对种子进行正确的播前处理。

三、 任务实施

（一）实施条件

水稻种子、小麦种子、玉米种子；种子清选机械、恒温箱、温度计、天平、消毒药剂、包衣剂、包衣相关用具等。

（二）实施过程

① 结合学校资源情况，根据水稻、小麦、玉米等种子生产计划，制订种子处理计划。

种子处理计划样表

时间安排	处理措施	预期效果	实施条件	注意事项

② 按照种子处理计划，对水稻、小麦、玉米等种子进行播前处理。

③ 记录种子处理过程，总结经验。

种子处理记录样表

处理步骤	实施时间	实施效果	遇到问题	解决办法

四、任务考核

项目	重点考核内容	考核标准	分值
作物种子处理	制订种子处理计划	根据种子特点,选择合理的种子处理措施与时间,能够保障播种顺利进行	15
		各处理措施预期效果、实施条件、注意事项明确,能够保证种子处理目的	15
	种子处理(根据种子类别选择相应考核标准,调整考核分值)	精选:方法选择合理;小粒、破粒、空粒、病粒、虫粒和草籽杂物残留少	10
		晒种:天气条件适宜;时间长短合理;地点选择正确;材料选择、使用正确;能经常翻动	20
		浸种:浸种时间安排合理;浸种水、溶液的温度、浓度选择正确;种子吸足水分	10
		拌种:药物或肥料种类、浓度选择正确;方法选择合理;拌种均匀	15
		催芽:催芽时间合理;种子芽长整齐一致,符合标准;种子发芽率符合标准	15
分数合计		100	

五、相关理论知识

（一）水稻种子处理技术

1. 晒种

播前晒种可以提高种子发芽率和发芽势，同时也可杀死种子表面的病菌。具体方法是选晴好天气晒种 2d 左右，将种子铺在垫有柴草的苫布或塑料布上，摊成 3～5cm 薄层，并经常翻动以确保种子晾晒均匀。

2. 精选

精选是为了清除青秕空粒、病粒、虫粒；杂草籽及其他杂物，选出成熟饱满的种子，使发芽率提高而出苗整齐。

（1）机械清选 最常用的清选机械有空气筛、带式扬场机等，还有一些复试精选机可同时进行种子清选和精选。

（2）风选法 在无机械设备的情况下，如果稻种数量不多，可以选用风车或风扬，也可选出一些秕粒，但效果不及机选。

（3）盐水选种和泥水选种 即将种子浸入适宜浓度的盐水或泥水，饱满种子便会下沉，将其捞出，清洗后浸种或晒干备用。

盐水选种时，盐水浓度因稻种不同而变化，无芒品种选种液的相对密度为 1.11～1.13，即每 50kg 水加盐 10～11.5kg，有芒品种选种液的相对密度为 1.08 左右，即每 50kg 水加盐

8kg左右。待盐粒充分溶解后，用比重计测量溶液浓度，如符合选种需要，便可将水稻种子倒入溶液中。选种液要浸过种子15～20cm，然后进行搅拌，把漂在上面的杂物捞出，再把下面饱满的种子立即捞出后用清水将盐水洗净，否则会影响稻种发芽。如种子数量较多不能一次完成清选，要随时加盐调节溶液密度。

泥水选种时，常用50kg水加11.5～15kg黄土的比例搅拌成泥浆，然后倒入水稻种子，捞出上浮的杂物，再用清水洗净附在饱满种子上的泥浆即可。

3. 浸种消毒

水稻浸种通常结合消毒进行。为了防止水稻恶苗病、稻瘟病、白叶枯病、细菌性条斑病、稻曲病、胡麻叶斑病等病害通过种子传播发病，播种前必须对种子进行消毒处理。

（1）石灰水浸种消毒　石灰水与二氧化碳接触后会在水面形成碳酸钙结晶薄膜以隔绝空气，使种子上的病菌及害虫得不到空气而窒息，即利用种子的耐缺氧能力高于病菌这一特点来杀灭病虫。

按照50kg水加入0.5kg生石灰的比例将生石灰溶入清水中，配制成1%石灰水，搅匀后滤去杂质，将稻种放入石灰水内，以液面高出种子15～20cm为宜。在浸种过程中不要搅动，以免破坏石灰水表面结膜而影响杀菌效果。一般外界气温15～20℃时，浸种3～4d，外界气温在25℃左右，浸种1～2d。浸种后用清水将种子洗净。

（2）40%福尔马林500倍液浸种消毒　用福尔马林消毒稻种可预防稻瘟病、稻恶苗病、水稻胡麻斑病、稻曲病等。方法是先将种子用清水浸泡1～2d，以种子吸足水分而未露白为宜，取出后稍晾干，放入40%福尔马林500倍液中浸泡2d，捞出种子后用清水洗净。

此外还可以用50%多菌灵、50%甲基托布津或50%福美双500倍液浸稻种2d来预防稻恶苗病、稻瘟病、水稻胡麻斑病、水稻幼苗立枯病等；用40%强氯精200倍液浸种，先将种子用清水浸泡12h，再放入药液中浸泡12h来预防水稻细菌性条斑病、水稻白叶枯病。

水稻浸种过程就是种子的吸水过程，种子吸水后，种子酶的活性开始上升，在酶活性作用下胚乳淀粉逐步溶解成糖，释放出供胚根、胚芽和胚轴所需要的养分。水稻种子吸足水分时，谷壳颜色变深，胚部膨大突起且清晰可见，胚乳变软，手碾成粉，折断米粒无响声。如果谷壳仍为白色而谷粒坚实，说明吸水不够；如果谷壳黄色加深而有光泽，则是浸水过久的表现。

4. 催芽

催芽是人为创造适宜的水、气、热条件，促使稻种集中、整齐发芽的过程。水稻种子催芽技术标准是快、齐、匀、壮。快是指催芽时间要在24～28h完成，其中破胸需24h，适温催芽需12h左右；"齐"是要90%以上的稻种达到催芽标准；"匀"是指根和芽整齐一致，颜色鲜白，气味清香，无酒味；"壮"是指幼芽粗壮，根、芽长比例适当。

催芽可在温室、火炕或育苗大棚内进行，但都要经过高温破胸、适温催芽、低温炼芽三个阶段。

① 高温破胸　先把浸好的种子捞出，放入40～50℃的温水中预热5～10min，立即用湿麻袋包好种子，四周用无病毒的稻草覆盖保温，温度应控制在35～38℃。使用麻袋、稻草的作用是保温、保湿、透气，切不可用塑料布、尼龙袋等透气性差的物料包裹，否则容易造成种子缺氧，产生酒精，使种子中毒死亡。为保持谷堆上下内外温度一致，必要时需进行翻拌，促进稻种破胸整齐迅速，一般12～24h即可露白破胸。

② 适温催芽　种子露白后最容易烧芽，所以露白后要及时翻堆散热，温度控制在25～

30℃，维持12h左右即可催出标准芽。

③ 低温炼芽 为适应播种后田间自然温度，当根芽长到催芽的要求长度后。一般在自然温度下炼苗1d，达到内湿外干就可播种。如遇低温、下雨等不良天气，可进一步摊薄，继续炼芽并保湿，待天气转好后播种。

（二）小麦种子处理技术

1. 精选与晒种

播种前首先使用精选机或人工去除种子中小粒、破粒、病粒和草籽杂物等。其次，为提高种子的发芽率和发芽势，消灭部分病菌，使种子出苗整齐，一般在播种前2～3d，选晴天晒种1～2d。

2. 拌种

（1）药剂拌种 在白粉病、锈病、纹枯病、黑穗病等病害的单发区或混合发生区，播前可选用50%福美双按种子量的0.5%拌种或15%粉锈宁按种子量的0.3%拌种。使用粉锈宁拌种时需要注意种子要干拌，不宜湿拌，否则易造成药害，而且下湿田和排水不良的两季田不宜使用此法。

根腐病严重发生区，播前可选用50%立枯净按种子量的0.3%拌种；50%福美双按种子量0.5%拌种；70%甲基托布津（或50%多菌灵）按种子量的0.2%拌种。拌种时最好使用拌种器，做到混拌均匀，堆放24h后可进行播种。

地下害虫发生区，播前可选50%辛硫磷乳油20mL或40%的甲基异柳磷乳油10mL，兑水500～600g，喷拌10kg小麦种，边喷边拌，达到均匀一致，然后堆闷4～5h后打开晾干即可播种。

（2）肥料拌种 在微量元素缺失的地区，可用微肥拌种。例如：用钼酸铵溶液拌种，将150g钼酸铵用少量热水溶解后加入适量冷水，搅拌均匀后喷洒在50kg麦种上。硼砂拌种，将100g硼砂溶解于500g水中，喷洒在50kg麦种上拌匀，晾干后播种。

3. 浸种催芽

晚播麦适宜采用浸种催芽的方法，具体做法是将种子倒入50℃温水中，浸泡5min捞出后将种子堆在席上，堆厚0.5～1m，并用温水淋浇，用潮湿的草袋盖严，温度保持在25～30℃，每天翻动3～4次，当胚根鞘露白时阴干播种。但在缺水地区或墒情不足时不宜催芽浸种，以免"回芽"，造成缺苗。

（三）玉米种子处理技术

1. 精选

为保证父母本种子的净度与纯度，首先要剔除杂粒、秕粒、病粒、破粒、烂粒，并注意父母本分离存放，谨防机械混杂。

2. 晒种

精选的种子在播前要选择晴好的天气连续翻晒2～3d，可以提高种子发芽势和发芽率，出苗整齐。切忌将种子直接摊晒在沥青地或金属板上以免高温烫伤种子。

3. 包衣

包衣剂主要成分为药剂和微肥，不仅能防治苗期病虫鼠害，还能促进玉米苗生长发育，而且具有省种、省工、省药等节本增效的好处。首先根据需要选用种衣剂型号，其次根据药剂的有效成分确定用量，一般药种比为(1：40)～(1：60)。

包衣方法可分为机械和人工两种。

（1）机械包衣法　将配置好的包衣剂放入包衣机，然后按照要求完成作业。使用包衣机前必须仔细阅读说明书进行正确操作，以免伤害种子。一般种子公司用包衣机进行包衣。

（2）人工包衣法　在无包衣机的情况下，也可采用人工包衣法。

① 塑料袋包衣法　把两个大小相同的塑料袋套在一起，取一定比例的种子和包衣剂放在里层的塑料袋内，扎好袋口，然后用双手快速揉搓，直至拌匀为止，倒出备用。

② 大瓶或小铁桶包衣　准备有盖的大玻璃瓶或小铁桶，装入一定数量种子和相应比例的种衣剂，体积达大玻璃瓶或小铁桶容积的一半为宜，然后立即快速摇动至拌匀为止，倒出备用。

③ 圆底大锅包衣　先将清洗晒干的大锅固定，然后称取一定数量种子倒入锅内，将相应比例的种衣剂倒在种子上，立即用铁铲或木棒快速翻动至拌匀为止，取出后备用。

（3）注意事项　种衣剂中含有高效广谱的杀虫、杀菌剧毒农药，使用时要注意以下事项。

① 运输种衣剂和使用包衣种子时，一定要有防护措施，戴上口罩和专用手套，严防接触皮肤和眼睛。如种衣剂溅到皮肤上，应及时用肥皂水冲洗；触及眼睛要用清水冲洗眼睛；误入口中，应立即送医院治疗。

② 存放、使用包衣种子的场所要远离粮食和食品，防止畜、禽误食包衣种子。

③ 包衣种子只能用塑料袋或聚丙烯纺织袋包装、运输，袋子用后要妥善处理，严防误装粮食、饲料和其他食物。

六、 课后训练

① 合理制订实训基地小麦种子播前处理计划。

② 依据水稻种子处理技术要点，进行水稻种子播前处理。

③ 结合实训基地玉米种子生产计划，进行玉米种子包衣。

任务三　施肥准备

一、 任务描述

肥料是提供植物必需的营养元素，改善土壤性质，提高土壤肥力水平的一类农业生产资料。为实现种子生产的高产、稳产、低成本与环保的目标，合理施肥必须综合考虑作物需肥规律、土壤供肥特性以及肥料性质等影响因素。

二、 任务目标

能够根据土壤条件和作物营养特性选择适宜的肥料种类，计算肥料用量，并能够选择正确的施用方式与方法。

三、 任务实施

（一） 实施条件

常用氮肥、磷肥、钾肥、复合肥料、微肥等肥料，施肥工具，供试作物，供试田块。

（二） 实施过程

① 根据当地土壤条件和作物营养特性，选择合适的肥料种类与品种。

② 运用正确的方法合理估算肥料用量。

③ 确定适宜的施肥方式与方法。

四、 任务考核

序号	重点考核内容	考核标准	分值
施肥准备	肥料品种选择	能够根据土壤条件与作物营养特性,选择正确的肥料种类与品种	10
	肥料用量估算与施用	肥料用量估算方法选择合理	10
		肥料用量估算准确	20
		肥料施肥方式(基肥、种肥、追肥)选择正确	10
		基肥、种肥、追肥用量分配比例合理	10
		施肥方法选择合理	10
	施肥效果	作物生长前期无缺素症状	15
		作物生长后期无脱肥现象	15
分数合计		100	

五、 相关理论知识

（一）选择适宜的肥料种类

1. 氮肥

根据氮肥中氮素的形态,氮肥可分为铵态氮肥、硝态氮肥、和酰胺态氮肥三大类,常用的氮肥品种有碳酸氢铵、氯化铵、硫酸铵、氨水、硝酸铵、硝酸钙、尿素等。选择氮肥种类时,在考虑各种肥料性质的基础上,应认真分析土壤条件和作物的营养特性。

（1）根据土壤条件选择氮肥 酸性土壤应选择化学碱性肥料、生理碱性肥料或中性肥料,如氨水、碳酸氢铵、尿素、硝酸钙等,如用酸性肥料应结合有机肥料或先施石灰改良后再施用；碱性土壤施用化学酸性肥料、生理酸性肥料或中性肥料,如硫酸铵、碳酸氢铵、尿素,但碱性土壤不易施用氯化铵和硝酸钠,避免引起盐化；含盐多的土壤不宜施用氯离子含量高的氯化铵,以免增加土壤含盐量。

稻田宜选用尿素、氯化铵,而不宜选用硫酸铵及硝态氮肥,因为 SO_4^{2-} 在水田中易还原为 H_2S,使稻根发黑甚至腐烂,而 NO_3^- 在水田中易随水淋失及发生反硝化作用造成氮的损失；旱地或干旱地区施用硝态氮效果好,多雨、灌溉地区为避免氮素损失,施用铵态氮效果好；但砂质土壤由于保肥性能差,不宜选择硝态氮肥；在缺硫的土壤上宜施用硫酸铵,有利于改善作物硫素营养。

（2）根据作物营养特性选择氮肥 马铃薯等富含碳水化合物的作物,施用铵态氮肥效果较好；小麦、玉米等禾谷类作物施用铵态氮肥和硝态氮均可,但在多雨及灌溉地区,为防止氮素淋失,施用铵态氮肥为宜。

对于马铃薯、蒜、葱、油菜、烟草等喜硫作物,应选用硫酸铵；对于烟草、西瓜、葡萄、甜菜、茶等忌施作物不宜选择氯化铵,但氯化铵适宜施用在麻类作物上。在各种氮肥中尿素、碳酸氢铵和氨水无明显的选择性,适用于各种作物。

2. 磷肥

根据溶解度的大小和作物吸收的难易程度,通常将磷肥分为水溶性磷肥、弱酸溶性磷肥和难溶性磷肥三大类。水溶性磷肥主要有过磷酸钙、重过磷酸钙等；弱酸溶性磷肥主要有钙镁磷肥、钢渣磷肥、偏磷酸钙等；难溶性磷肥主要有磷矿粉、骨粉等。

（1）根据土壤条件选择磷肥　通常弱酸溶性磷肥和难溶性磷肥施用在酸性土壤上效果较好，而水溶性磷肥适合各种土壤，但施用在中性及石灰性土壤上效果更好。

（2）根据作物营养特性选择磷肥　豆科作物、油菜、荞麦和果树等吸磷能力强植物，可施一些难溶性磷肥，而薯类虽对磷反应敏感，但吸收能力较差差，以施用水溶性磷肥为宜。

马铃薯、甘薯等作物喜硫和钙，适宜施用过磷酸钙，葱、蒜、韭菜等作物也适宜施用过磷酸钙，不仅能提高产量，还能增强这些作物所特有的辛香味；钢渣磷肥和钙镁磷肥含有大量的硅和钙，适宜施在需硅较多的稻、麦以及喜钙的豆科作物上。

3. 钾肥

钾肥品种主要有氯化钾、硫酸钾、草木灰、窑灰钾肥，而最常用的钾肥是氯化钾、硫酸钾。

（1）根据土壤条件选择钾肥　石灰性土壤上适宜施用生理酸性肥料如硫酸钾、氯化钾，而酸性土壤上适宜施用碱性肥料，如草木灰、窑灰钾肥；盐碱地不宜施用氯化钾和草木灰，而施用硫酸钾效果较好；因为 SO_4^{2-} 的存在，水田不宜施用硫酸钾。

（2）根据作物营养特性选择钾肥　忌氯作物施用钾肥不宜选择氯化钾；喜硫作物可优先考虑施用硫酸钾。

此外，氯化钾在大部分作物上施用效果较好，而且价格较低，使用范围较广，而硫酸钾由于价格较高，使用较少。

4. 微肥

微量元素肥料简称微肥，主要指含有硼、锌、钼、锰、铁和铜等营养元素的无机盐类和氧化物。一般根据土壤微量元素的含量和植物对微量元素的敏感程度来选择微肥的种类，常用的微肥种类与性质见表2-1。

表 2-1　常见微量元素肥料种类及性质

肥料种类	肥料名称	主要成分	有效成分含量/%	性质
硼肥	硼酸	H_3BO_3	17.5	白色结晶或粉末，溶于温水
	硼砂	$Na_2B_4O_7 \cdot 10H_2O$	11	白色结晶或粉末，溶于温水
锌肥	硫酸锌	$ZnSO_4 \cdot 7H_2O$	23～24	白色或无色结晶，溶于水
钼肥	钼酸铵	$(NH_4)_6Mo_7O_{24} \cdot 4H_2O$	50～54	白色结晶或粉末，溶于水
铁肥	硫酸亚铁	$FeSO_4 \cdot 7H_2O$	19～20	淡绿色结晶，溶于水
锰肥	硫酸锰	$MnSO_4 \cdot 3H_2O$	26～28	粉红色结晶，溶于水
铜肥	硫酸铜	$CuSO_4 \cdot 5H_2O$	24～26	蓝色结晶，溶于水

5. 复合肥

复合肥是指含有氮、磷、钾三种养分中二种或三种的化学肥料。复合肥的种类较多，根据养分种类的不同可分为二元复合肥（NP、PK、NK）、三元复合肥（NPK）、多元复合肥以及多功能复合肥；根据肥料中有效养分含量的多少可分为高浓度复合肥（总养分含量≥40%）、中浓度复合肥（总养分含量≥30%）、低浓度复合肥（三元肥料总养分含量≥25%，二元肥料总养分含量≥20%）。常见的复合肥有二铵、磷酸二氢钾以及各肥料厂家生产的不同品牌复合肥。

（1）根据土壤条件选择复合肥　酸性土壤应选择用钙镁磷肥、磷矿粉、二铵等配制的偏碱性复合肥，碱性土壤应选择用磷酸一铵等配置的偏酸性复合肥；根据土壤丰缺状况，缺磷土壤应选择高磷复合肥，缺钾土壤选择钾含量高的复合肥；水田不宜施用含有 NO_3^- 和硫酸钾的复合肥；盐碱地上不宜选择含有 Cl^- 的复合肥。

（2）根据作物营养特性选择复合肥　叶菜类蔬菜选择高氮低磷复合肥，不宜选择含 NO_3^- 的复合肥；忌氯作物应选择不含有 Cl^- 的复合肥；缺锌敏感的玉米、水稻应选择含锌的多元复合肥，易缺硼的油菜应选择含硼的复合肥；喜钾的作物如根茎类蔬菜应选择钾含量丰富的复合肥。

（3）选择专用复合肥　可选择针对当地土壤条件配置的农作物专用复合肥，如水稻专用肥、玉米专用肥、小麦专用肥等。

（二）估算肥料用量

针对某一具体田块，肥料用量的确定方法主要有养分平衡法、土壤养分丰缺指标法和肥料效应函数法。

1. 养分平衡法

（1）计算方法　根据作物目标产量需肥量与土壤供肥量之差估算施肥量，计算公式为：

$$施肥量=\frac{目标产量所需养分总量-土壤供肥量}{肥料中养分含量\times肥料当季利用率}$$

公式中涉及目标产量、作物需肥量、土壤供肥量、肥料利用率和肥料中有效养分含量五大参数。

（2）确定参数

① 目标产量　指施肥地块预期可达到的产量。它既应符合当地土壤、气候、栽培管理水平等条件，又应有一定的先进性，可采用平均单产法来确定。平均单产法是利用施肥区前三年平均单产和年递增率为基础确定目标产量，计算公式为：

$$目标产量=(1+递增率)\times前三年平均单产$$

一般粮食作物的递增率为 $10\%\sim15\%$。

例：某田块前三年玉米单产分别为 700kg、650kg、680kg，那么今年的目标产量可以定为：$(700+650+680)\div3\times(1+10\%)$ kg=744kg

② 作物需肥量　通过对正常成熟的农作物全株养分的分析，测定各种作物每 100kg 经济产量所需养分量，乘以目标常量即可获得作物需肥量。

$$作物目标产量所需养分量=\frac{目标产量}{100}\times100kg 经济产量所需养分量$$

在实际工作中，若没有测定作物每 100kg 经济产量所需养分量，可以通过查阅资料获得相关参数，作为参考，具体见表 2-2。

表 2-2　主要农作物形成 100kg 经济产量所需养分量

作物	收获物	形成 100kg 经济产量所吸收的养分量/kg		
		氮（N）	五氧化二磷（P_2O_5）	氧化钾（K_2O）
水稻	籽粒	2.10~2.40	0.90~1.30	2.10~3.30
玉米	籽粒	2.57	0.86	2.14
冬小麦	籽粒	3.00	1.25	2.50
春小麦	籽粒	3.00	1.00	2.50
大麦	籽粒	2.70	0.90	2.20

续表

作物	收获物	形成 100kg 经济产量所吸收的养分量/kg		
		氮(N)	五氧化二磷(P_2O_5)	氧化钾(K_2O)
大豆	豆粒	7.20	1.80	4.00
高粱	籽粒	2.60	1.30	1.30
谷子	籽粒	2.50	1.25	1.75
棉花	籽棉	5.00	1.80	4.00
油菜	菜籽	5.80	2.50	4.30

注：表中数据均引自北京农业大学编写的《肥料手册》。

③ 土壤供肥量　可以通过土壤有效养分校正系数和测定基础产量两种方法估算。

通过土壤有效养分校正系数估算：将土壤有效养分测定值乘以一个校正系数，以表达土壤"真实"供肥量。

$$土壤有效养分校正系数 = \frac{不施肥区作物养分吸收量}{该营养元素土壤测定值(mg/kg) \times 0.15}$$

式中，0.15 为换算系数，即将 1mg/kg 养分折算成每亩土壤养分（kg/亩）。

$$土壤供肥量(kg/亩) = 土壤有效养分测定值(mg/kg) \times 0.15 \times 校正系数$$

通过基础产量估算：不施肥区作物所吸收的养分量作为土壤供肥量。

$$土壤供肥量 = \frac{不施肥区作物产量}{100} \times 100kg 经济产量所需养分量$$

④ 肥料利用率　指当季作物从所施肥料中吸收的养分占施入肥料所含养分总量的百分数。不同营养元素的肥料当季利用率不同，通常氮、钾肥料利用率相当，一般为 40%～65%；磷肥的当季利用率较低，一般仅为 10%～25%。肥料的当季利用率受植物、化肥品种、土壤、气候、栽培技术等因素影响，一般通过差减法来计算，利用施肥区与不施肥区作物吸收的养分量之差，再除以所用肥料的养分总量。

$$肥料利用率(\%) = \frac{施肥区作物吸收养分量 - 不施肥区作物吸收养分量}{肥料施用量 \times 肥料养分含量} \times 100\%$$

⑤ 肥料养分含量　常用的化学肥料、商品有机肥料的养分含量按其标明量计算，养分含量不明确的有机肥料可参照当地不同类型有机肥养分平均含量。

校正系数法容易掌握，一般不需要做田间肥料试验就可估算施肥量，比较方便。但其精确度受各参数影响较大，所以估算出的施肥量只是一个概数。地力差减法不需要进行土壤测试，计算比较简单，但是需要进行田间试验预先获得不施肥区的作物产量。

2. 养分丰缺指标法

养分丰缺指标法是利用土壤养分测试结果和田间肥效试验结果，建立不同作物、不同区域的土壤养分丰缺指标，然后再估算不同肥力水平的土壤肥料用量，建立对应关系。具体确定方法如下。

① 针对作物种类，在不同速效养分含量的土壤上进行施用氮、磷、钾肥料的全肥区和不施氮、磷、钾肥中某一种养分的缺素区的产量对比试验。

② 分别计算各对比试验中缺素区作物产量占全肥区作物产量的百分数，即缺素区相对产量。相对产量低于 50% 的土壤养分为极低；相对产量 50%～60% 为低，60%～70% 为较低，70%～80% 为中，80%～90% 为较高，90% 以上为高。

③ 将各试验区的土壤速效养分含量测定值依据上述标准分组，确定速效养分含量丰缺

指标。

④ 进行田间试验，并通过建立肥料效应函数，进行边际分析，确定不同速效养分含量的土壤肥料施用数量。

本方法简单方便，只需测定土壤速效养分含量值，就可对应的确定适宜施肥量，但是不同植物种类、不同土壤类型的养分丰缺指标也不同，这就需要有较为完善的土壤丰缺指标系统。此外，土壤速效氮的测定值通常不稳定，而且与作物产量之间的相关性较差，所以此法不适宜用来确定氮肥施用量。

3. 肥料效应函数法

根据"3414"方案田间肥料试验结果建立当地主要作物的肥料效应函数，直接获得某一区域、某种作物的氮、磷、钾肥料的最佳施用量，为推荐施肥提供依据。

通过田间肥料试验获取的肥料用量信息，是推荐施肥最基本的方法，其他各种方法都要以其作为参照标准。但田间肥料试验成本较高，费工费时。

(三) 确定施用方式方法

1. 氮肥施用方式方法

为了减少氮素的挥发、淋溶与反硝化作用的损失，施用氮肥时要注意将氮肥施入一定深度的土壤中；由于碱性物质能加速铵态氮分解、挥发，铵态氮肥不能与碱性物质混合施用。

(1) 基肥深施　氮肥在旱地做基肥时可采用犁底施肥，撒施后耕翻耙地或起垄包施等方法，施肥深度深度约为 6～10cm。水田可结合耕整田施用基肥，通常采取排水—施肥—翻耕—灌水方式，由于尿素易随水流失，所以施用尿素的田块应在 5～7d 后，待尿素转变为铵态氮再进行灌水。水田也可采用全层深施的方法，即在稻田耕翻整平灌水后，一边撒肥一边旋耕，然后插秧。基肥深施以尿素和铵态氮肥为宜，为避免氮的流失，硝态氮肥不宜作基肥。

(2) 种肥底施　氮肥中以硫酸铵作种肥效果最佳，因为碳酸氢铵、氨水、氯化铵、含缩二脲较高的尿素等肥料由于氨的挥发、氯离子和缩二脲的存在，不利于种子萌发和根系生长，不宜作种肥。旱田在墒情较好的情况下，播种前开沟施肥，随即播种，将肥料施入种子下方或种子的侧下方。

(3) 追肥深施　旱地追肥时，可采用沟施、穴施等方法，沟、穴深度 6～10cm，随后覆土。水田追肥时，先排水再撒施氮肥，结合中耕除草，使土肥混匀。

此外，尿素还适合作根外追肥，不同作物及其不同生育时期，所用尿素溶液浓度也不同，一般为 0.2%～1%，在傍晚或清晨喷施。此法只是一种辅助性的施肥方法，不能代替根部施肥。

2. 磷肥施用方式方法

(1) 以基肥、种肥为主，追肥为辅　由于作物磷素营养临界期一般都在幼苗阶段，如水稻、小麦在三叶期，玉米在五叶期，施种肥就可满足这一时期对磷的需求。在作物生长旺盛时期对磷的需要量很大，但此时根系发达，吸磷能力强，一般可利用基肥中的磷素。因此，磷肥可三分之一做种肥，三分之二做基肥。但有些作物如棉花、大豆、甘薯在生长旺期需磷较多或植株表现缺磷症状时，可以采用根外追肥的方式补充磷素，具体做法是先将过磷酸钙浸泡于 10 倍的清水中，充分搅拌，静置一夜后取上清液，稀释喷施，溶液浓度一般单子叶植物为 1%～3%，双子叶植物为 0.5%～1%。

(2) 集中施用、分层施用　通常集中施用所采取的方法是条施、穴施、拌种、蘸秧根、塞秧斗等。拌种只适合非水溶性磷肥，但也应注意对种子可能的伤害，沾秧根、塞秧斗适宜稻田使用。分层施用，浅施的磷肥可供作物苗期吸收，深施的磷肥可满足作物中后期的需要。

（3）与有机肥配合施用　磷肥与有机肥混合施用，可使磷肥中难溶性的磷转化为作物可吸收的有效磷，减少磷的固定，提高磷肥的利用率。

（4）轮作制度下合理施用磷肥　磷肥具有后效，因此在轮作地区，应当将磷肥施用在最能发挥肥效的茬口上。水旱轮作中应本着"旱重水轻"的原则施用磷肥；在旱地轮作中，磷肥应优先施在需磷多、吸磷能力强的作物上，如作物需磷特性相似，磷肥应重点分配在越冬作物上。

3. 钾肥施用方式方法

（1）以基肥为主，基肥追肥结合　钾肥应以基肥为主或基肥追肥结合施用。宽行作物如玉米，不论作基肥或追肥，宜采用条施或穴施，密植作物如水稻、小麦，采用撒施效果较好。追肥要早，可开沟条施或穴施。

（2）深施　钾肥适宜深施到水分状况较好的湿土层中，既有利于钾的扩散和减少土壤对钾的固定，又有利于作物的吸收。

4. 微量元素施用方式方法

（1）土壤施肥　该方法肥料的利用率较低，但有一定的后效，即作基肥、种肥或追肥时把微量元素肥料施入土壤。作基肥时，可与有机肥料或大量元素肥料混合施用，作种肥或追肥时可以与细干土混匀后施入田块，但以基肥方式为主。

（2）种子处理

① 浸种　将种子浸入微量元素溶液中 8～12h，捞出阴干即可播种。常用微肥一般浓度为 0.01％～0.1％，具体见表 2-3。

② 拌种　将一定浓度的微肥溶液均匀喷洒于种子上，拌匀后阴干播种，一般每千克种子用 2～8g 肥料，具体见表 2-3。

（3）蘸秧根　这是需要移栽的农作物的特殊施肥法，主要用于水稻秧苗移栽时，通常用 1％氧化锌悬浊液浸根约 0.5min 即可。

（4）叶面喷施　将微肥溶液喷施到作物上，作物通过叶面吸收养分。常用的微肥溶液一般浓度是 0.01％～0.2％，具体见表 2-3。

表 2-3　常见微量元素肥料的施用方法

肥料名称	基肥	浸种	拌种	叶面喷施
硼肥	硼泥 15～25kg/亩或硼砂 0.5～0.75kg/亩,可持续 3～5 年	0.01％～0.1％硼砂或硼酸溶液,浸种 6～8h	每千克种子使用硼砂或硼酸 0.4～1.0kg	0.1％～0.2％硼砂或硼酸溶液,喷施 2～3 次
锌肥	硫酸锌 1～2kg/亩,可持续 2～3 年	0.02％～0.1％硫酸锌溶液,浸种 6～8h	每千克种子使用硫酸锌 2～6g	0.1％～0.2％硫酸锌溶液,喷施 2～4 次
钼肥	钼渣 0.3kg/亩,可持续 2～4 年	0.05％～0.1％钼酸铵溶液,浸种 12h	每千克种子使用钼酸铵 1～2g	0.05％～0.1％钼酸铵溶液,喷施 1～2 次
铁肥	硫酸亚铁 2～5kg/亩	0.05％硫酸亚铁溶液		0.2％～1.0％硫酸亚铁溶液

续表

肥料名称	基肥	浸种	拌种	叶面喷施
锰肥	硫酸锰1~3kg/亩,可持续1~2年,效果较差	0.1%硫酸锰溶液,浸种12~18h	每千克种子使用硫酸锰4~8g	0.1%~0.2%硫酸锰溶液,喷施2~3次
铜肥	硫酸铜1~2kg/亩,可持续3~5年	0.01%~0.05%硫酸铜溶液	每千克种子使用硫酸铜4~8g	0.02%~0.04%硫酸铜溶液,喷施1~2次

5. 复合肥的施用方式方法

复合肥肥效较长,适宜作基肥。作基肥时可结合耕地采用撒施、条施或穴施等方法。

此外,复合肥也常用做种肥,但要注意种、肥隔离8~10cm为宜,以免烧种。

六、 课后训练

① 根据实训基地某种子生产计划,选择合适的肥料种类、用量,并正确施用。

② 调查分析当地种子生产田施肥技术的现状与存在问题。

任务四　检查土壤耕作质量

一、 任务描述

土壤耕作是农业生产过程中的一个重要环节,合理的耕作能够疏松土壤,培育团粒结构,掩埋残茬、肥料和杂草,为作物生长发育创造良好条件。为此,对土壤耕作深度、整齐度、残茬、肥料和杂草掩埋情况等耕作质量指标进行检查十分重要。

二、 任务目标

能够结合实际情况选择适宜的耕作技术;能够运用正确方法检查土壤耕作质量,并进行科学评价。

三、 任务实施

（一）实施条件

直尺、钢板尺、栅状平度尺、坐标纸、铅笔等。

（二）实施过程

① 根据当地气候特点、土壤类型、作物类型和生产要求确定合理的土壤耕作技术。

② 结合农事季节,参照当地标准,检查实训基地土壤耕作质量,记载并整理检查结果,填写《土壤耕作质量检查记录表》,完成对该地块土壤耕作质量的评价。

土壤耕作质量检查记录样表

地块名称：　　　耕地面积：　　　检查日期：

机车型号：　　　翻耕日期：　　　翻耕方法：

田间状况：

土壤耕作质量指标	耕深/cm	整齐度		重耕和漏耕	残茬、肥料和杂草掩埋情况			地头地边的耕作情况		
		平整	不平		合格	基本合格	不合格	整齐	基本整齐	不整齐
检查结果										

四、 任务考核

项目	重点考核内容	考核标准	分值
检查土壤耕作质量	土壤耕作技术	合理确定土壤耕作技术	15
	耕作质量检查	耕深：检测取点数量与位置合理；耕深测量准确；记录清晰	20
		整齐度：检测布点合理；整齐度测量准确；记录清晰	20
		重耕和漏耕：检查结果准确；记录清晰	15
		残茬、肥料和杂草掩埋情况：检查路线合理；掩埋情况检查准确；记录清晰	15
		地头地边的耕作情况：地头地边耕作情况检查准确；记录清晰	15
分数合计		100	

五、 相关理论知识

（一）土壤耕作目的

土壤耕作指使用农机具以改善土壤耕层构造和地面状况等多种技术措施，它是农业生产的基础，既关系到作物的播种保苗，又影响着作物生长的全过程，并对施肥和灌溉的作用以及经济效益有重要影响。土壤耕作应调整耕层固、液、气三相比例，改善耕层构造，以协调水分、养分、空气和温度状况；土壤耕作应创造和保持良好的土壤耕作层和表面状态，以符合农业生产的要求；土壤耕作还应达到翻埋残茬、肥料，清除杂草，控制病虫害等目的。

（二）土壤耕作技术

土壤耕作技术一般分为基本耕作技术和表土耕作技术两类。

1. 基本耕作技术

基本耕作或称初级耕作，指入土深、作用强、能显著改变耕层物理性状、后效较长的土壤耕作措施，一般在种植作物播种之前进行。

（1）翻耕 指使用农机具将土垡铲起、松碎并翻转的一种土壤耕作方法，是世界上应用最广的耕作措施。

翻耕的主要工具有壁犁和圆盘犁。由于犁壁形状和对耕层影响的不同，翻耕可分为全翻垡、半翻垡和分层翻耕等方式。全翻垡灭草作用好，消耗动力大，只适合开荒；半翻垡受到的牵引阻力小，翻土、碎土效果均有，适用于一般耕地；分层翻耕采用复式犁将耕层上下分层翻转，地面覆盖严密，耕作质量较高。除铧犁外，还有使用圆盘犁或铁锹翻地的，但翻土能力较弱。

翻耕的深度应综合考虑作物种类、土壤条件、气候和季节等因素。一般旱地翻耕深度20～25cm，水田15～20cm较为适宜。在此范围内，上下层土壤差异较大的地块宜稍浅，差异较小的地块可适当加深，但加深耕层应在原有基础上逐步进行，如果一次翻耕过深，将僵硬的底土翻出，不利于当年作物生长。

翻耕的时期，一般因当地气候、熟制和作物生育期而异，我国一般分为秋耕、冬耕、春耕和伏耕，同时要选择能调节土壤水分、熟化土壤的适宜时间进行。一年一熟或两熟地区，常在夏季作物收获后以伏耕为主，秋季作物收获后和秋播作物播种前以秋耕为主。水田、低洼地、秋收腾地晚或因水分多未能及时秋耕的，可以进行春耕，但春耕宜早，以利保蓄土壤水分，又因为离春播近，熟化时间短，浅翻为宜。适于土壤翻耕的时期，一般以土壤田间持水量40%～60%时为宜。

（2）深松耕 指用松土农具疏松土壤而不翻转土层的一种深耕方法。深松耕的主要工具有深松铲、无壁犁和凿形犁。一般深度在 20cm 以上，最深可达 50cm。适于干旱、半干旱地区，经长期耕翻后形成犁底层、耕层有黏土硬盘或白浆层或土层厚而耕层薄不宜深翻的土地，目的在于改善耕层构造，蓄水保墒。

（3）旋耕　使用的机械是旋耕机，旋耕机有较强的碎土功能，同时使土肥掺和均匀，地面平整，达到旱地播种或水田栽插的要求。但对残茬、杂草覆盖能力较差，耕深较浅，一般旱地为 12～16cm；水田 14～18cm。为增强耕作效果，可以在旋耕机上加装各种附加装置，如在旋耕机后面加装松土铲以加深耕层等。

2. 表土耕作技术

表土耕作或称次级耕作，是配合基本耕作使用的入土较浅、作用强度较小，旨在破碎土块、平整土地、消灭杂草的一类土壤耕作措施。

（1）耙地　指翻耕后利用各种耙平整土地的表土耕作措施，可以破碎土块、疏松表土、保蓄水分、增高地温，同时具有平整地面、掩埋肥料和根茬以及消灭杂草等作用。通常采用圆盘耙、钉齿耙等机具在翻耕后、播种前或出苗前、幼苗期进行耙地，耙深一般为 4～10cm。

（2）耱地　又称耢地，是耙地之后或与耙地结合进行的一项耕作措施。一般作用于表土，深度为 3cm，有减少土壤表面蒸发、平整土地、碎土和轻度镇压的作用。多于干旱半干旱地区旱地使用。

（3）镇压　一般指耕翻、耙地之后利用镇压器适当压实土壤表层的措施。对于黏质土壤和种子小的作物应播种前镇压；轻质土壤和种子大而出土能力强的作物应在播种后镇压，可起到平整土地、镇压保墒的作用。

（4）起垄　在田间用犁开沟培土筑成高于地面的狭窄土垄的措施，有加厚耕层、提高地温、改善通气和光照状况、便于排灌等作用，可结合播种或中耕进行。垄的高度一般为 12～17cm，垄距 60～70cm。

（5）中耕　作物生育期间在株行间进行的表土耕作。通常采用手锄、齿耙和各种耕耘器等工具。由于作物种类、苗情、杂草和土壤状况不同，中耕的时间和次数也不同。生育期长、杂草多、结构性差的土壤应增加中耕次数，反之则应减少。中耕深度应与作物根系生长情况适应，作物苗期为免伤根中耕应浅；生育中期为促进根系发育中耕应加深；生育后期作物封行前为破板结中耕则应浅。

（三）土壤耕作质量指标及检查方法

1. 耕地深度

耕地深度与作物出苗、根系发育等有密切关系，是衡量耕作质量的一项重要指标。

在犁耕进行中检查耕深，每班次检查耕深 2～3 次，每次要在相同地段上不同地点测量 5～6 个点；在耕地完成后检查耕深，应视田块大小沿对角线取 10～20 点逐点检查后求其平均数，平均耕深与规定耕深的偏差不应超过 1cm，并应注意避免在机车转弯等特殊部位取点。如在耕作后土壤未下沉时检查，应将深度减去 20% 左右；如土壤已下沉则减去 10%～15%，可得耕深的近似值。

具体方法是将直尺平放在耕过的土壤表面，作为测量基准，用钢板尺插入土中直至犁底层，测量其深度，即为耕深。

2. 耕地整齐度

田块内如有高包、洼坑脊沟存在，会引起农田内物质的再分配，导致同一田地土壤肥力和作物生长状况出现显著差异，对于灌溉农田和盐碱地，耕地整齐度是更为重要的质量指标。耕地整齐度受土壤凝聚性、土壤湿度、耕地速度和机具类型等因素影响。

测定耕地整齐度用栅状平度尺，视田块大小沿对角线取 10～20 个有代表性地段，方法是将栅状平度尺放在与耕地方向垂直地面上，让每一个活动小测尺自由与起伏土壤表面垂直接触，记录每个小测尺到夹板的刻度，然后在坐标纸上划一条水平线，按比例将每个小测尺的刻度作成点，将各点连接得出耕地表面的起伏曲线图。耕地起伏曲线的全长除以平度尺的全长，即得耕地起伏系数。系数越大，地面就越不平整。

此外也可沿耕地垂直方向在已耕地 10m 宽的地面上，超出地表与地面平行拉直检测线作为测量基准线，每隔 1m 宽测量基准线至地面的垂直距离，计算测量数据中最大值和最小值的差，如差值不超过耕地深度时视为平整，否则为不平。

3. 重耕和漏耕

重耕会造成地面不平，降低工效，增加能耗；漏耕则会使作物出苗不齐、生长不匀，增加田间管理的难度。生产中如果出现大面积漏耕，则需再耕。

可以通过比较作业机械的工作幅宽与实际作业幅宽来检查重耕和漏耕。如工作幅宽大于实际作业幅宽就发生了重耕，反之则发生漏耕。

此外也可横着耕地方向走，注意察看每个相邻行程的接合情况，如接合处凸起，表明有重耕；如有低洼，表明有漏耕，若只有个别的地方有凸起或低洼，说明是由于操作不当造成的。

4. 残茬、肥料和杂草掩埋情况

理想的土壤耕作应翻埋残茬、肥料、杂草，并要求覆盖有一定深度，最好被覆在 12cm 以下或翻至沟底。耕地后检查残茬、肥料和杂草掩埋情况，可以沿着田块对角线检查未被翻埋的残茬、肥料和杂草数量，用目测法评定为合格、基本合格或不合格。

5. 地头地边的耕作情况

农机具只有按起落线作业，并有精确的行走路线，才能改善和提高地头地边的耕作质量。观察农机具在地头起落线是否一致，有无剩边剩角，记为地头整齐、基本整齐或不整齐。

六、 课后训练

1. 分析调查当地土壤耕作技术现状与存在问题。

2. 检查实训基地种子生产田土壤耕作质量。

项目自测与评价

一、 名词解释

种子催芽、复合肥、肥料利用率、基肥、追肥、种肥、翻耕、深松耕、旋耕、中耕。

二、 填空题

1. 水稻种子播前通常要进行（　　）、（　　）、（　　）、（　　）、（　　）等处理。

2. 水稻种子吸足水分时，谷壳颜色（　　），胚部（　　）且清晰可见，胚乳（　　），手碾成粉，折断米粒无响声。如果谷壳仍为（　　）而谷粒（　　），说明吸水不够；如果谷壳（　　），说明是浸水过久的表现。

3. 在白粉病、锈病、纹枯病、黑穗病等病害的单发区或混合发生区，小麦种子播前可选用（　　）或（　　）拌种。使用（　　）拌种时需要注意种子要（　　），不宜（　　），否则易造成药害。

4. 玉米种子播前常进行包衣处理，包衣剂主要成分为（　　）和（　　），一般药种比（　　）。

5. 常见的化学肥料种类有（　　）、（　　）、（　　）、（　　）、（　　）。

6. 常用的施肥方式有（　　）、（　　）和（　　）。

7. 通常采用（　　）、（　　）等机具在翻耕后、播种前或出苗前、幼苗期进行耙地，耙深一般为（　　）。

8. 耱地是在耙地之后或与耙地结合进行的一项耕作措施。一般作用于（　　），深度为（　　），有减少土壤表面蒸发、平整土地、碎土和轻度镇压的作用。多于（　　）地区旱地使用。

9. 镇压一般指耕翻、耙地之后利用（　　）适当压实土壤表层的措施。对于黏质土壤和种子小的作物应播种（　　）镇压；轻质土壤和种子大而出土能力强的作物应在播种（　　）镇压，可起到平整土地、镇压保墒的作用。

10. 起垄有加厚耕层，提高地温，改善通气和光照状况，便于排灌等作用，可结合（　　）或（　　）进行。垄的高度一般为（　　）cm，垄距（　　）cm。

三、简答题

1. 水稻、小麦、玉米播种前需准备哪些生产资料？

2. 选购肥料时应注意哪些事项？

3. 选购农药时应注意哪些事项？

4. 现有农机具存放保管应注意哪些事项？

5. 选购农机具应注意哪些事项？

6. 水稻种子播前通常如何处理？

7. 小麦种子播前通常如何处理？

8. 玉米种子播前通常如何处理？

9. 如何合理选用肥料种类与品种？

10. 如何合理估算肥料用量？

11. 合理施肥的方式方法有哪些？

12. 常用的土壤耕作技术有哪些？有何优缺点？

13. 如何检查土壤耕作质量？

项目三 播种

播种是作物生产的关键环节，是高产的前提和基础，良好的播种技术受播种器械、播种方式、播种质量多种因素的影响，是丰收的关键。所以，要根据气象条件、作物种类、器械条件进行播种。

任务一 播种机的调整与使用

一、任务描述

随着机械化进程的加快，我国大部分地区作物播种均已经进入机械化或半机化状态，在播种前选择合适的播种器械，调整播种机处于良好状态至关重要，它直接影响播种质量、出苗率，从而影响产量。所以在播种前一定对播种机械进行调整和保养，播种时正确操作。

二、任务目标

认识播种机具的结构；了解播种机的工作原理；掌握播种机具的使用方法。

三、任务实施

（一）实施条件

免耕施肥播种机、中耕作物播种机

（二）实施过程

① 中耕作物播种机的识别与使用：结构识别；原理剖析。

② 免耕施肥播种机的识别与使用：结构识别；原理剖析；机械调整，包括播种与施肥深度调整，二者深度差的调整，排种器的检查调整，排种量的调整等。

四、任务考核

项目	重点考核内容	考核标准	分值
播种机的调整与使用	免耕施肥播种机	准备掌握各部位的名称及功能	10
		熟练进行播种机与牵引机械的悬挂链接	10
		能依据作物及播种要求调节播种深度、施肥深度	10
		能依据作物及播种要求准确调节播种量	10
		播种效果复合种植计划要求苗匀苗齐	10
	中耕播种机	准确掌握各部位的名称及功能	10
		熟练进行播种机与牵引机械的悬挂链接	10
		能依据作物及播种要求调节播种深度	10
		能依据作物及播种要求调节播幅、行距、株距	10
		播种效果复合种植计划要求苗匀苗齐	10
分数合计		100	

五、 相关理论知识

（一）中耕作物播种机的识别与使用

国内外播种玉米、大豆、甜菜、棉花等中耕作物的播种机多采用精密播种，即单粒点播或穴播。典型的中耕作物播种机如图3-1所示。主架由主横梁、行走轮、悬挂架等组成。而种箱、排种器、开沟器、覆土器、镇压器等则构成播种单体。播种单体通过四杆仿形机构与主梁连接，可随地面起伏而上下仿形。单体数与播行数相等，每一单体上的排种器由行走轮或该单体的镇压轮传动。调换链轮可调节穴距。

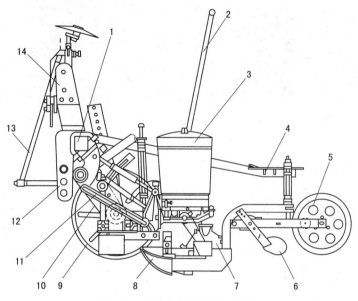

图 3-1 中耕作物播种机结构图

1—主横梁；2—扶手；3—种子箱及排种器；4—踏板；5—镇压轮；6—覆土板；7—成穴轮；8—开沟器；
9—行走轮；10—传动链；11—仿形机构；12—下悬挂架；13—划行器架；14—上悬挂架

中耕作物播种机的排种器多采用机械式或气力式精密排种器。气力式精密播种机设有风机和风管，以提供排种器所需的气力。开沟器多采用滑刀式。播种耕作物时，对覆土及压密要求较高，故每个单体均有覆土器及镇压轮。常用的覆土器有刮板式和铲式。铲式覆土器连接在镇压轮架上，可以上下调节，以适应不同的覆土深度要求，常和滑刀式开沟器配合使用。镇压轮用来压紧土壤，减少水分蒸发，使种子与湿土紧密接触，有利于种子发芽和生长。压强要求一般。镇压轮按材料可分为金属镇压轮和橡胶镇压轮。平面和凸面镇压轮的轮辋较窄，主要用于沟内镇压。凹面镇压轮从两侧将土壤压向种子，有利于幼芽出土。宽型橡胶镇压轮内腔是空腔，并通过小孔与大气相通，又称零压镇压轮。工作时由于橡胶轮变形与复原反复交替，因此易脱土，镇压质量好，多用于精密播种机。

（二）免耕施肥播种机的识别与使用

保护性耕作技术是我国确定重点推广的农机化新技术，是农业种植方式的又一次革命，其技术特点是作物秸秆切碎还田后，用与50马力以上拖拉机配套的免耕施肥播种机直接进行播种作业，一次性完成旋耕灭茬、化肥深施、小麦（玉米）播种、镇压保墒、喷洒农药等多道工序，与传统的耕作方式相比，具有减少作业程序、省工省力、节本增效、提高化肥利用率、保护环境、抑制沙尘暴、增加粮食产量等优点。以河南豪丰机械制造公司生产的免耕施肥播种机为例，介绍免耕施肥播种机的工作原理及使用方法，如图 3-2 所示。

图 3-2　免耕施肥播种机图

1. 免耕施肥播种机的工作原理

小麦（玉米）免耕施肥播种作业时，拖拉机的动力经传动轴直接传入免耕施肥播种机的中间变速箱，并带动左右刀轴作旋切运转。当刀具与地面接触的瞬间，前部的旋耕刀将部分秸秆或根茬切断后入土作带状旋松，紧随其后的播种、施肥开沟器在开沟的同时，将秸秆及根茬推送到播种、施肥位置的两侧，后部的限深镇压轮（辊）靠自重与地面摩擦转动，经链条传动机构带动排种和排肥机构实施排种、排肥。排下的种子和化肥分别经输种、输肥管进入开沟器，依次落入沟槽内。镇压轮（辊）随即将沟槽内松土压实（带喷洒装置的药液在喷雾泵的作用下，经喷杆喷头均匀地喷洒在地表），完成免耕施肥播种作业。

2. 免耕施肥播种机的安装挂接

免耕施肥播种机与拖拉机安装挂接时，首先将传动轴方轴的一端安装在拖拉机的动力输出轴上，传动轴的方管一端安装在免耕施肥播种机变速箱动力输入轴上，再将方轴插入方管内（安装时传动轴两端的夹叉应对称一致，否则易导致机具振动）。然后将拖拉机的悬挂机构与免耕施肥播种机的挂接机构结合在一起，并销好（智能型免耕施肥播种机，最后应将各信号线插头按照所编序号，对准机具架梁上插座相对序号的插孔插入即可）。

3. 免耕施肥播种机的调整

(1) 双腔排种器的调整　免耕施肥播种机的排种器为双腔排种器，播种小麦时，应将插板插入玉米排种腔，此时小麦排种腔打开，玉米排种腔关闭；播种玉米时应将插板插入小麦排种腔，此时玉米排种腔打开，小麦排种腔关闭。

(2) 播种深度与施肥深度、旋耕深度和秸秆覆盖率的整体调整　小麦免耕施肥播种时，种子的播种深度最好为 3cm，墒情较差时最深不超过 5cm，化肥播深一般为 8～10cm，当种子与化肥深度差调整合理后，如果需要增加旋耕深度、播种深度、施肥深度和提高秸秆覆盖率，可将镇压轮总成两端的限位螺栓向上调，每调一个螺孔，其深度相应增加 2cm，秸秆覆盖率也随之提高。

(3) 种子与化肥深度差的调整　种子、化肥之间的深度差一般应控制在 4～5cm。种子与化肥深度差的调整，是靠移动开沟器的上下位置来完成的，调整时拧松开沟器上部的固定螺栓，将播种或施肥开沟器分别向上或向下移动，测量下端距地面的高度差，直至达到理想高度差，然后再将固定螺栓拧紧即可。

（4）排种器的检查调整　为了提高小麦播种质量，确保各行播量一致，播种前要对各排种器的排种轮进行检查，在正常情况下，排种前排种轮的端面应与排种盒内壁处于同一平面内，调整播量手轮的端面应处于刻度线"0"的位置，若排种轮伸出的有效长度长短不一，各行播量大小不同时应进行调整。其方法是：拧松排种轮两端的卡片，左右移动排种轮至所需位置，并使卡片紧靠排种轮外部的端面，调好后拧紧固定螺栓即可。

（5）小麦播种量的调整　小麦水浇地播种量一般为 5～10kg/亩，旱地一般为 12～15kg/亩。为便于小麦播种量的调整，免耕施肥播种机上设有调整播量手轮和刻度线，刻度线上的数字表示播量，其单位为千克，调整播量时需旋转手轮，手轮外端面与刻度线相交位置即表示所下播量，调整完毕后应拧紧手轮上的固定螺栓。若播量与刻度线不符时，应以排种轮伸出的有效长度为准，排种轮伸出排种腔 1cm 表示播量 1kg；当排种轮伸出的有效长度一样而播量误差仍很大时，需调整毛刷位置，毛刷向上移动播量增加，反之减小。

为确保播种量精确，机具调好后要进行播量试验，其方法是：种箱内加入种子，将机具升离地面，在输种管下垫一块塑料布或在接种盒下套一塑料袋，然后在镇压轮（辊）上做好记号，用手转动镇压轮（辊），2BMSF-10/5 型免耕施肥播种机转动 24 圈，2BMSF-12/6 型免耕施肥播种机转动 20 圈，然后将塑料布（袋）上的种子收集起来，称重量后再乘以 10，即是亩播种量。如果播量偏大或偏小，可适量加大或减少播量。浸种、拌种应将种子晾干再播，否则会严重影响播种量或播种的稳定性和均匀性。

六、　课后训练

① 根据当地的土壤条件和栽培技术要求合理调整免耕施肥播种机的播种深度和施肥深度。

② 根据播种技术规范合理调整免耕施肥播种机的播种量。

任务二　主要作物种子生产田的播种

一、　任务描述

除了播种器械和气象条件的影响外，影响出苗质量的重要因素还有播种质量，包括播种期、播种量、播种深度、镇压效果等，在玉米制种内，还要考虑父母本播种期调整。

二、　任务目标

综合学习相关单元知识，能够做好主要作物种子生产田的播前各项准备工作；能正确确定各种作物种子生产田的播量、播期；掌握主要作物种子生产田的播种方法。

三、　任务实施

（一）实施条件

结合生产实际选用小麦、玉米、大豆的种子或亲本自交系、播种机械、拌种及播种的基本工具等；定行用具测量尺、标杆、线绳等。

（二）实施过程

1. 小麦播种操作训练

① 做好播前土壤翻耕、施肥、造墒、品种选择等工作。

② 根据麦田近年来的产量、当地的气候条件、所选品种的特性等，确定播期、播量。

③ 种子处理：选好的种子晒种后针对当地苗期常发病虫害确定药剂进行拌种或种子包衣。

④ 按照播种技术要求实地播种，争取做到一播苗全、苗齐、苗匀、苗壮。

⑤ 出苗后检查出苗情况。

2. 玉米播种操作训练

① 选地隔离。

② 确定父母本的行比、行距、划线定行。

③ 确定父母本的播期。

④ 父母本分别播种。

⑤ 父母本行头或行内一定距离点播豆类等标记作物。

⑥ 检查播种质量。

3. 大豆播种操作训练

① 播前整地与封闭除草。

② 精选种子与种子处理。

③ 确定播期、种植方式、密度及播量。

④ 田间播种。

⑤ 播种质量的检查。

四、 任务考核

1. 小麦播种考核标准

项目	重点考核内容	考核标准	分值
小麦种子 生产田的播种	施肥	基肥施用方法正确，用量得当	10
	播种期	准确确定所选品种播种期	15
	种子处理	熟练进行种子处理	15
	播种机使用	熟练操作播种机	15
	播种深度	播种深浅适宜	15
	播种量	播种量精确度高	15
	出苗情况	苗齐、苗全、苗匀、苗壮	15
分数合计	100		

2. 玉米播种考核标准

项目	重点考核内容	考核标准	分值
玉米种子 生产田的播种	选地	选地隔离规范	20
	播种	父母本行比、行距适宜	20
		父母本播期准确，标记明显	20
		播量准确、播深适宜、播行直	20
		苗齐、苗全、苗匀、苗壮	20
分数合计	100		

3. 大豆播种考核标准

项目	重点考核内容	考核标准	分值
大豆种子生产田的播种	除草剂选择	正确选择与使用大豆播前除草剂	20
	拌种	正确进行药剂拌种和微肥拌种	20
	播种	能根据生产实际和品种特性确定播期、种植方式、密度及播量	20
		熟练操作播种机械,播深适宜、播量准确、播行直	20
		苗齐、苗全、苗匀、苗壮	20
分数合计		100	

五、　相关理论知识

（一）小麦种子生产田的播种技术

1. 小麦的播种期

一般我国每年3～4月播种春小麦，9～11月播种冬小麦。但是不同地区有其适宜的播种时期，受当地适宜种植的品种特性所决定，超出适宜的播种期，就会影响生长，导致产量下降。

（1）冬小麦的播种期　确定冬小麦的播种期主要依据以下因素。

① 品种特性　先播冬性品种，再播半冬性品种，后播春性品种。

② 地理地势　海拔越高，纬度越高的地区，越应适期偏早播种。大体是海拔每增高100m，纬度增加1℃，播期约提早4d。

③ 冬前积温　冬前积温是指从播种到日平均温度高于0℃的温度总和。观察结果表明：从播种到出苗需积温115～120℃；要取得丰收，冬前要有4～6个分蘖（包括主茎），则主茎达6～7片叶，每片叶出生大约需要积温75℃左右。因此冬前积温为645～720℃。

④ 土肥水的条件　高产田播种不宜过早，以防冬前旺长；瘠薄地适当早播，培育冬前壮苗；黏土地比砂壤地早播；盐碱地、旱地也应提前播种。

（2）春小麦的播种期　春小麦的播种期是根据种子可以在土壤内吸水萌动的时间，而不是可以迅速出苗的时间决定春小麦播期。春小麦种子萌动最低温度为0～3℃。因此，当春季温度回升到日平均温度2～4℃时，即可开始播种。

（3）地膜小麦的播种期　覆膜穴播冬小麦最佳播种时间各地有异，一般覆膜穴播冬小麦播期应比当地露地小麦最佳播期推迟7～15d，个别地区会更长，但不宜太晚。覆膜穴播春小麦以宁夏引黄灌区春小麦为例，2月26日播种产量最高，随播期推迟而产量递减，每推迟1d，减产1％。故宜比当地露地播期提早5～7d。

2. 播种量

在全国大多数地区播种量偏大。因此，应依据的原则是：冬小麦和冬性品种比春小麦和春性品种要少；南方冬小麦比北方冬小麦要少；早播的比晚播的要少；土壤肥力高的比土壤肥力低的要少。综合评判，应以三种栽培战略体系和三种截然不同的产量结构为条件，一种是低播量(5～15)万苗/亩，靠分蘖的精量播种栽培体系；二是高播量(40～55)万苗/亩，靠主茎的独秆栽培体系；还有一种介乎二者的传统栽培。总之，应掌握在(10～30)万苗/亩。再依据种子发芽率、出苗率和千粒重计算其播种量。

3. 播种技术要点

① 深度适宜　一般4～5cm。冬播，气候寒冷、旱地、墒情不足、土质松软的稍深；春播，黏土地、土壤湿的稍浅。

② 深浅一致　调好播种机械耧腿和弹簧，力求各行深浅一致，均匀度良好。

③ 下种均匀　提高摇耧技术，调整好播种机排种轮，保持开沟器不受堵，以免漏播。

④ 播后镇压　北方麦区播种前后镇压的目的是沉实土壤，便于种子与土壤密接，利于幼苗吸收养分，同时还有保墒防寒防风的作用。

⑤ 播后带耙　北方水地麦区，播种较浅，播后一般要带耙细平，不留垄沟。北方旱塬丘陵地区，为了播后增加土壤受光面积以促早发苗及接纳秋季雨水，多采用播后不耙留耧沟，入冬耙耱保麦根的办法。

（二）玉米杂交制种播种技术

繁殖玉米良种，必须满足以下三点要求：一是父、母本必须达到理想的花期相遇，实现充分授粉；二是防止混杂，保证种子纯度，提高种子质量；三是提高杂交制种质量，多收种子。为此必须采取以下技术措施。

1. 选地隔离

配制杂交种的地块称为杂交制种隔离区。隔离区除了保证隔离安全外，还应选用土质肥沃，地力均匀，地势平坦，排灌方便，旱涝保收的地块，保证植株生长整齐，抽雄一致，便于田间去杂和母本去雄在短期内完成，并保证质量。

（1）隔离方法

① 空间隔离　就是在隔离区的四周一定距离内不种其他品种的玉米，以防外来花粉的串杂。自交系繁殖隔离区空间隔离应不少于500m，单交制种区不少于400m，双交制种区不少于300m，南北向150～200m，在多风地区，特别是隔离区设在其他玉米的下风处或地势低洼处，应适当加大隔离距离。

② 时间隔离　就是把隔离区制种玉米的播种期与邻近周围其他玉米的播期错开，一般春播玉米错开期35～40d，夏播玉米25～30d，但要依据当地的自然条件灵活掌握。

③ 自然屏障隔离　就是利用山岭、房屋、林带等自然障碍物作隔离，达到防止外来花粉串粉混杂的目的。

④ 高秆作物隔离　就是在隔离区周围种植高粱、麻类等高秆作物隔离，但高秆作物的行数不宜太少，自交系繁殖区种植高粱等高秆作物行数不少于300行，制种区在100m以上，高秆作物应适当早播，并加强管理，以便玉米抽穗时高秆作物的株高超过玉米的高度。

（2）隔离区的数目　隔离区的数目因繁殖类别而不同。配制单交种，需设置三个隔离区，即两个自交系繁殖区和一个杂交种制种区；配制三交种需设置三个亲本自交系繁殖区，但是在配制单交种及三交种时，隔离安全，母本去雄及时、彻底，而制种区的父本自交系也可以继续使用，只需三个隔离区即可。配制双交种需设置四个隔离区。

2. 调节父母本播种期

见项目四的任务五。

3. 花期预测及其调节

见项目四的任务五。

4. 制种区播种技术

由于玉米自交系种子萌发力弱，顶土力差，出苗慢，苗期长势弱，因此制种区播种必须提高播种质量，力争一次获得全苗。制种区播种必须严格分清父、母本行，不得重播、漏播，行向要直，不交叉，父母本同期播种要固定专人分别负责播父母本行，以防种错。父母本分期播种的要将晚播亲本的行距和行数在田间预作标记，以免再次播种时出现重播、漏播、交叉等现象。为了分清父、母本行，避免在去杂、去雄、收获时发生差错，可在父、母本行头或行内一定间距点种豆类等标记作物，如有缺苗断垄现象，均不能用其他玉米补种。父本行可移栽或补种原父本的苗或种子，母本行不要移栽或补种，以免拉长去雄时间，但可以补种其他作物（要和标记作物区分开）。

（三）大豆播种技术

1．土壤准备

（1）播前整地 播前整地包括播前进行的土壤耕作及耙、耪、压等。由于采用了不同的整地技术，因此，播前整地工作也有所不同。如平翻、垄作、耙茬、深松等。

（2）播前封闭除草 我国东北大豆主产区一些大型农场，大豆栽培面积大，如管理不及时，则杂草为害严重，常在播前采用机械喷施除草剂，进行大田封闭除草。氟乐灵、拉索等除草剂可在播前进行土壤喷雾。用氟乐灵可有效防除 1 年生禾本科杂草和某些 1 年生阔叶草。一般在播前亩施浓度 48％的氟乐灵 135g。用拖拉机悬挂式喷雾器作土壤表面喷雾。

2．精选种子

具有良好播种品质的种子，发芽率和发芽势高，苗整齐苗壮。所以在播种前应将病粒、虫蛀粒、小粒、秕粒和破瓣粒拣出。

3．种子处理

为防治蛴螬、地老虎、根蛆、根腐病等苗期病虫害，常用种子量 0.1％～0.15％辛硫磷和 0.3％～0.4％多菌灵加福美双（1：1），或用 0.3％～0.5％多菌灵加克菌丹（1：1）拌种。药剂拌种与钼酸铵微肥拌种同时进行时，需在钼酸铵拌种阴干后进行。要注意采用根瘤菌拌种后，不能再拌杀虫剂和杀菌剂。

4．确定播种量

第一步，将已测定的某品种百粒重换算成每千克粒数。如某品种测得百粒重为 20g，则每千克粒数为：

$$100 \text{ 粒} \times 1000g \div 20g = 5000 \text{ 粒}$$

第二步，计算每亩播种粒数。根据实际情况计算出每亩保苗株数，然后按照当地耕作条件和管理水平，加上一定数量的损失率（如机械、人、畜在田间管理过程中和人工间苗所造成的损失），一般田间损失率可按 15％～20％计算。单位面积上计划保苗数加田间损失率，即为每亩播种粒数。如某品种计划每亩保苗 2.5 万株，田间损失率估计为 20％，则每亩播种粒数为：

$$25000 + 25000 \times 20\% = 30000 \text{ 粒}$$

第三步，计算每亩播种量。其公式如下：每亩播种量（kg）＝每亩播种粒数/（每千克种子粒数×发芽率）。例如，播种量 30000 粒/亩，已测得每千克种子粒数为 5000 粒，已测得发芽率为 95％。每亩播种量：30000/（50000×0.95）＝6.3（kg）。

5．合理密植

种植密度与产量有密切关系。所谓合理密植是指在当地、当时的具体条件下，正确处理好个体和群体的关系，使群体得到最大限度的发展，个体也得到充分发育；使单位面积上的光能和地力得到充分利用；在同样的栽培条件下，能获得最好的经济效益。因此，一个适宜的密度不是一成不变的，不能简单地讲"肥地宜稀，瘦地宜密"，主要应考虑以下因素。

（1）品种 品种的繁茂程度，如植株高度、分枝多少、叶片大小等与密度的关系密切。凡植株高大，分枝较多，株型开展，大叶型品种，种植密度宜稀；植株矮小，繁茂性差的品种，或植株虽较高，但分枝少，株型收敛的品种，宜采用较大的密度。

（2）肥水条件 同一品种在肥水条件较好时，植株生长繁茂，密度宜稀；反之，肥水条件差，密度应较大。试验表明：土壤肥力和施肥水平与种植密度有密切关系。

（3）品种类型和种植季节 一般夏大豆生育期较长，植株高大，种植密度宜稀；春大豆生育期较短，秋大豆生育期最短，植株也较矮小，宜适当密植。

以上是确定播种密度的一般原则。由于各地的气候、土壤条件不同，栽培制度各异，管理水平和种植的品种不一，不可能统一种植同一个密度。北方春大豆的播种密度，在肥沃土地，种植分枝性强的品种，亩保苗 0.8～1 万株为宜。在瘠薄土地，种植分枝性弱的品种，亩保苗 1.6～2 万株为宜。高纬度高寒地区，种植的早熟品种，亩保苗 2～3 万株。在种植大豆的极北限地区，极早熟品种，亩保苗 3～4 万株。黄淮平原和长江流域夏大豆的播种密度，一般每亩 1.5～3 万株。平坦肥沃，有灌溉条件的土地，亩保苗 1.2～1.8 万株。肥力中等及肥力一般的地块，亩保苗 2.2～3 万株为宜。

6. 播种期

播种期早晚对产量和品质的影响非常大。播种过早、过晚，对大豆生长发育均不利。适时播种，保苗率高，出苗整齐、健壮，生育良好，茎秆粗壮。播种过晚，出苗虽快，但苗不健壮，如遇墒情不好，还会出苗不齐。北方区，晚熟品种易遭早霜危害，有贪青晚熟减产的危险。播种过早，在东北地区，由于土壤温度低，发芽迟缓，易发生烂种现象。

地温与土壤水分是决定春播大豆适宜播种期的两个主要因素。一般认为，北方春播大豆区，土壤 5～10cm 深的土层内，日平均地温 8～10℃时，土壤含水量为 20% 左右，播种较为适宜。所以，东北地区大豆适宜播种期在 4 月下旬至 5 月中旬，其北部 5 月上中旬播种，中部 4 月下旬至 5 月中旬播种，南部 4 月下旬至 5 月中旬播种；北部高原地区 4 月下旬至 5 月中旬播种，其东部 5 月上中旬播种，西部 4 月下旬至 5 月中旬播种；西北地区 4 月中旬至 5 月中旬播种，其北部 4 月中旬至 5 月上旬播种，南部 4 月下旬至 5 月中旬播种。

黄淮海区和南方区大豆种植区，大豆的播期受后茬和后期低温的制约。黄淮海区夏播大豆 6 月中下旬播种。南方区，长江亚区夏播大豆 5 月下旬至 6 月上旬播种，春播大豆 4 月上旬至 5 月上旬播种；东南亚区，春大豆 3 月下旬至 4 月上旬播种，夏大豆 5 月下旬至 6 月上旬播种，秋大豆 7 月下旬至 8 月上旬播种；中南亚区，春大豆 3 月下旬至 4 月上旬播种，夏大豆 6 月上中旬播种，秋大豆 7 月中旬至 8 月上旬播种；西南亚区，春大豆 4 月份播种，夏大豆 5 月上中旬播种；华南亚区，春大豆 2 月下旬至 3 月上旬播种，夏大豆 5 月下旬至 6 月上旬播种，秋大豆 7 月份播种，冬大豆 12 月下旬至翌年 1 月上旬播种。

夏播和秋播大豆由于生长季节较短，适期早播很重要。另外，播种期也可根据品种生育期类型、地块的地势等加以适当调整。晚熟品种可早播，中、早熟品种可适当后播。春旱，地温、地势高的，可早些播种，土壤墒情好的地块可晚些播，岗平地可以早些播种。

7. 播种方法

现在生产上应用的大豆的播种方法有：窄行密植播种法、等距穴播法、60cm 双条播、精量点播法等。

（1）窄行密植播种法　缩垄增行、窄行密植，是国内外都在积极采用的栽培方法。改 60～70cm 宽行距为 40～50cm 窄行密植，一般可增产 10%～20%。从播种、中耕管理到收获，均采用机械化作业。机械耕翻地，土壤墒情较好，出苗整齐、均匀。窄行密植后，合理布置了群体，充分利用了光能和地力，并能够有效地抑制杂草生长。

（2）等距穴播法　机械等距穴播提高了播种工效和质量。出苗后，株距适宜，植株分布合理，个体生长均衡。群体均衡发展，结荚密，一般产量较条播增产 10% 左右。

（3）60cm 双条播　在深翻细整地或耙茬细整地基础上，采用机械平播，播后结合中耕起垄。优点是，能抢时间播种，种子直接落在湿土里，播深一致，种子分布均匀，出苗整齐、缺苗断垄少。机播后起垄，土壤疏松，加上精细管理，故杂草也少。

（4）精量点播法　在秋翻耙地或秋翻起垄的基础上刨净茬子，在原垄上用精量点播机或改良耙单粒、双粒平播或垄上点播。能做到下籽均匀，播深适宜，保墒、保苗，还可集中施肥，不需间苗。

六、课后训练

① 依据小麦播种技术要点进行实习基地小麦播种操作。

② 结合基地玉米杂交制种实际情况进行播种实践。

③ 合理确定基地大豆播种密度和播量，并进行播前大豆种子处理。

任务三　主要作物种子生产中的育苗（秧）

一、任务描述

在水稻和棉花生产过程中，直接播种效果远不如育苗移栽高产，所以，在水稻和棉花生产中，经常需要进行育苗，健康的秧苗利于后期生产和管理，易于获得高产。如育苗效果不好，易生产出弱苗、病苗，为后期生产埋下隐患。

二、任务目标

学会水稻杂交制种田育秧（苗）技术，培育出父母本的适龄壮苗；掌握棉花常规种制种田育苗的各个技术环节，培育出壮苗。

三、任务实施

（一）实施条件

1. 水稻

育苗场地、塑料薄膜、木板、水源、整地工具、喷雾器、水稻父本及母本种子、1％石灰水、食盐、腐熟有机肥、50％代森铵。

2. 棉花

棉花种子，筛子、尺子、肥料、原种种子、小竹竿、塑料薄膜、制钵器等。

（二）实施过程

1. 水稻育苗操作训练

① 选地整地、施肥。

② 种子处理。

③ 育秧。

④ 苗期管理。

2. 棉花育苗操作训练

① 准备苗床。

② 配制钵土。

③ 制钵与排钵。

④ 种子处理。

⑤ 播种与覆膜。

⑥ 苗床管理。

⑦ 适龄移栽。

四、任务考核

1. 水稻育苗考核标准

项目	重点考核内容	考核标准	分值
水稻育苗	苗床选择	苗床选址正确，长宽及深浅适中	15
		床土质量、水分含量适中	15
	种子处理	种子处理方法正确	15
	播种	播种适期、拱棚质量符合要求	15
	管理	苗床管理正确	15
		苗齐、苗匀、苗壮	15
		适龄移栽、方法正确	10
分数合计		100	

2. 棉花育苗考核标准

项目	重点考核内容	考核标准	分值
棉花育苗	苗床选择	苗床选址正确，长宽及深浅适中	15
		钵土细碎、加肥合理、调水适中	15
	制钵	制钵质量高、快速排钵、平齐、灌水适中	15
	种子处理	种子处理方法正确	15
	管理	播种适期、拱棚质量符合要求	15
		苗床管理正确及时、出苗快、匀、齐	15
		适龄移栽、方法正确	10
分数合计		10	

五、相关理论知识

（一）水稻杂交制种田育秧（苗）技术

水稻杂交制种是指以雄性不育系为母本，雄性不育恢复系为父本，按一定行比相间种植，使不育系接受恢复系的花粉受精结实产生杂种第一代（杂交种子），以供水稻大田生产用种的种子生产过程。为提高制种产量必须培育壮苗，调节父母本花期相遇。

1. 育秧前准备

① 选好育苗田、整地、施足基肥，确定育苗面积。选择背风、向阳、离水源近、排灌方便、土壤肥沃、结构良好、杂草少、无病虫、离本田近的地块做育苗田。结合耕地施优质有机肥 4000～5000 kg/亩，然后整平耙细，要求畦面平，高低不过寸。

② 做好种子处理。对父母本的种子进行精选，要求纯度高（99.5%），发芽率高（95%以上），发芽势强，整齐、饱满的种子。播种之前，把种子摊放在席上，铺 6～10cm 厚，晒 2～3d，每天翻动几次。一般进行风选、筛选和比重选三个步骤。比重选的做法是，每 100kg 水加食盐 15～20kg，把种子放到盐水中搅拌，捞出浮在水面上的秕谷杂物，取出沉到下面的饱满种子。要求快，一般应在 4～5min 内完成。立即用清水冲洗，将盐洗净，（取种做发芽试验）然后浸种。北方春播稻浸种一般 3～4d，温度在 12℃左右。种子吸水达种子重的 40% 时即可发芽。在浸种的过程中可加 1% 的石灰水、50% 代森铵 500 倍液浸种 24h，可达防病目的。

2. 育秧

随着农业生产的发展，水稻育秧方法也有很大的改进，适合我国北方水稻育秧的方法也有新突破，过去水育苗的方法已很少应用。原来的湿润育秧和旱育秧也都有所变化。而现在群众应用的有薄膜育秧、工厂化育秧、与机插相配套的干旱育秧等。

（1）塑料薄膜育秧　薄膜育秧是在湿润育秧的基础上加盖塑料薄膜保温，于春寒时提早育苗的一种办法。由于覆盖薄膜，利用太阳能，膜内温度一般比气温高 4～6℃，晴天最高可增加 12～20℃，最低也能提高 1～3℃，这种育秧方法气温稳定在 6～7℃ 即可播种。目前覆膜方式主要有两种，一种是平铺式，一种是拱架式。平铺式的覆膜在播种后，畦面上每隔 20～30 cm 放一根高粱秆，然后盖膜，以免薄膜和床面黏连影响出苗。膜的四周压埋严实，拉上"之"字形防风绳。拱架式在播种好的畦面上每隔 0.5～0.6m 插一根弓形竹片，两端稍离开种子，整个畦面插好后，用长直竹片把各支架连接固定在畦面的两端。拱架中间距畦面 0.2～0.3m，两边距畦面 0.1～0.2m，把膜覆在支架上，拉紧，四周掩埋严实，拉好防风绳。薄膜内温度高，容易引起秧苗徒长、烧苗，遇到连续低温又容易萎缩不长，甚至青枯死苗。因此，加强管理是薄膜育秧成败的关键，一般分三个阶段。

① 第一阶段，密封期　从播种到一叶一心为密封期，把薄膜封闭严密，创高温、高湿条件，促使生根出苗。膜内温度30～35℃为宜，超过35℃以上，揭开膜的两端，通风降温，防止烧芽，降到30℃时再封闭。这期间一般不浇水，只在沟中灌水，不上畦面。

② 第二阶段，炼苗期　从一叶一心到两叶一心为炼苗期。这期间膜内适温25～30℃，晴天接近适温时揭膜通风，遇低温仍要密封。炼苗要日揭夜盖，逐渐进行，最后达到全揭。此时畦面可以上浅水，盖膜时排掉。

③ 第三阶段，揭膜期　从两叶一心至三叶一心，为揭膜期。经过炼苗5d以上，秧苗高达6～9cm，气温稳定在13℃，基本没有7℃以下低温时，晴天上午把膜全部揭掉。在揭膜时可上水护苗，并可施肥促苗生长。

（2）无土育秧　无土育秧是在透光的温室厂房里，把种子播在秧盘里，放在秧架上，用人工加温加湿的办法，利用种子自身养分，培育龄短秧苗，秧龄一般只有8d左右，在1.5～2.5叶时移栽。是春寒情况下快速育秧并适用于机插、机播的一种育秧新技术。首先建好厂房，厂房大小适当，利于升温保温，一般育苗室面积不超过30m²。温度能升能降，全室温差小。阳光能明能暗。便于操作，利用率高。其次，精细播种，播前种子精选、严格消毒、浸种、精细播种，科学管理，在发芽现青时，要高温高湿，保持温度在34～35℃，湿度在95%以上，使根、芽生长快而整齐。如果出现翘根现象要及时镇压。在一叶盘根期，温度不可高于35℃，否则容易干枯、烫根。光照不足时，叶长、苗弱。要调整室温在28～32℃，湿度在80%以上。在二叶壮苗期，温度控制在25～28℃，湿度在70%以上。可保持到成秧移栽。

3. 与机插相配套水稻旱育苗

由于是旱育苗，苗床始终不保持水层。应选择地势较高、平坦、含盐碱低、渗水适中、排灌方便的秧田地。这种育秧方法主要优点是秧龄短、秧苗壮，管理方便。可机插、人工手插，工效高，质量好。可育苗集约化，生产专业化。省种、省水，经济效益高。适合于不同生产体制采用，具体育秧技术如下。

（1）床土配制

① 调酸　水稻幼苗适宜在微酸性的土壤生长，种子吸水发芽快，生理机能旺盛，可抑制立枯病菌的发展，增强幼苗抗性。当土壤pH超过7时，水稻发芽、出苗生长显著变弱。当土壤pH低于4时水稻发芽也受抑制。土壤pH以5～6最适宜水稻发芽出苗及幼苗生长。调酸方法主要有以下几种。

a. 酸化煤调酸剂　以粉碎后的风化煤作载体，加入硫酸，调制成含腐殖酸1.5%、pH为3的调酸剂。把床土调制到pH为6，效果良好。

b. 酸化草炭调酸剂　以粉碎的草炭为载体，即干草炭50kg，加15%的稀硫酸15kg，制成pH为3的调酸剂。

c. 糠醛渣调酸剂　糠醛渣是生产醛糠的副产品，糠醛渣的酸化强度pH为2～3，可直接用来为床土调酸，对水稻生长无不良影响。

d. 硫酸调酸剂　将浓硫酸稀释8～10倍，按调整到要求pH所需剂量，直接加入土中，搅拌均匀备用。

② 调整床土养分　盘育秧，床土厚只有 2.5cm，土层较薄，培育 3～5 叶小苗，播量又大，秧苗密集，每平方厘米有苗 2～5 株。为使秧苗健壮生长，除要求床土肥沃外，还要加入适量速效养分。一般加腐熟马粪 10%，过磷酸钙 2%，硫酸铵 0.2%。

③ 调整床土透性　育苗床土要求松紧适宜，以利机播、机插和幼苗生长。土壤黏重、渗透性差要加入疏松物质，如稻壳等。可达机插不漂秧，不散块，秧苗生长良好。

④ 床土配制方法　床土最好用菜园土，或旱田地土。连同马粪粉碎过筛（筛孔 6～8mm），不可过细，以保持通透性，不能混入石块。床土经过调酸剂调酸，与磷肥、硫铵，马粪或稻壳混合搅拌均匀，堆放好备用。

（2）播种　可用动力机播，亦可用框架人工手播。不论什么播种方法，要求下种均匀，每盘或框架下种量要准确。用框架播种，播前做好框架。用薄铁板（厚 2～3mm，宽 2.5cm）焊接成，每个框架有两排长 58cm、宽 20cm 的长方形无底空格。空格大小与插秧机秧箱相符。如 20cm 正好是插秧机秧箱宽，58cm 正好是秧箱的高，一般做成 8～12 空格的框架。

① 育秧地面平整　将准备好做育苗的地块整平，要求高低误差不超 1cm，表土细粉无明暗坷垃。

② 苗床铺膜　在平整好的育苗地面上，按框架大小先铺一层有孔的薄膜，膜的宽度为框架宽的 1.2～1.5 倍。在铺好膜的地面上摆好框架。

③ 填入床土　框架放整齐不留空隙，填入配制好的床土，厚 2cm，刮平。播种之后，再填入 0.5cm 厚的床土，正好与框架平。

④ 播种　用机播或人工手播种，一般播散两遍，每框架的下种量计算好，严格掌握播量，并使种子均匀分布在每个空格内，播完后轻轻镇压，喷敌克松 1000 倍液（每平方米用药 6g，兑水 6kg），盖床土 0.5cm。起去框架，盖好薄膜，盖膜采用平铺或小拱棚均可。

⑤ 浇水　播种后浇水，要浇足浇透，以确保水稻顺利发芽出苗。浇水后渗干不存明水，如水过量存有明水时，将多余的水放掉。

（3）苗期管理　出苗后也要注意通风、炼苗，防止烧伤秧苗。遇干旱情况时注意浇水，防止返盐影响稻苗生长。并根据苗情施肥，确保秧苗健壮。秧龄三叶一心时便可移栽。秧龄一般在 30d 左右。

（二）棉花常规种制种田育苗技术

1. 苗床准备

苗床应选择背风向阳、地下水位低、排水良好、水源方便、无枯黄萎病、土壤肥沃的田块作为苗床。苗床的宽度，一般 1～1.2 m，以便于操作。苗床四周开好排水沟防止床内积水。

2. 钵土配制

制营养钵的土，以熟化肥沃的砂质土壤为宜，再加 20%～30% 腐熟的厩肥、1% 的过磷酸钙和适量的速效氮肥、钾肥等，均匀混合后堆放，待制钵时使用。在制钵的前 1～2d，将配备的钵土喷水、拌匀，使钵土的含水率在 25% 左右，堆闷一下，以手捏成团，齐胸落地即散为宜。钵土过干易碎，过湿不利培育壮苗。

3. 制钵与排钵

制钵数量按大田计划种植密度再加 20％制钵。排钵前将床底整平、拍实，均匀撒适量呋喃丹防虫。边制边摆，钵要靠紧，错开排列，钵间隙用细沙或碎土填满。摆钵时钵面要高度一致，以利播种后盖土厚薄均匀，出苗整齐。播种前苗床浇足底水以利出苗，采用泼浇水或灌浇的方法，浇至钵高 1/3 处见水为宜。待水吸干后，钵面喷 500 倍 40％多菌灵胶悬剂液消毒。

4. 种子处理

选出籽粒饱满、成熟度高的黑粒，剔除秕、碎、杂粒和成熟度差的黄籽。播前抢晴天晒种 2～3d，提高发芽率。用 2.5％咯菌腈按干籽重 0.2％比例拌种或用 50％敌克松按干籽重 0.5％的比例拌种，包衣棉种可直接播种。未包衣的种子可用缩节胺溶液（1kg 水加 100～150mL 缩节胺）浸种 12h，或用矮壮素溶液（1kg 水加 300～400mL 矮壮素）浸种 4h，对促根控旺有很好的效果。

5. 播种与覆膜

育苗移栽的适宜播期主要根据前茬的收获期和苗龄来决定，一般在移栽前 30～40d 播种，使移栽时棉苗具有 3～4 片真叶。预留棉田播期一般在 4 月上中旬。播种时喷湿钵，干籽下钵，每钵播两粒种子，撒盖湿土。用 2.2m 长的竹片（贴膜面刮光）插入床两边土中，形成弓架，弓架中部高出苗床 0.5m 左右，弓架距 70cm，高低一致，然后盖膜，四周拉紧，用土压牢防止通风漏气或大风揭膜。

6. 苗床管理

苗床的管理，主要是掌握好温度和湿度，其方法是及时揭膜、盖膜。如果揭膜不及时，床内温度过高易形成烧苗或高脚苗；揭膜过早，易造成出苗不整齐，导致僵苗或死苗。播种后，苗床温度保持在 25～30℃为宜。齐苗后，晴天上午 9 时揭开苗床两头的膜，通风换气，降温排湿，下午 4 时左右封闭。当出苗 1 片真叶后，床温控制在 20℃左右，以防止棉苗旺长。随着苗龄的增大，应及时揭膜练苗，一般在晴天上午 9 时以后，先揭开背风面的半边，练苗 1～2d。以后凡晴天上午 9 时后，可全部揭膜练苗，下午或傍晚盖膜。如遇寒潮、降温或阴雨天气，应及时盖膜护苗。当气温稳定在 18℃以上时可揭去薄膜，不再盖膜。齐苗后进行间苗、定苗。间苗、定苗应用剪刀剪去弱苗、病苗，不要用手拔苗。定苗后追一次清水粪，发现病虫后及时防治。移栽前一周，追一次"送嫁肥"。为了控制棉苗旺长，提高棉苗素质，可采用搬钵的方法进行蹲苗，搬钵可在移栽前 15～20d 进行。搬钵后，幼根有损失，应培土、浇水，防止老苗。

7. 适龄移栽

移栽过早，气温低，易造成僵苗，迟发；移栽过迟，气温高，日照强，棉苗失水快，成活慢。当天气平均气温稳定在 18℃以上时即可移栽。移栽时大、小苗，壮、弱苗分别移栽。移栽时，先应根据规定的行株开沟或挖穴，酌情施"安家肥"，然后搬钵移栽，使钵面略低于田面。在钵的四周用土壅到 2/3 左右时，浇足水，最后盖土成馒头形，防止棉籽露出地面造成倒苗。

六、　课后训练

① 结合你所在地的实际情况和基地生产，进行水稻育苗实践。

② 结合农业生产进行棉花营养钵育苗或参观育苗过程。

任务四 检查播种质量

一、任务描述

播种质量检查是指检查播种各个环节是否符合农业技术要求。一般要求开沟深浅合适、一致，覆土细碎、严密，行株距规格整齐一致，下种适量、均匀，墒情好，能达到苗全、齐、匀、壮的目的。

二、任务目标

学会鉴别播种质量高低的方法。

三、任务实施

（一）实施条件

米尺、铲子、台秤、种子、播种机等。

（二）实施过程

播种质量检查包括试播检查、班次检查和查青苗三项内容。试播检查的目的是帮助协调好机具；班次检查的目的在于贯彻农业技术要求，检查机组作业质量是否符合规定，发现问题便于及时纠正；查青苗只能帮助评定播种质量，总结播种经验和研究补救措施。在大面积播种作业中，还应随时核对已播面积与用种量是否相符，以确保播种工作的顺利进行。播种质量检查具体包括以下项目。

1. 检查播种深度

检查时，可先扒开覆土直至发现种子为止，顺播种方向在地面放平直尺，再用另外一根带刻度的直尺测量播深。一块地至少查 10 处，计算出平均播深。其平均播深与规定播深的偏差不应超过下列范围。

规定播深为 3～4cm 时，偏差不超过±0.5cm；

规定播深为 4～6cm 时，偏差不超过±0.7cm；

规定播深为 6～8cm 时，偏差不超过±1.0cm。

如果偏差超过规定，应重新调整开沟器入土深度。

2. 检查行距

检查播种机行距时，可先扒开两行和邻接处数行覆土，直至发现种子，再用直尺测量。要求相邻两行之间邻接的两行行距误差不应超过±2.5cm。多台播种机的同一机组相邻两台播种机邻接的两行行距偏差不应大于±1.5cm。对于点播机还要检查每穴下种粒数，检查时应小心扒开播行覆土，使种子露出，逐穴检查种子粒数并测量穴距。每行应选 3～5 个测点，每个测点长度不应小于规定穴距的 3 倍。求出平均值与技术要求比较，必要时予以纠正。

3. 检查播量

检查播量的方法有以下几种，可根据具体条件选用或配合使用。

① 利用排种槽轮工作长度样板，检查各排种器是否保持一致、有无变化。

② 根据已播面积和种子消耗量算出实际播种量，与计划播种量对比，看是否一致。

③ 播量检查，常用 1m 内落粒数来测定，即将 1m 长的播行内实播种子粒数与根据播量计算出的每米应播子数进行比较。

④ 检查有无露籽及覆土情况，此项可目测。

四、 任务考核

项目	重点考核内容	考核标准	分值
播种质量检查	播种	播种机械种类合适	15
		播量与计划的符合度	15
		播种深度检测方法	15
		播种行距大小	15
		播量大小	15
		播种后土地状况	15
	检查	检查方法、顺序得当	10
分数合计		100	

五、 相关理论知识

（一）主要作物播种深度

根据农作物种子的特性、土壤条件、气候条件等，确定农作物种子播种的深度。种子小的，因贮藏的物质少，发芽顶土能力弱，宜浅播；大粒种子贮藏物质多，发芽顶土能力强，宜深播；砂土疏松，土壤水分较少，播种宜稍深；黏土结实，土壤水分充足，播种宜浅；干燥地区播种宜深，湿润地区播种宜浅；高温干燥播种宜深，天气阴湿宜浅播种；寒冷地区播种宜深，温暖地区播种宜浅。

1. 粮食作物播种适宜深度

水稻已催芽露白覆盖细粪土 1cm 左右，麦类为 4～5cm，玉米 4～6cm，马铃薯已催芽长至 1～1.5cm，覆土厚度为 8～10cm。

2. 油料作物播种适宜深度

油菜 2～3cm，芝麻 1.5～2cm，蚕豆播种适宜深度 6～8cm，大豆 4～5cm，花生 3～6cm。

（二）作物播种密度和株行距确定

所谓适当密度，就是指各种不同的作物在单位面积上应有一定数量的植株，而且这些植株应分布均匀，也就是每一植株应有其标准的及与其他植株相等的营养面积。根据各种作物地上部分与地下部分所占空间，决定各种作物不同的密度。根据作物的不同在密植的原则下给予适当的营养面积，这样可以得到增产的效果，如果密度过分增加，则反而会使产量降低。必须根据作物种类、生长条件等因素确定作物播种密度。

以玉米为例，常见考虑密度大小因素如下。

① 因地制宜。选择适合本地种植密度的品种，作为良种在不同的条件下也有它的相对性，只在根据当地的气候条件、地理条件、水肥条件选择适合密植的品种。

② 因品种特征特性不同，播期不同选择品种。不同类型的品种具有不同的耐密性，紧凑型杂交种耐密性强，密度增大时产量较稳定，适宜种植的密度较大；平展型耐密性差，密度增加范围小，若增加密度就会减产。

a. 平展型中晚熟玉米杂交种。此类品种植株高大，叶片较宽，叶片多，穗位以上各叶片与主杆夹角平均大于 35°，穗位以上的各叶片与主杆夹角平均大于 45°。每亩留苗 3000～

3500 株为宜，能充分利用光热资源，有效积累提高产量。

b. 竖叶型早熟耐密玉米杂交种。此类品种株型紧凑，叶片上冲，穗位以上各叶片与主杆夹角平均小于 25°，穗位以下各叶片与主杆夹角平均小于 45°，每亩留苗密度 4500～5000 株。适于麦收以后播种。

c. 中间型。此类品种的叶片与主杆夹角介于紧凑型和平展型之间，多数属中早熟耐密品种，每亩留苗密度在 3500～4500 株，适宜麦垄套种或油菜茬播种。

③ 根据品种特性、产量水平、土壤肥力及施肥水平选择合理的密度。

a. 亩产 400～500kg 的中产田，平展型玉米杂交种适宜密度为 3000 株/亩左右；紧凑型杂交种为 4000 株/亩左右。

b. 亩产 500～600kg 的产量水平适宜密度范围是：平展叶型玉米杂交种 3500 株/亩左右；紧凑型中晚熟大穗型杂交种 3700～4000 株/亩左右，紧凑竖叶中穗型杂交种 4500 株/亩左右。

c. 亩产 650kg 以上产量水平的适宜密度范围是：紧凑中穗型，5000～5500 株/亩，紧凑大穗型 4500～5000 株/亩

④ 增密增产技术。根据玉米品种的特征特性和生产条件，因地制宜将现有耐密品种的种植密度增加 500～600 株/亩，前提是选耐密品种和水肥条件好地块。

⑤ 玉米每亩的穗数是构成玉米产量三要素之一，密度的大小直接决定着玉米的产量，由于自然界限制玉米最终成穗的因素较多（如病虫、营养光照等）种植密度的成穗率一般为 90%～95%，为确保亩穗达到设定目标穗数，大田留苗时应按适宜的穗数增加 5%～10%，这样才能实现预期的穗数指标。

我国常见玉米播种密度与株、行距见表 3-1。

表 3-1 常见玉米播种密度与株、行距表

密度/(株/亩)	行距/cm(尺)	株距/cm(尺)	密度/(株/亩)	行距/cm(尺)	株距/cm(尺)
3000	60(1.8)	37(1.1)	3500	60(1.8)	32(0.95)
3000	65(2.0)	34(1.0)	3500	65(2.0)	29(0.9)
3000	70(2.1)	31(0.9)	3500	70(2.1)	27(0.8)
3000	75(2.2)	29(0.85)	3500	75(2.2)	25(0.75)
3000	80(2.4)	28(0.8)	3500	80(2.4)	24(0.7)
3300	60(1.8)	34(1.0)	4000	60(1.8)	28(0.85)
3300	65(2.0)	31(0.9)	4000	65(2.0)	26(0.8)
3300	70(2.1)	29(0.85)	4000	70(2.1)	24(0.7)
3300	75(2.2)	27(0.8)	4000	75(2.2)	22(0.65)
3300	80(2.4)	25(0.75)	4000	80(2.4)	20(0.6)

其他作物播种密度和株、行距确定原理亦是如此。

（三）播种量的确定

1. 水稻播种量

秧田播量决定了秧苗营养空间的大小。秧田稀播，秧苗个体占有的营养空间大，受光条件好，是培育壮秧的基本条件。

稀播育壮秧是我国近十余年来稻作技术改良的一大特色，特别是自杂交水稻推广以来，秧田播量大幅度降低，采用"两段育秧"，培育带蘖（多蘖）壮秧，对提高水稻的单产起了极大的作用。

秧龄的长短是确定播量最主要的因素。随着秧龄的延长，秧苗的个体增大，占有的空间

也将扩大，若播量不当秧苗个体受到的抑制也越大。所以秧龄越长，播量要越低。适宜播量的标准，以移栽前秧苗个体的生长尚未受到严重抑制为宜，具体表现为移栽时多数秧苗叶、蘖同伸关系即将或刚刚不能表现。若多数秧苗的叶、蘖同伸关系久已不能表现，说明播量过大（除掉很瘦的秧田外），秧苗素质已严重下降；若大多数秧苗的叶、蘖同伸关系都毫无阻碍地表现，说明播量偏低，秧田利用不经济。从培育壮秧的要求出发，我国南方稻区不同秧龄下适宜的播量（每亩净秧及播量）大体是4叶期移栽的为150～200kg，5叶期移栽的为80～100kg，6～7叶期移栽的为50kg上下，8叶期移栽的在25kg以下，长江流域为培育杂交稻的多蘖大苗，播量应为7.5～10.0kg。

2. 玉米播种量

直播每穴播种2～3粒种子，用营养钵、营养块、营养坨和塑料软盘育苗移栽的，每钵（块、坨、穴）播催芽种子1～2粒。因品种不同，种植方式不同，播种量也不同。一般清种直播，每亩播种1.5～2.5kg。播种时应做到深浅一致，覆土均匀。直播适宜播深5～6cm，覆土3～4cm。土质黏重，含水量高，地势较低洼时，宜浅播4～5cm，浅覆土盖籽；反之适当深播6～8cm，南方春玉米宜浅播浅覆土。

3. 小麦播种量

第一，对于分蘖力强的品种，或者易倒伏的品种，基本苗数不宜过高；第二，对于水肥条件较好的高产麦田，由于土地肥力高，分蘖多，成穗率高，基本苗也不宜过多，否则会造成籽粒不饱满，粒重下降，甚至有倒伏的危险；第三，如果播期较早，也应适当降低播量。

具体播量可根据不同品种的千粒重、发芽率、出苗率进行计算，在此基础上再适当调整。

每亩播种量(kg)＝每亩计划苗数(万)×千粒重(g)÷发芽率％÷田间出苗率％×0.01

注：田间出苗率为经验数据，一般按85％计算。

六、 课后训练

选择一块播种田进行播种质量的实际检查，学生按检查的步骤操作。

项目自测与评价

一、 填空题

1. 一般情况下，播种玉米、大豆等作物时，播种机多采用（　　）播种。

2. 典型的中耕作物播种机主架由（　　）、（　　）、（　　）等组成，播种单体由（　　）、（　　）、（　　）、（　　）等构成。

3. 常见播种机械主要包括（　　）播种机和（　　）播种机。

4. 我国冬小麦播种一般在（　　）月，春小麦播种一般在（　　）月。

5. 小麦的播种深度一般以（　　）cm为宜，土壤含水量以（　　）％为宜。

6. 水稻育种时种子精选后要求纯度超过（　　）％，发芽率达（　　）％以上。

7. 水稻比重选种时要求速度要快，一般应在（　　）min完成。

8. 北方春稻浸种一般浸（　　）d。

9. 水稻移栽时一般选在（　　）d左右，（　　）叶（　　）心时。

10. 在检查播种深度时，规定播种深度为3～4cm时，偏差不超过±（　　）cm，规定播种深度为 4～6cm 时，偏差不超过±（　　）cm，规定播种深度为 6～8cm 时，偏差不超过±（　　）cm。

11. 检查行距时，要求相邻两行行距误差不应超过±2.5cm。

12. 棉花育苗时苗床宽度一般为（　　）m。

二、选择题

1. 春玉米的适宜播种温度是 5cm，土温达到（　　）时才能开始播种。
A.6～7℃　　　B.8～10℃　　　C.10～12℃　　　D.20℃以上

2. 北方春播大豆，一般 5～10cm 土层日平均地温（　　）时可以播种。
A.6～7℃　　　B.8～10℃　　　C.10～12℃　　　D.20℃以上

3. 水稻育苗时要求土壤调酸，要求调至 pH 为（　　）。
A.3～4　　　B.4～5　　　C.5～6　　　D.6～7　　　E.7 以上

4. 水稻育秧时播种后覆土厚度一般为（　　）cm。
A.0.3　　　B.0.5　　　C.1　　　D.2　　　E.3

5. 棉花育秧时，钵土含水率一般以（　　）%为宜。
A.15　　　B.20　　　C.25　　　D.30　　　E.35

三、简答题

1. 小麦的播种量如何确定？如何提高播种质量？
2. 确定播种量应当考虑哪些因素？
3. 免耕施肥播种机的工作原理是什么？
4. 如何在播种机械调整后，进行播量试验？
5. 小麦的播种技术要点有哪些？
6. 杂交制种田的隔离措施有哪些？

项目四 田间管理

作物种子生产田播种以后，主要任务就是加强田间管理，这是获得作物种子高产优质的基本保证。田间管理的内容包括间苗、定苗、灌溉、施肥、中耕、除草、病虫害防治、花期调节、适时收获等一系列管理措施。其实质是对作物生长发育的促进和控制。促进，就是根据作物不同生育阶段的要求，创造适宜的环境条件，促进其生长发育，以利于产品器官的形成。控制，就是避免和克服危害作物正常生长的不利因素，使作物植株健壮生长，并向高产、优质方面转化。田间管理根据内容不同又分为六个具体任务，分别是：水肥管理、农药的配制与使用、病虫害的诊断与综合防治、农田杂草防除、花期调节、主要作物种子生产收获技术。

任务一 主要作物种子生产田的水肥管理

一、任务描述

种子生产田的肥水管理，是田间管理的主要任务。对玉米杂交制种田和水稻杂交制种田等主要作物种子生产设计科学的水肥管理方案，并组织实施，总结经验，分析不足，进行正确的田间管理，对于保障丰产丰收具有重要作用。

二、任务目标

完成本学习任务后，能够：①对玉米杂交制种田进行施足底肥，苗期、拔节期、孕穗期及花粒期水肥管理。②对水稻杂交制种田进行施肥管理、水分管理。

三、任务实施

（一）实施条件

1. 材料与工具

肥料、施肥与灌水相关工具等。

2. 教学场所

教学实训基地的玉米杂交制种田、水稻杂交制种田。

（二）实施过程

① 针对一种作物，制订其水、肥管理方案，包括施肥种类、数量、时期、方法，灌水时期、标准等。

② 结合校本资源，进行一种作物种子生产田的水肥管理。

③ 记录实训过程，总结经验，分析不足，填写实训报告。

四、 任务考核

项目	重点考核内容	考核标准	分值
水肥管理	方案设计	水、肥管理方案设计科学合理	30
	田间施肥操作	田间施肥操作准确	30
	田间水分管理	田间水分管理操作准确	30
	实训报告	实训报告上交及时，内容全面翔实	10
分数合计		100	

五、 相关理论知识

（一）玉米杂交制种田的水肥管理

1. 施足底肥

由于亲本种子顶土能力弱、出苗慢，所以要求结合播前精细整地，施足底肥。一般施优质腐熟农家肥 3000～4000kg/亩，磷酸二铵 10～15kg/亩，或一次性施入玉米专用复合肥 50～60kg/亩。

2. 苗期管理

在底肥足，底墒好，苗齐、苗匀、苗壮的情况下，苗期可不施肥或轻施肥、不浇水，以利于蹲苗促壮。若施肥一般在定苗后至拔节期施尿素 15kg/亩即可。

若亲本生长状况不一致，采取"促慢控快"的原则，对生长快的亲本不施肥，生长慢的亲本偏追肥，以调节花期。

3. 拔节期管理

拔节期是玉米整个生育期对水肥需求的一个关键时期，为了满足玉米营养需求，应巧追拔节肥，一般施尿素 5～7kg/亩，施肥后及时灌水。对发育慢的亲本可增施磷钾肥如磷酸二氢钾，加速发育过程。

4. 孕穗期管理

这一时期是玉米需水、需肥的高峰期。应重施孕穗肥，一般施尿素 15～20kg/亩，此外要浇足浇透孕穗水。同时对发育慢的亲本可根外追施磷酸二氢钾。

5. 花粒期管理

此时要酌情施用粒肥，可防早衰，增加粒重，但要早施并控制氮肥用量，以免贪青晚熟，一般施尿素 1.5～2kg/亩。玉米抽穗吐丝时需水量较多，如遇高温干旱天气需要及时灌水，土壤含水量应保持田间持水量的 70%～80%。

（二）水稻杂交制种田的水肥管理

1. 施肥管理

施肥采用的原则是"重底、中控、后补"的原则，即制种田要施足底肥，底肥坚持以有机肥为主，配施尿素或二铵；水稻长势过旺、封行过早或发生病害时施钾肥不施氮肥，贪青晚熟地块不追施氮肥；为促母本大穗和提高其柱头外露率，抽穗前 15～18d 应追施肥料。

发育快的亲本，可偏施尿素 5～10kg/亩，对发育慢的亲本可喷施磷酸二氢钾溶液，具体方法：取约 1.5kg 磷酸二氢钾，加水 750kg，搅拌均匀，充分溶解。

2. 水分管理

分蘖期以浅水灌溉为主，保留 2～3cm 水层。

基本苗足时，排水晒田，晒田至田边开麻丝裂，田中泥面紧为止，晒田后若幼穗未开始分化，应继续控水，为了既让原有茎蘖稳健生长，又要控制无效分蘖发生，可灌"跑马水"。

孕穗期间不能缺水，此期灌水深度为 5～7cm，若遇低温，需将水层加深，待低温过后恢复原来水深。在幼穗发育后期若发现花期不遇，如果母本迟父本早，可以排水晒田，促母控父；母本早父本迟，则可灌深水，控母促父。

抽穗结实期，抽穗期可灌深水，抽穗后水层保持约 3cm，开花后间歇浅灌，干湿壮籽。

六、课后训练

分析当地某种作物种子生产田水肥管理过程中的优点与不足。

任务二　配制与使用常用农药

一、任务描述

在田间管理中，经常采用化学防治，选用合适的农药，准确计算农药用量，合理进行稀释配制、安全使用各种农药器械进行规范施药，可以有效地保证防治效果，促进丰产丰收。

二、任务目标

完成本学习任务后，学生能够：①正确选择农药品种和施药时期。②准确计算农药制剂和稀释剂的用量，并进行稀释配制。③讲究施药方法，提高用药质量。

三、任务实施

（一）实施条件

1. 材料与用具

（1）仪器用具　喷雾器、水桶、天平、量筒等。

（2）实验药品　80%敌敌畏乳油、50%辛硫磷乳油、40.7%乐斯本乳油、2.5%溴氰菊酯乳油、10%吡虫啉可湿性粉剂、1.8%阿维菌素、25%杀虫双水剂、3%呋喃丹颗粒剂、50%乙烯菌核利可湿性粉剂、25%粉锈宁乳油、40%氟硅唑（福星）乳油、25%敌力脱乳油、72.2%丙酰胺（普力克）水剂、45%百菌清烟剂、72%克露可湿性粉剂等。

2. 教学场所

教学实训基地的玉米杂交制种田、水稻杂交制种田等。

（二）实施过程

① 识别各种农药剂型：收集当地销售的各种农药剂型，让学生逐一认识并能辨别真假优劣。

② 在病虫发生季节组织学生到实训基地，参加具体的病虫防治工作，在教师指导下，由学生独立完成选药、计算药量、配药、施药的全过程。

四、 任务考核

项目	重点考核内容	考核标准	分值
农药的配制与使用	识别农药的剂型	正确识别农药的剂型	20
	药剂种类选取	依据病症选用农药	20
	药量计算	正确计算药量	20
	配制农药	能够准确配制农药	20
	农药施用	能正确熟练使用施药工具	20
分数合计		100	

五、 相关理论知识

农药的药效受到多种因素的影响，我们怎样利用所能控制的因素，科学使用农药，充分发挥农药的效能，显然是非常重要的。在生产实践中，为了充分发挥农药的效能，可以从以下几个方面加以考虑。

（一）正确选择农药品种和施药时期

要针对防治对象，选择适当的药剂。农药的种类很多，各种药剂都有一定的性能及防治范围，在施药前，应根据防治的病虫种类、发生程度、发生规律、作物种类、生育期等选择合适的药剂和剂型，做到对症下药，避免盲目用药，尽可能选用安全、高效、低毒的农药。

选择合适的农药品种，需考虑下列几方面因素：一是根据有害生物的种类及特点，选择对应的农药品种。如防治对象是病害还是虫害；是真菌病害还是细菌病害；害虫是刺吸式口器还是咀嚼式口器；其活动习性和取食习性怎样等。二是作物及农田环境、作物的种类、品种、生育期等，是否对某些农药敏感，或有限用的农药（菜、果、茶及绿色食品生产）；农田气候及有益生物类群等。三是用药费用，通过用药量，施药次数等，计算单位面积上控制该有害生物的总的用药成本。还应考虑药剂的用法、与其他有害生物的兼治问题；前次用药的效应及后效。

抓住关键时刻、适时施药是防治病虫害的关键。要做到这一点，必须了解病虫害的发生规律，做好预测预报工作，选择在病虫最敏感的阶段或最薄弱的环节进行施药才能取得最好的防治效果。适宜的施药时期应根据有害生物的优势类群、作物生长发育情况、农药的理化性状、施用时的天气等来决定，如严重的病害或暴发性的害虫、应在发生初期及时用药；保护性杀菌剂要在病害发生前施药；芽前除草剂绝不能在杂草出芽后使用；不要在大风、暴雨天气使用喷施类药剂。

（二）准确计算农药制剂和稀释剂的用量，并进行稀释配制

商品农药除粉剂、颗粒剂、超低容量油剂等少数剂型可以直接使用外，绝大多数剂型需用水稀释后方可使用，以保证药效，并避免对植物产生药害。因此，正确掌握农药的稀释计算是十分重要的。

1. 农药的浓度表示法

（1）稀释倍数表示法 是用加入农药中的稀释剂数量的倍数来表示农药浓度的方法。例如50%敌敌畏乳油1000倍液，就是用50%敌敌畏乳油一份加水1000份配制成的稀释药液。因此，稀释倍数法一般不能直接反映出农药稀释液中农药有效成分的含量。固体制剂加水稀释，用质量倍数；液体制剂加水稀释，如不注明按体积稀释，一般也都是按

质量倍数计算的。而且生产上往往忽略农药和水的密度差异，即把农药的密度视为 1。在实际应用中，常根据稀释倍数大小分成内比法和外比法。内比法适用于稀释倍数在 100 倍及以下的药剂，计算时要在总份数中扣除原药剂所占份数。例如需配制氧乐果 50 倍液，则需用氧乐果 1 份加水 49 份。外比法适用于稀释 100 倍以上的药剂，计算时不扣除原药剂在总份数中所占份额。例如，需配制溴氰菊酯 3000 倍液，则需用溴氰菊酯 1 份加水 3000 份。

（2）百分浓度（%）表示　是指 100 份药液中含有多少份药剂的有效成分。例如 20% 速灭杀丁乳油，表示 100 份这种乳油中含有 20 份速灭杀丁的有效成分。

（3）百万分浓度（μg/g）　是指 1 百万份农药中含有效成分的份数。例如 40μg/g 春雷霉素水剂，即表示在 1 百万份药剂中含有 40 份春雷霉素有效成分。

2. 农药的稀释计算方法

（1）按有效成分含量计算　通用公式为：

$$原药剂浓度 \times 原药剂质量 = 稀释药剂浓度 \times 稀释药剂质量$$

以上公式若有三项已知，可求出任何一项来，因一定量农药稀释后浓度变稀，但农药的有效成分含量是不变的。

例 1　要配制 0.5% 氧乐果药液 1000mL，求 40% 氧乐果乳油用量？

计算　　　　　　　　　$1000 \times 0.5\% \div 40\% = 12.5(\text{mL})$

如果求稀释剂用量而不求稀释药剂用量则可根据：

稀释药剂质量＝原药剂质量＋稀释剂质量，代入上式得：

$$稀释剂质量 = 原药剂质量 \times (原药剂浓度 - 稀释药剂浓度)/稀释药剂浓度$$

例 2　用 50% 福美双可湿性粉剂 5kg 配成 2% 的稀释液，需加水多少千克？

根据上述公式计算

$$稀释剂用量 = 5 \times (50\% - 2\%) \div 2\% = 120(\text{kg})$$

（2）按稀释倍数的计算　此法不考虑药剂的有效成分含量，通用公式为：

$$稀释后药液质量 = 原药剂质量 \times 稀释倍数$$

若稀释倍数在 100 倍以下时，计算稀释剂用量要扣除原药剂所占的份额。公式则为：

$$稀释剂用量 = 原药剂用量 \times 稀释倍数 - 原药剂用量$$

例 3　配制 10% 吡虫啉可湿性粉剂 1000 倍液，问 2 kg 该药粉需兑水多少千克？

计算：　　　　　　　$稀释后药液质量 = 2 \times 1000 = 2000(\text{kg})$

例 4　配制 40% 乐果乳油 50 倍液涂干，问 5 kg 该乳油需兑水多少千克？

计算：　　　　　　　$稀释剂用量 = 5 \times 50 - 5 = 245(\text{kg})$

例 5　用 2.5% 敌杀死乳油配制 15L（一桶喷雾器容量）3000 倍药液，问需原药液多少毫升？

$$15L = 15000\text{mL}$$

计算：　　　　　　　$原药剂用量 = 15000 \div 3000 = 5(\text{mL})$

即需 2.5% 敌杀死原液 5mL

（3）石硫合剂的稀释计算　首先用波美比重计测出原液的密度，再计算。

原药液质量＝(使用药液质量×使用药液波美度)/原药液波美度

稀释剂质量＝原药液质量 ×(原药液波美度－使用药液波美度)/使用药液波美度

例 6 欲配制 0.5°Bé 的石硫合剂 40 kg，需要 20°Bé 的原液多少千克？

计算： 需原液质量＝40×0.5÷20＝1(kg)

例 7 今有 2kg°Bé 为 24 的石硫合剂原药，需要稀释成°波尔度为 0.4 的稀释液，应加水多少千克？

$$稀释剂质量＝2 ×(24-0.4)/0.4＝118(kg)$$

（三）讲究施药方法，提高用药质量

在防治植物病虫害时，农药的使用方法是多种多样的。选择最合适的施药方法，不仅可获得最佳的防治效果，而且还可保护天敌，减少污染，对人、畜、植物安全。因此，采用正确的施药方法是十分重要的。安全、有效、经济是确定施药方法的前提。在这个前提下，首先应根据植物的形态、发育阶段、防治的对象及其发生规律、农药的性质和剂型以及当时的环境条件等，作全面具体的综合分析，最后确定出应采用的最佳施药方法。常用的施药方法主要有以下几种。

1. 喷粉法

利用喷粉机具将粉剂喷洒在植物体上。其优点是功效高，使用方便，不受水源的限制，尤其适用于干旱地区及缺水山区，也是防治爆发性病虫害的有效手段。缺点是用药量大，粉剂粘附性差，粉粒容易飘失，药效差，污染环境。因此，喷粉时宜在早晚叶面有露水或雨后叶面潮湿且无风条件下进行，使粉剂易于在叶面沉积附着，提高防治效果。适于喷粉的剂型为低浓度的粉剂，如 1.5% 乐果粉剂，2% 敌百虫粉剂等。关于喷粉的技术要求必须均匀周到，使植株表面上均匀的覆盖一层极薄的药粉。这可以用手指按一下植株来检查，当看到有一点药粉粘在手指上就可以了。如果看到植株叶面发白，说明药量太多了，不仅浪费，还容易造成药害。一般常规喷粉药量每公顷 30kg 左右。

2. 喷雾法

利用喷雾机具将药液均匀地喷布于防治对象及被保护的寄主植物上，是目前生产上应用最广泛的一种方法。根据喷液量的多少及其他特点，可分为以下几种类型。

（1）常规喷雾法

喷出药液的雾滴直径 $200\mu m$ 左右，一般作物每公顷用液量在 600L 以上。适宜作喷雾的剂型有可湿性粉剂、乳油、水剂、水溶剂、胶悬剂等。喷雾的技术要求是使药液雾滴均匀覆盖在带病虫的植物体上，对常规喷雾而言，一般应使叶面充分湿润，但不使药液从叶上流下为度，对于在叶片背面为害的害虫，还应注意叶背喷药。

常规喷雾与喷粉法比较，具有附着力强，残效期长，药效高等优点。缺点工作是工作效率低，用水量大。对暴发性病虫草不能及时控制其危害。

（2）低容量喷雾法

又称弥雾法是通过器械地高速气流，将药液分散成直径 $100\sim150\mu m$ 的液滴。用液量介于常规与超低容量喷雾法之间，每公顷 $50\sim200$L。其优点是喷洒速度快，省劳力，效果好，用于少水或丘陵地区较为适宜。

（3）超低容量喷雾法

这种方法用液量为 5L/hm^2 以下。超低容量喷雾是通过高能的雾化装置，使药液雾化成

直径在 $100\mu m$ 以下的细小雾滴，经飘移而沉降在作物上。其优点是省工、省药、喷雾速度快、劳动强度低。缺点是需要专用的施药器械，喷雾操作技术要求严格，施药效果受气流影响，不宜喷洒高毒农药。

超低容量喷雾的药液，一般不用水作载体而多采用挥发性低，对作物、人、畜安全的油作载体。

3. 土壤处理

在温室和苗圃，将常用药剂施于土壤中来防治土传病害和地下害虫的方法称为土壤处理。常用方法有以下几种。

（1）药土混合法

将农药与细土拌匀，撒于地面或与种子混播，或撒于播种沟内，用来防病、治虫、除草的方法。撒于地面的毒土要湿润，每公顷用量 $300\sim450kg$。与种子混播的毒土要松散干燥，每公顷用量 $75\sim150kg$。药土的配合比例，因农药种类而不同。

（2）土壤消毒或土壤封闭法

将药剂撒于地面再翻入土壤耕层内或用土壤注射器将药液注入土中用来防治病、虫、杂草及线虫等叫土壤消毒。用除草剂喷洒地面防治杂草出土叫土壤封闭。

土壤处理的具体方法要根据农药的剂型特点来决定，同时也要考虑到病、虫、杂草的特点。

4. 种苗处理法

包括拌种、闷种、浸种和浸苗、种衣剂处理等。

（1）拌种　是指在播种前用一定量的药粉或药液与种子搅拌均匀，用以防治种子传染的病害和地下害虫。拌种用的药量，一般为种子重量的 $0.2\%\sim0.5\%$。掌握好拌种药量是确保有效和安全用药的关键。

（2）闷种　是把种子摊在地上，把稀释好的药液均匀地喷洒在种子上，并搅拌均匀，然后堆起熏闷并用麻袋等物覆盖，经一昼夜后，晾干即可。

（3）浸种和浸苗　是指将种子或幼苗浸泡在一定浓度的药液里，用于消灭种子、幼苗所带的病菌或虫体。浸种的药液用量以浸没种子为限，对出苗有杀伤作用的药剂如甲醛或升汞浸种后需用清水冲洗种子，以免发生药害。浸种防治效果与药液浓度、温度和时间有密切关系。浸种温度一般应在 $10\sim20℃$，温度高时，应适当降低药液浓度或缩短浸种时间。浸苗的基本原则同浸种一样。刚萌动的种子或幼苗对药剂很敏感，尤以根部反应最为明显，处理应慎重，以免造成药害。

（4）种衣剂　是一种特殊的剂型，专用于处理种子，药剂在种子表面涂覆一层后，使之干燥即成为已经处理的种子。当种子吸水胀大后膜剂也随之伸长，杀虫杀菌剂可兼治苗期病害和虫害。国内针对不同作物种子已经研制多种种衣剂，如"呋多""甲多"等。

5. 熏蒸与熏烟法

利用有毒气体杀死害虫或病菌的方法，一般应在密闭条件下进行。

（1）熏蒸法　用熏蒸剂或易挥发的药剂或易吸潮分解放出毒气的药剂等来防治害虫的方法，此法主要用以防治仓库、温室害虫及土壤消毒等。优点是防治隐蔽的害虫具有高效、速效的特点。

（2）熏烟法　利用烟剂点燃后发出的浓烟，或用药剂直接加热发烟，用来防治病虫。烟雾的雾粒极细，常在 $0.001\sim10\mu m$ 的范围内，能较长时间地悬浮在空气中而不沉落，能在各个方向上附着于物体，并能穿透较狭窄的孔隙，对于防治隐蔽在缝隙中的病虫也很有效。

6. 毒谷、毒饵

利用害虫喜食的饵料与农药混合制成，引诱害虫前来取食，产生胃毒作用将害虫毒杀而死。常用的饵料有麦麸、米糠、豆饼、花生饼、玉米芯，菜叶等。饵料与敌百虫、辛硫磷等胃毒剂混合均匀，撒在害虫活动的场所。主要用于防治蝼蛄、地老虎、蟋蟀等地下害虫。毒谷是用谷子、高粱、玉米等谷物作饵料，煮至半熟有一定香味时，取出晾干，拌上胃毒剂。然后与种子同播或撒施于地面。

六、 课后训练

制订出一份农药使用报告。包括选择农药及理由，稀释计算过程、施药方法与经验等。

任务三　主要作物种子生产田病虫害的诊断及综合防治

一、 任务描述

作物种子生产田发生病虫害，需要及时准确的做出诊断，并提出相应的防治措施，组织实施。因此熟悉并掌握当地主要作物种子生产田发生的主要病害的症状和病原识别要点、害虫的形态特征及识别要点，熟悉病虫害发生规律，制订综合防治措施，可以做到准确诊断，抓住有利防治时机，提高防治效果。

二、 任务目标

完成本学习任务后，学生能够：①诊断主要作物种子生产田常见病害。②识别主要作物种子生产常见害虫。③主要作物种子生产田病虫害的综合防治。

三、 任务实施

（一）实施条件

1. 材料与用具

当地主要作物种子生产田主要病害、常发生病害的新鲜标本、腊叶标本、浸渍标本、病原玻片标本；主要害虫、常发生害虫各虫态的针插标本、浸渍标本、生活史盒装标本、玻片标本等。

显微镜、体视显微镜、放大镜、挑针、镊子、解剖刀、小剪刀、载玻片、培养皿、盖玻片、纱布、滤纸、无菌水、有关的挂图、彩色照片及多媒体课件等。

2. 教学场所

教学实训基地的玉米杂交制种田、水稻杂交制种田等。

（二）实施过程

① 识别各种农业害虫标本。识别各种昆虫标本，掌握农作物害虫的主要特点。

② 田间调查。学生分组或个人到田间调查，熟悉当地每种栽培作物的主要害虫、常发性害虫、偶发性害虫，分别制订综合防治措施。

③ 识别田间害虫各个虫态。重点识别害虫的为害虫态和非为害虫态，掌握最佳防治时期。

④ 根据被害状的特点识别害虫种类。教师提供不同寄主和被害状，让学生识别害虫种类。

⑤ 识别作物病害标本的症状。识别各种病原引致的植物病害标本，掌握各种农作物主要病害的症状和病原特点，熟练指出供试标本各属于何种病原物引致的病害。

用挑针分别挑取供试标本病部的病原物制片，用显微镜镜检，观察病原菌的特征，指出该病害的病原类型，症状不典型时，可用显微镜观察病原物。如果病征不明显或没有病征时，可进行保湿培养，待病原菌长出来后再进行镜检观察。

⑥ 田间观察。学生分组调查当地田间主要作物常发生病害、偶发性病害，分别制订综合防治措施。

⑦ 根据病害特点制订出防治适期和综合防治方法。针对田间调查所确定的作物病虫害种类，制订相应的防治措施。

四、任务考核

项目	重点考核内容	考核标准	分值
作物病虫害的诊断及综合防治	作物病害标本识别	鉴别各种病害标本(能用镜检各种病原物)	30
	作物虫害标本识别	鉴别各种虫害标本	30
	病虫害综合防治	制订切实可行的病虫害防治方法	40
分数合计		100	

五、相关理论知识

（一）主要作物种子生产田常见病害诊断

1. 植物病害的诊断步骤

植物病害诊断是指根据病害的特征，所处场所和环境条件，经过调查与分析，对植物病害的发生原因、环境条件和为害性等做出准确的判断，对病害进行确诊，一般可按下列步骤进行。

（1）田间观察　观察病害在田间的分布规律，如病害是零星的随机分布，还是普遍发病，有无发病中心等，这些发病点常为我们分析病原提供必要的线索。进行田间观察，还需注意调查询问病史，了解病害的发生特点、种植的品种和生态环境。

（2）症状的识别与描述　对植物病害标本作全面的观察和检察，尤其对发病部位病变部分内外的症状作详细的观测和记载。应注意对典型病征及不同发病时期的病害症状的观察和描述。从田间采回的病害标本要及时观察和进行症状描述，以免因标本腐烂影响描述结果。有的无病征的真菌病害标本，可进行适当的保湿后，再进行病菌的观察。

（3）采样检查　肉眼观察看到的仅是病害的外部症状，绝大多数病原生物都是微生物，必需借助于显微镜的检查才能鉴别。因此，诊断不熟悉的植物病害时，室内检查鉴定是不可缺少的。采样检查的主要目的是识别有病植物的内部症状；确定病原类别；并对真菌性病害、细菌性病害以及线虫所致病害的病原种类做出初步鉴定，进而为病害确认提供依据。

（4）病原物的分离培养和接种　对某些新的或少见的真菌和细菌性病害，还需进行病原菌的分离、培养和人工接种试验，才能确定真正的致病菌，获得接种材料，再将病原菌接种到相同的健康植物体上。如果通过接种试验，在被接种的植物上又产生了与原来病株相同的症状，同时又从接种的发病植物上重新分离获得该病原，即可确定接种的病原菌就是该种病害致病菌。

（5）提出适当的诊断结论　最后应根据上述各步骤得出的结果进行综合分析，提出适当的诊断结论，并根据诊断结果提出或制订防治对策。

　　值得注意的是，植物病害的诊断步骤不是呆板的，更不是一成不变的。对于具有一定实践经验的专业技术人员，往往可以根据病害的某些典型特征，即可鉴别病害，而不需要完全按上述复杂的诊断步骤进行诊断。当然，对于某种新发生的或不熟悉的病害，严格按上述步骤进行诊断是必要的。同时，随着科学技术的不断发展，血清学诊断、分子杂交和 PCR 技术等许多崭新的分子诊断技术已广泛应用于植物病害的诊断，尤其是植物病毒病害的诊断。这些分子生物学方法具有简便、迅速、灵敏和准确性高等特点。

　　2. 主要作物种子生产田常见病害诊断要点

　　主要作物种子生产田病害种类较多，其主要种类及诊断要点如表 4-1～表 4-4 所列。

表 4-1　水稻常见病害

病害种类	主要识别特征
水稻烂秧、绵腐病	受害部位出现乳白色的胶状物，逐渐向四周长出白色棉絮状物，常因氧化铁沉淀或藻类、泥土黏附而呈铁锈色、泥土色或褐色。病苗常因基部腐烂而枯死
稻曲病	一穗只有部分籽粒颖壳变成稻曲病粒，比健粒大 3～4 倍，黄绿色或墨绿色
水稻纹枯病	病斑云纹状，后期产生鼠粪状菌核
稻瘟病	苗瘟：苗基部及叶黄褐色，有青灰色霉层，苗枯死。 叶瘟：本田叶部发病，病斑连成片时叶片红褐色枯死，叶背有褐色霉层。 节瘟：病节凹缩黑褐色，易折，形成白穗。 穗颈瘟：穗茎出现褐色病斑，有青灰色霉层，秕谷或白穗。 谷粒瘟：稻谷有暗灰色或灰白色的秕粒，病斑为椭圆形或不规则形的褐色斑点，严重时，谷粒不饱满，米粒变黑
水稻细菌性条斑病	沿叶脉扩展形成淡黄色狭条斑，形成鱼子状菌脓

表 4-2　玉米常见病害

病害种类	主要识别病害
玉米弯孢霉叶斑病	病斑初为黄色半透明水渍状小点，扩大后为圆形、椭圆形、梭形或长条形，潮湿时病斑正反面均可产生灰黑色霉装物
玉米大斑病	叶片上出现梭形大斑，病斑表面常密生一层灰黑色的霉状物
玉米小斑病	叶片上有较多的黄褐色椭圆形小病斑，湿度大时病部有灰黑色霉层
玉米黑粉病	病部形成大的畸形病瘤。病瘤成熟后，外膜破裂，散出大量黑粉

表 4-3　小麦常见病害

病害名称	主要识别特征
麦类锈病	分条锈、叶锈、秆锈三种，它们的共同特点是在被害处产生黄褐色夏孢子堆，后期在病部生成黑色的冬孢子堆
小麦赤霉病	苗枯：种子带菌引起苗枯，使芽鞘和根鞘变成黄褐色、水渍状腐烂，地上部叶色发黄，重者幼苗出土不久即死亡。 基腐：麦的茎基部变褐腐烂，严重时整株枯死。 穗腐：几个小穗或整穗受害，小穗被害初期在基部变成水渍状，后逐渐褪色失绿呈褐色病征，潮湿时在颖壳合缝处及小穗基部产生粉红色霉层
麦类黑穗病	共同特点是破坏穗部产生大量的黑粉
小麦白粉病	最初在病部产生黄色小点，以后逐渐扩大为圆形或椭圆形的斑，在叶片上产生一层白粉状霉层，后期霉层逐渐变为灰白色

表 4-4　大豆常见病害

病害种类	主要识别特征
大豆霜霉病	叶片出现褪绿斑块,潮湿时叶片背面褪绿部分产生厚的灰白色霉层
大豆孢囊线虫病	病株明显矮化,叶片褪绿变黄,须根上附有大量黄白色的球状物
大豆疫霉根腐病	苗期发病,根或茎基部腐烂,根部变褐,在茎上可出现水渍状斑,叶片萎蔫,黄化死苗。成株发病,上部叶片褪绿,植株逐渐萎蔫,下部叶片脉间变黄,叶片凋萎而悬挂在植株上。后期明显症状是皮层及维管束组织均变褐
大豆菌核病	地上部发病,产生苗枯、叶腐、茎腐、荚腐等症状,最后全株腐烂死亡。茎秆发病病斑呈不规则形、褐色,可扩展环绕茎部并上下蔓延,造成折断。潮湿时产生絮状菌丝,形成黑色鼠粪状菌核。后期干燥时茎部皮层纵向撕裂,维管束外露呈乱麻状

(二) 主要作物种子生产田常见虫害及识别

1. 植物害虫的识别步骤

(1) 观察判断　观察为害植物的动物,判断其是否是昆虫。农业害虫中大多数是昆虫。昆虫的身体一般是由一系列体节组成,这些体节愈合成头、胸、腹三个体段,通常具有三对足,两对翅,具变态。

(2) 描述　观察所给害虫的基本特征和变态类型,并记录。

① 观察所给害虫的基本特征:仔细观察所给害虫的触角、足、翅、口器的类型,复眼、单眼的有无及形状,产卵器的形状。

② 观察害虫变态类型具体如下。

a. 不完全变态　一生中经过卵、若虫、成虫三个虫态。成虫和若虫外部形态、生活习性相似,体型大小不同。

b. 全完变态　具有卵、幼虫、蛹、成虫四个虫态。成虫和幼虫外部形态、生活习性完全不同。

(3) 确定目、科、种　确定所给害虫所属的目、科、种

① 直翅目　咀嚼式口器,触角多呈线状,前胸发达,翅为复翅,产卵器发达,具听器。代表科为蝗科、螽斯科、蝼蛄科和蟋蟀科,如蝗虫、蝼蛄、蟋蟀等。

② 半翅目　扁平坚硬,刺吸式口器,小盾片发达三角形,半鞘翅。代表科为蝽科、土蝽科、盲蝽科、缘蝽科等,如斑须蝽。

③ 同翅目　刺吸式口器,刚毛状触角,前翅革质或膜质。代表科为叶蝉科、蚜科、粉虱科等,如蚜虫。

④ 鞘翅目　体壁坚硬,前翅为鞘翅,后翅膜质,咀嚼式口器。代表科为步甲科、金龟甲科、瓢甲科等,如金龟子。

⑤ 鳞翅目　成虫体及翅面被有鳞片,口器虹吸式或退化,幼虫咀嚼式口器,腹足 2~5 对,有趾钩。代表科为粉蝶科、凤蝶科,如菜粉蝶。

⑥ 膜翅目　咀嚼式或嚼吸式口器,复眼大,有并胸腹节,两对翅为膜质,幼虫无趾钩。代表科为叶蜂科、赤眼蜂科等,如叶蝉。

⑦ 双翅目　复眼大,舔吸式或刺吸式口器,有一对膜质透明前翅,后翅退化成平衡棒,伪产卵器,幼虫蛆式,无足型。代表科为食蚜蝇科、潜蝇科等,如潜叶蝇。

⑧ 肪翅目　体中型,咀嚼式口器,前后翅均膜质,大小形状相似,脉呈网状。代表科为草蛉科、粉蛉科,如草蛉。

2. 主要作物种子生产田常见虫害的识别要点

主要作物种子生产田虫害种类较多，其主要种类及诊断要点如表 4-5～表 4-9 所列。

表 4-5　水稻田常见害虫识别

常见种类	识别要点
二化螟 三化螟	体细长，腹末尖细。触角丝状，下唇须发达前伸或上弯。二化螟主要取食水稻、玉米、谷子、小麦、高粱等作物，三化螟只为害水稻
稻蝗	触角丝状，短于体长，听器位于第一腹节两侧，后足跳跃足，产卵器凿状，尾须短，不分节
稻叶蝉	体卵型，有两个单眼，前胸背板大，但盖不住中胸小盾片。前翅革翅，长过腹部，后足胫节有两侧刺，第一、二跗节有端刺，主要取食水稻等其他粮食作物
稻飞虱	头部窄于胸，触角锥状，生于两复眼之下，前翅膜翅，后足胫节末端有一个能活动的距

表 4-6　小麦田常见害虫识别

常见种类	识别要点
黏虫	黏虫属鳞翅目，夜蛾科。成虫体长 17～20mm，体翅黄褐色。前翅中央近前缘有 2 个淡黄色圆斑，外侧圆斑较大，其下方有一小白点，白点两侧各有一个小黑点；在顶角有一褐色斜纹伸向后缘，外缘有 7 个小黑点。卵馒头形，大小约 0.5mm。初产时乳白色，孵化前呈黑褐色，表面有网状脊纹。老熟幼虫体色变化较大，一般为黄褐色或墨绿色。头部黄褐色，头部中央有黑褐色八字纹
麦蚜	无网长管蚜身体发白，禾缢管蚜深绿色，长管蚜淡绿色，麦二叉蚜是有翅的蚜虫，翅膀上的中脉只分支一次，其他的分支两次
吸浆虫	红吸浆虫成虫是橘红色的蚊子，黄吸浆虫是姜黄色的蚊子。红吸浆虫幼虫为橙色或金黄色；黄吸浆虫为姜黄色。它们的分类鉴别特征为前胸腹面的"Y"形剑骨片和气门。红吸浆虫"Y"形剑骨片，前端分叉比黄吸浆虫深

表 4-7　玉米田常见害虫识别

常见种类	识别要点
玉米螟	成虫：体长 10～13mm，头、胸部黄褐色。雄虫前翅底色淡黄，有两条褐色波状横线，两线间有两个暗斑，近外缘有一褐色横带。雌蛾前两翅颜色比雄蛾更淡，后翅线纹常不明显。卵：卵粒扁椭圆形，初产时乳白色，渐变白色，呈鱼鳞状排列成卵块。幼虫：共 5 龄，老熟时 25mm 左右，头、前胸背板和臀板赤褐色，体黄白至淡红褐色，中后胸背面每节有毛片 4 个，腹部第 1～8 节每节 6 个，分成 2 排，前排 4 个较大，后排 2 个较小。蛹：体长 15mm 左右，褐色至红褐色

表 4-8　大豆田常见害虫识别

常见种类	识别要点
大豆食心虫	成虫体长 5～6mm，翅展 12～14mm，黄褐至暗褐色。前翅前缘有 10 条左右黑紫色短斜纹，外缘内侧中央银灰色，有 3 个列状紫斑点。雄蛾前翅色淡黄，有翅缰 1 根，腹部末端较钝。雌蛾前翅色较深，翅缰 3 根，腹部末端较尖。卵扁椭圆形，长约 0.5mm，橘黄色。幼虫体长 8～10mm，初孵时乳黄色，老熟时变为橙红色。蛹长约 6mm，红褐色。腹末有 8～10 根锯齿状尾刺
豆荚螟	成虫体长 10～12mm，翅展 20～24mm，体灰褐色或暗黄褐色。前翅狭长，沿前缘有一条白色纵带，近翅基 1/3 处有一条金黄色宽横带。后翅黄白色，沿外缘褐色。卵椭圆形，长约 0.5mm，表面密布不明显的网纹，初产时乳白色，渐变红色，孵化前呈浅橘黄色。幼虫共 5 龄，老熟幼虫体长 14～18mm，初孵幼虫为淡黄色。以后为灰绿直至紫红色。4～5 龄幼虫前胸背板近前缘中央有"人"字形黑斑，两侧各有 1 个黑斑，后缘中央有 2 个小黑斑。蛹体长 9～10mm，黄褐色，臀刺 6 根，蛹外包有白色丝质的椭圆形茧

表 4-9　常见地下害虫识别

常见种类	识别要点
地老虎	成虫:小地老虎较大,体长 16～32mm,深褐色,前翅由内横线、外横线将全翅分为 3 段,具有显著的肾状斑、环形纹、棒状纹和 2 个黑色剑状纹。后翅灰色无斑纹。黄地老虎较小,体长 14～19mm,体色较鲜艳,呈黄褐色,前翅黄褐色,全面散布小褐点,肾纹、环纹和剑纹明显,且围有黑褐色细边,其余部分为黄褐色;后翅灰白色,半透明。大地老虎成虫体长 20～22mm,头部、胸部褐色,下唇须第 2 节外侧具黑斑,颈板中部具黑横线 1 条。腹部、前翅灰褐色,外横线以内前缘区、中室暗色为,内横线波浪形,双线黑色,剑纹黑边窄小,环纹具黑边圆形褐色,肾纹大具黑边,褐色,外侧具 1 黑斑近达外横线,中横线褐色,外横线锯齿状双线褐色,亚缘线锯齿形浅褐色,缘线呈一列黑色点,后翅浅黄褐色。 卵:小地老虎和黄地老虎半球形,乳白色变暗灰色。大地老虎卵长 1.8mm,高 1.5mm,初淡黄后渐变黄褐色,孵化前灰褐色。 幼虫:小地老虎老熟幼虫体长 41～50mm,灰褐色,体表布满大小不等的颗粒,臀板黄褐色,具 2 条深褐色纵带。黄地老虎较短,体长为 33～43mm,头部褐色,体淡黄褐色,体表颗粒不明显,体多皱纹而淡,臀板上有两块黄褐色大斑,中央断开,有较多分散的小黑点。大地老虎老熟幼虫体长 41～61mm,黄褐色,体表皱纹多,颗粒不明显。头部褐色,中央具黑褐色纵纹 1 对,额(唇基)三角形,底边大于斜边,各腹节 2 毛片与 1 毛片大小相似。气门长卵形黑色,臀板除末端 2 根刚毛附近为黄褐色外,几乎全为深褐色,且全布满龟裂状皱纹。 蛹:小老老虎和黄地老虎赤褐色,有光泽。大地老虎蛹长 23～29mm,初浅黄色,后变黄褐色
蝼蛄	单刺蝼蛄:雌成虫体长 45～66mm,雄虫 39～45mm,体黄褐色,头暗褐色,卵形,复眼椭圆形,触角鞭状。前胸背板盾形,其前缘内弯,背中间具 1 心形暗红色斑。前翅黄褐色平叠在背上,长 15mm,覆盖腹部不足一半;后翅长 30～35mm,纵卷成筒状。前足发达,前足腿节外下方弯曲,中、后足小,后足胫节背侧内缘具刺 1～2 个或无。雌成虫体长 31～35mm;东方蝼蛄:较单刺蝼蛄小,体浅茶褐色,腹部色浅,全身密布细毛。后足胫节背侧内缘有距 3～4 根
蛴螬	成虫:大黑鳃金龟子体长 16～21mm,黑色或黑褐色,有光泽,腹部中央的分节线不明显,臀板较圆,中间略凹陷。暗黑鳃金龟子体长 18～22mm,黑褐色,没有光泽,腹部中央的分节线明显,臀板后缘较尖。幼虫:大黑鳃金龟子的幼虫体长约 40mm,头部前顶两侧各有 3 根刚毛,其中 2 根靠近冠缝,1 根靠近额缝。暗黑鳃金龟子的幼虫体长约 45mm,头部前顶两侧各有 1 根刚毛,靠近冠缝。铜绿丽金龟成虫体长约 20mm。头、前胸背板、小盾片和鞘翅为铜绿色,有金属光泽,其上有细密刻点;头及前胸背板两侧、鞘翅两侧红棕色。各鞘翅有明显 3 条纵肋。老幼虫体长约 33mm,头黄褐色,体乳白色,体多皱褶,呈"C"形。腹末肛腹片覆毛区除钩毛群外。中间有两列长刺,15～18 根,大部分彼此相交
金针虫	沟金针虫:末龄幼虫体长 20～30mm,金黄色,体形宽而略扁平,体背中央有 1 条细纵沟。体表被有黄色细毛。头部黄褐色扁平,上唇退化,其前缘呈齿状突起。末节黄褐色分叉,背面有暗色近圆形的凹入,其上密生点刻,两侧缘隆起,每侧有 3 个齿状突起,末端分为尖锐而向上弯曲的二叉,每叉之内侧各有 1 小齿;细胸金针虫:末龄幼虫体长 23mm,体较细长,圆筒形,色淡黄,有光泽。末节的末端不分叉,呈圆锥形,近基部的背面两侧各有 1 个褐色圆斑,背面有 4 条褐色纵纹;褐纹金针虫:末龄幼虫体长约 25mm,宽约 1.7mm,体细长,圆筒形,茶褐色并有光泽。前胸和 9 腹节红褐色。头扁平呈梯形,上具纵沟并有小点刻。从第二胸节到第八腹节的各节前缘两例均有新月形斑纹。末节扁平而长,尖端有 3 个小齿状突起,中齿较尖呈红褐色,末节前缘也有 1 对半月形斑纹,靠前部有 4 条纵纹,后半部有褐纹,并密布粗大而较深的点刻

3. 主要作物种子生产田病虫害的综合防治

通过本实训,深刻体会植物病虫害综合治理是一个系统工程,学会综合治理方案的制订,用于指导生产。

植物病虫害综合治理是一个病虫控制的系统工程,方案的制订包括以下几步。

(1) 资料整理　包括调查资料、查阅文献资料、田间试验资料等。

调查当地病虫害发生种类及为害情况;调查或查阅文献得出病虫害侵入途径;调查当地植物种植情况,包括植物的配置、植物种类、同一植物不同品种等;调查当地植物感病情况;调查当地栽培技术对病虫害发生消长变化的影响;调查了解近几年病虫害预测预报资料；调查了解当地对病虫害的防治情况。

（2）确定防治对象　根据调查资料确定防治对象。当前综合治理类型大体上有三种：以一种主要病虫为对象；以一种植物整个生育期的所有病虫害为对象；以某一区域所有病虫害为对象。

（3）确定防治标准　由于各地情况不同，对综合治理要求不同，则防治标准也不同。

（4）制订防治计划

① 制订防治方法。贯彻以"预防为主、综合防治"的植保方针，根据病虫活动规律、侵入特点、植物栽培管理技术以及植物各发育阶段的病虫发生情况以及防治标准等，采取植物检疫、栽培技术等措施预防病虫害的发生，在病虫严重时采取化学防治等措施。要根据病虫轻重缓急进行考虑，明确关键时期的主攻对象，系统并有侧重地安排防治措施。初步构成一个因地制宜的防治系统。

② 制订防治时间。根据病虫害预测预报，针对植物主要受害的敏感期及防治指标，掌握有利时机，及时进行防治。

③ 建立机构，组织力量。对病虫害防治工作，特别是大型的灭虫、治病活动应建立机构。说明需用的劳力数量和来源，便于组织力量。

④ 准备防治物资。事先准备好防治器械、药剂品种等，以免影响防治工作。

⑤ 技术培训。按计划实施防治措施，对参加防治人员进行防治技术培训，确保每种防治措施的正确应用，保证防治效果。

⑥ 做出预算，拟订经费计划。

六、 课后训练

① 写出本地主要作物、种子生产田病害名录。

② 写出本地主要作物、种子生产田害虫名录。

③ 结合当地情况对某一虫害或病害做出综合治理方案。

任务四　农田杂草防除

一、 任务描述

除草是作物种子生产田管理的一项主要任务。识别各作物田的主要杂草种类，熟悉当地杂草群落组成和密度等情况，利于制订各种作物杂草综合防治方案及杂草防队。把好农田杂草防除关，可以更有效地保障种子生产任务顺利完成。

二、 任务目标

完成本学习任务后，学生能够：①认识田间主要杂草。②制订杂草防除方案。③选择相应的除草剂，对水稻、小麦、大豆、玉米等种子生产田进行化学除草。

三、 任务实施

（一）实施条件

1. 材料与用具

人工除草用的锄和小锄等工具、量筒、喷雾器、天平、水桶等。

2. 教学场所

教学实训基地的玉米杂交制种田、水稻杂交制种田和小麦、大豆等种子生产田。

（二）实施过程

1. 识别农田主要杂草

① 农田杂草标本和图片的识别：通过对标本、图像资料的观察，识别杂草的主要特征。

② 农田杂草的田间观察及调查：选取当地有代表性的若干田块（不同作物、不同地势、不同前茬等），观察作物田间杂草群落组成类型，如杂草在田间的分布、杂草种类及田块的小环境等。

2. 化学除草

① 调查市场上销售的除草剂种类。

② 针对不同作物正确选择除草剂。

③ 田间施药：根据不同时期选择合适的机械进行田间施药操作。

④ 除草效果调查。

四、 任务考核

项目	重点考核内容	考核标准	分值
农田杂草防除	田间杂草识别	识别各种杂草	30
	选配除草剂	依据田间杂草种类选用除草剂	30
	田间杂草综合防治	制订切实可行的田间杂草除草方法	40
分数合计		100	

五、 相关理论知识

（一）农田杂草基本知识

1. 农田杂草的分类

根据农田杂草化学防除的需要，我们可以将其按形态特征分为禾本科杂草、莎草科杂草和阔叶杂草 3 类。

（1）禾本科杂草　属于单子叶杂草，胚有 1 片子叶，叶片窄长，叶鞘开张，有叶舌，无叶柄，平行叶脉。茎圆或扁平，有节，节间中空。如稗草、千金子、看麦娘、马唐、狗尾草等。

（2）莎草科杂草　也属于单子叶杂草，胚有 1 片子叶，叶片窄长，平行叶脉，叶鞘包卷，无叶舌。它与禾本科杂草的区别是：茎为三棱形，个别为圆柱形，无节，实心。如三棱草、香附子、水莎草、异型莎草等。

（3）阔叶杂草　一般指双子叶杂草，胚有 2 片子叶，草本或木本，叶脉网状，叶片宽，有叶柄。如刺儿菜、苍耳、鳢肠、荠菜等。另外，阔叶杂草也包括一些叶片较宽、叶子着生较大的单子叶杂草，如鸭跖草等。

上述 3 类杂草的这些差异，导致它们对除草剂有不同的敏感性，这也正是我们在进行化学除草之前，要根据杂草的种类来选用除草剂的依据。

2. 杂草的生物学特性

（1）适应性强　杂草长期在野生环境下生长，使它们能忍受较恶劣的环境条件。因此，杂草能在低温、盐碱和瘠薄土壤及干旱条件下生长。

（2）繁殖力强　杂草有很强的结实能力，绝大部分杂草的单株结种数量高于农作物的几倍甚至几十倍，还有的能进行无性繁殖，并有少数宿根性杂草再生能力很强，即使根茎晒干瘪后，如果再遇到适宜的条件还能"死而复生"。

（3）有很强的生活力　有很多杂草种子即使经过动物消化后，仍能有 60%～90% 的发芽率。有的草籽在不适宜的条件下不发芽，而几年后，当遇到适宜的环境条件，仍能发芽生长，这种顽强的生命能力是栽培作物所不能比拟的。

（4）广泛的传播途径　杂草种子和果实的传播范围很广，因为许多杂草都有其独特的传播结构，可以借助风力、流水或附在人、动物身上传播到别处。

（二）农田杂草防除方法

1. 农业防除法

农业措施是防除杂草的基础，这项措施抓好了，就可以显著减轻杂草的危害，达到保苗增产的效果。

① 防止杂草侵入　精选种子：除去田间杂草和混在种子间的草籽；施用腐熟粪肥；许多杂草种子经过家畜肠胃后，仍有发芽能力。因此，农田施用的粪肥必须充分腐熟。清除田间附近的杂草，管好种子田，确保所提供的种子不含草籽。

② 合理轮作　许多杂草可以伴随一种或几种作物生长，而这些杂草的生长习性、生长季节以及对环境条件的要求，又与其伴生的作物相似。因而采用轮作倒茬，由于作物种类的变化而使环境条件，尤其是田间小气候发生了相应变化，使原有的杂草或寄生作物没有适宜生存环境条件，而达到消灭杂草的目的。水旱轮作是防除杂草的良好途径。因为大部分稻田杂草都不耐旱，而旱田杂草经水淹后又极易死亡。

③ 改进土壤耕作技术　合理耕作，可采用伏耕或深耕的办法消灭杂草；整地灭草，秋整地或早春整地，可以诱发杂草提前出苗，当播种层内的大部分杂草发芽时，可用中耕机进行全面耕地，水田要随泡田随整地，灭草效果尤为理想。苗前、苗后耙地灭草；中耕除草和培土。人工除草是我国目前基本的除草方法，能同时除掉行间、苗带的杂草、除草彻底，伤苗少，但除草效率很低。

④ 合理密植　农田杂草以极其旺盛的生长势与作物争光、争水、争肥。科学的合理密植，能加速作物的封行进程，而利用作物自身的群体优势抑制杂草生长，即以密控草。

⑤ 淹水灭草　生长在稻田中的稗草，因其种子小，贮存的养分少和初出土的幼苗不耐水淹，生产中可在稗草苗刚出土时以深水淹稗。

⑥ 诱杀杂草　杂草的生活力和适应性很强，生产上可先创造一定的有利条件诱发杂草出苗，然后进行耕作整地，加以消灭。

2. 机械和物理防除法

机械和物理防除法，就是利用农业机械和物理方法进行除草，如利用马拉农具、万能中耕机进行除草，机械除草对于减轻劳动强度，解放劳动力，提高劳动生产率能起到巨大作用，同时减轻了对环境的污染，其缺点是只能除去行间杂草，不能除去株间杂草，又消耗一部分能源。机械除草法可与化学除草法配合使用，以提高除草效果和生产效率，这是今后发展的方向。

3. 植检防除法

随着国际贸易的快速发展，农产品在国际和地区间的相互调运已十分频繁。因此，必须防止危险性杂草在国际和国内地区间输出和输入，对别国和国内其他地区农业生产造成危害。这些杂草一旦蔓延则危害无穷，因此，对调入调出的种子、苗木和农产品进行严格的检疫，防止危险性杂草种子和无性繁殖器官传入传出，是杂草防除的重要环节，也是当前刻不容缓的任务。

4. 生物防除法

指利用杂草的天敌来消灭杂草。主要包括植物病原物、线虫、螨类、昆虫等。大体上可分为引进、保存、增殖三个途径。当前生物防治存在的问题：一是防治对象局限性；二是防治成本相对较高。

（三）除草剂基本知识

1. 除草剂的分类

在除草剂的分类上，根据使用方法分为茎叶处理剂和土壤封闭处理剂；根据其作用方式分为选择性和灭生性两类；根据在植物体内的传导性分为触杀型除草剂和传导型除草剂；根据化学成分分为磺酰胺类、有机磷类、三氮苯类等。

2. 除草剂的选择性

除草剂喷洒到农田里，能杀死农田里的杂草，而不杀死及伤害农作物的特性，称为选择性。除草剂的选择性是相对的，除草剂对所有的农作物都是有毒的，无论哪种农作物若使用除草剂的用量过大，将导致农作物生理变化，甚至导致死亡。植物选择性和除草剂用量有关，一定数量的除草剂，能使有的农作物不受其害，有的则中毒死亡。除草剂本身具有一定的选择性，有的除草剂选择性不强，但可利用除草剂的某些特点，或利用农作物和杂草之间的差别，如形态、生理、生化、生长时期，遗传特性等不同特点，达到除草剂的选择性。还可利用施药时间和农作物栽培的时间差，达到除草剂的选择性。除草剂在使用时，农作物对除草剂反应快的，易被杀死的叫敏感植物；对除草剂反应速度慢，忍耐力强，不易被除草剂杀死的农作物，叫抗性植物。除草剂的选择性可分为以下几种。

（1）形态选择　植物外部形态差异和内部结构特点，是除草剂形态选择的依据。自然界中由于植物外部形态的差异，对除草剂的承受和吸收能力也有差异；由于内部组织结构差异，对除草剂反应也有差异。正是利用这些特点，形成了形态选择。

茎叶处理除草剂的选择性与植物叶片特征、生长点位置有关。禾本科植物，如小麦、水稻、玉米、马唐、狗尾草等，叶片直立、狭窄，叶表面有较厚的蜡质层，喷洒在叶面的药剂易于滚落，不利于药剂的吸收和渗入。而阔叶植物，如棉花、花生、大豆、藜、苋、荠菜、野油菜、王不留行、播娘蒿等，叶片着生角度大，叶片横展，一般叶面角质层、蜡质层较少，喷药时叶片能拦截和接纳较多药剂，因而对药剂易于吸收和渗透。阔叶植物的生长点在嫩枝的顶端，并裸露在外边，易于受到药剂的直接毒害。禾本科植物生长点位于植株的基部，并被几层叶片包围，不会遭受药剂的药害。

植物输导组织结构的差异，可引起不同植物对一些激素型除草剂的不同反应。双子叶植物的形成层，位于茎和根内木质部和韧皮部之间的分生组织细胞带，对激素型除草剂敏感。如当 2,4-D 等激素型除草剂经维管束系统到达形成层时，能刺激形成层细胞加速分裂，形成瘤状突起，破坏和堵塞韧皮部，阻止养分的运输而使植物死亡。禾本科植物的维管束呈星散状排列，没有明显的形成层，因而对 2,4-D 等除草剂不敏感。

（2）生理生化选择　不同的植物，对同一种除草剂生理生化反应不一样。因此，不同植物对除草剂的吸收和传导有很大差异，除草剂在农作物体内和杂草内部能发生不同的生化反应，解毒作用也不一样，不同农作物活化作用在体内表现也有差别，这就形成了生理生化选择。

① 不同植物对药剂的吸收和传导有很大差异。吸收和传导除草剂量越多的植物，越易

被杀死。如 2,4-D、二甲四氯等除草剂，能被双子叶植物很快吸收，并向植株各部位转送，造成中毒死亡，而禾本科植物就很少吸收和传导。就同一种植物而言，幼小、生长快的比年老、生长慢的对除草剂更为敏感，例如使用杀草丹，稗草在幼龄期比水稻吸收药剂快，并迅速传向全株，而水稻不仅吸收少，还能很快将杀草丹分解成无毒物，但随着稗草苗龄增大，就与水稻的抗药力无差别了。

②除草剂进入不同植物体内后可能发生不同的生化反应。生化反应包括解毒作用和活化作用。

a. 解毒作用　某些农作物能将除草剂分解成无毒物质而不受害，而杂草缺乏这种解毒能力则中毒死亡。如把敌稗喷到水稻和稗草叶片上后，由于水稻体内含有一种芳基酰胺水解酶，可将敌稗水解为无毒化合物，而稗草没有这种芳基酰胺水解酶，便中毒死亡；西玛津、莠去津能安全地用于玉米田，是因为在玉米根系中西玛津能发生脱氯反应而解毒；棉花株内有脱甲基的氧化酶，可分解敌草隆，因而棉田使用敌草隆是安全的。

有些植物体内的成分能与除草剂发生轭合反应，形成无活性的轭合物而解毒。如草灭平能安全地用于大豆田，是由于它能与大豆植株体内的葡萄糖形成 N-葡萄糖草灭平；绿黄隆能安全地用于小麦田，是由于它能与小麦体内的葡萄糖迅速轭合形成 5-糖苷轭合物。

b. 活化作物　某些除草剂本身对植物并无毒害，但在有的植物体内它会发生活化反应，将无毒物转化为有毒物而中毒，没有这种能力的植物就不会中毒。如用于大豆田除草的 2,4-D 丁酸本身对一般植物无毒，而有的杂草体内有 β-氧化酶，它能将 2,4-D 丁酸转化为 2,4-D，所以对大豆安全，杂草则易中毒。防除小麦田野燕麦的新燕灵，在植物体内可被分解为有毒的脱乙基酸，在野燕麦体内分解率高，因而受害，而在小麦体内分解率低，其分解物还能很快与糖轭合，则对小麦安全。

（3）时差选择　利用杂草出苗和农作物播种、出苗时间的差异防除杂草，称为时差选择。有的广谱性除草剂，药效迅速，残效期短，在生产中常利用这些特性，在农作物播种前，将地面所有的杂草杀死，等药效过去后再进行播种。如五氯酚钠用稻田除草，在整好的水稻秧田按用量撒施，可清除田间杂草，5～7d 后药效消失再进行播种，既可杀死杂草，对水稻又安全。又如玉米免耕除草，即在收麦后直接播种玉米，在玉米出苗前按用量对杂草进行处理，可有效地防除多种杂草。也可在农作物播种后出苗前使用灭生性除草剂，杀死已萌芽出土的杂草，这时农作物尚未出苗，因而很安全。例如在马铃薯播后施用克无踪，可杀死已出土的杂草，因为马铃薯未出苗，所以很安全，不被伤害。

（4）位差选择　土壤处理用的除草剂，主要是通过杂草的根系或萌发的幼芽吸收而杀死杂草的，但是根系在土壤中分布的深浅有差异，播种的深度和种子发芽的位置也不一样，这种位置上的差异选择，叫位差选择。例如溶解度小而吸附性强的除草醚、拉索、敌草隆、利谷隆等除草剂，易吸附于地表而形成药膜层，杀死表土层 0～2cm 处的小粒种子的杂草，而对玉米、棉花、大豆等农作物安全，原因是这些农作物播种深度 5cm 左右，根系分布也深。具有挥发性的除草剂氟乐灵、燕麦敌、燕麦畏等，喷洒于土壤后，形成较深的药土层，才能发挥除草效果，因而用药后必须混土，混土的深度要比播种深度浅，杂草被杀死，对深根农作物安全。

（5）生育期选择　农作物在不同生育期，对农药的抗性不一，对除草剂的敏感程度也有差别。在一般情况下，植物在发芽或幼苗期对除草剂最敏感，开花后就不敏感。例如在玉米生长后期，用克无踪防除玉米田杂草，定向喷雾，虽难免喷在玉米下部的茎叶上，但对玉米不会造成多大药害，而对杂草防治效果较好。

（6）人工选择　在农作物成行生长和农作物比杂草高的地里（如果树、茶园、苗圃），或大田农作物生长到一定高度后，定向喷雾和保护性喷雾，对农作物安全，防除杂草效果良好。例如草甘膦、克无踪接触绿色组织才有杀伤作用，在果园、橡胶园防除杂草时，定向选择喷在杂草上，树基部分不会造成药害，而却能防除杂草。

（7）剂型选择　由于除草剂剂型的多样化，除草剂的应用范围在不断扩大。如五氯酚钠颗粒剂、杀草丹颗粒剂等，可在水稻生育期选择使用，以避免药害。

（8）条件选择　环境条件如土壤类型、湿度、温度等条件，是除草剂选择性的因素之一。在一般情况下，黏性土壤比砂性土壤用药量多、温度高、湿度大除草效果好，有机质含量大则用药量大，有机质含量少用药量则少。

3. 除草剂的使用方法

（1）土壤处理　在整地后播种前，或播种后出苗前、后，将除草剂喷撒或泼浇到土壤上，该药剂施后一般不翻动土层，以免影响药效。但对于易挥发、光解和移动性差的除草剂，在土壤干旱时，施药后应立即耙混土 3～5cm。喷施时，一般每亩用药量兑水 30～50kg。氟乐灵、拉索、地乐胺是最常用的土壤处理剂。

（2）茎叶处理　在作物生长期间喷施除草剂，应选用选择性较强的除草剂，或在作物对除草剂抗性较强的生育阶段喷施，或定向喷雾。一般亩用药量兑水 30kg，常规喷雾。

（3）涂抹施药　在杂草高于作物时把内吸性较强的除草剂涂抹在杂草上。涂抹施药时用药浓度要加大。

（4）稻田甩施　在稻田使用乳化性好、扩散性强的除草剂时，在原装药瓶盖上穿 2～3 个孔，将原药液甩施到田中。甩施时，田中要保持 3～5cm 深的水层，从稻田一角开始，每隔 5～6 步甩施一次，直至全田。

（5）稻田药土　将湿润的细土或细沙与除草剂按规定比例混匀，配成手能捏成团、撒出时能散开的药土，然后盖上塑料薄膜堆闷 2～4h，在露水干后均匀地撒施于水中。撒药土时，田中要灌水 3～5cm 撒施后保水 7d。

（6）覆膜地施除草剂　地膜覆盖栽培的作物，覆膜后不便除草，必须在播种后每亩喷施除草剂稀释液 30～50kg，然后覆膜。覆膜地施用除草剂，用药量一般要比常规用药量减少（1/4）～（1/3）。

（四）各类农田杂草化学防除技术

1. 稻田杂草的化学防除

（1）秧田化学除草　播种时处理，在水稻播种覆土后盖膜前将每公顷需用的药剂量加水 300～450kg，配成药液，用喷雾器均匀地喷洒苗床表土，进行土壤封闭。北方稻区所用的除草剂品种及用药量为：60％丁草胺乳油，每公顷 2250～3000mL，加水兑成药液，均匀喷施表土。50％优克稗乳剂，每公顷 1500～1875mL，喷施表土。

上述施药方法都要求播种覆土要均匀，种子不能外露，方可喷施。

苗期茎叶处理，在水稻苗 2 叶期前后，打开塑料薄膜，晾干稻苗上的水珠，喷施除草剂，防治已出土杂草，待药液见干后，再覆薄膜。最好在晴朗、无风天气施药。每公顷可用 20％敌稗乳油 3750～4500mL 加 96％禾大壮乳油 2250mL，兑水 600kg 喷施。也可用 20％敌稗乳油 7500mL，兑水 600kg 喷施，或用 40％禾大壮乳油 2250mL，兑水 600kg 喷施。

（2）移栽田化学除草　以 1 年生杂草为主的移栽田，用 60％丁草胺每公顷 2250mL，插秧后用毒土法施用，保持水层 1 周。也可用 60％丁草胺乳油 1500mL 混 40％除草醚 3000mL，插秧后用毒土法施用。还可用 60％丁草胺 2250mL 混 25％恶草灵 750mL，插秧后用毒土法施用，保持水层 1 周。

以多年生杂草为主的移栽田，可用 60％丁草胺乳油 1875mL/hm² 混 10％农得时 187.5mL/hm² 插秧后用毒土法施用。

2. 麦田杂草的化学防除

（1）野燕麦防除　播前每公顷用 40％燕麦畏 2250～3750mL，兑水 600kg 喷雾，喷药后立即混土 5～10cm，播种 3～4cm 深；在野燕麦 3～5 叶期，每公顷用 64％野燕葳可溶性粉剂 1500～7500mL，兑水 600kg 喷雾；在分蘖末期到孕穗前，每公顷用 20％新燕灵乳油 3500～7500mL，兑水 600kg 喷雾。本剂对大麦、青梨、豌豆有药害，不能使用。

（2）防除禾本科杂草　杂草 1 叶至拔节期，每公顷用 6.9％骠马乳油 600～900mL，兑水 450kg 喷雾。本剂只限于小麦田使用；杂草 1～3 叶期，每公顷用 36％禾草灵乳油 1650～3000mL，兑水 600kg 喷雾。

（3）防除阔叶杂草　在小麦 4 叶期至分蘖末期，每公顷用 48％百草敌（麦草畏）水剂 300～375mL，或 48％百草敌水剂 150～225mL＋20％二甲四氯水剂 1875～2250mL，兑水 600kg，喷雾。在麦苗返青分蘖期至拔节前，每公顷用 20％使它隆乳油 600～900mL，或 20％使它隆 375～450mL＋20％二甲四氯水剂 1875～2250mL，兑水 40kg 喷雾。

3. 大豆田杂草的化学防除

每公顷用 48％甲草胺乳油 2250～3750mL，兑水 600～750kg，均匀喷雾土壤处理，如覆膜应减少用药量 1/3，于播种后覆膜前用药，也可用 48％氟乐灵乳油，于播种前 5～7d 兑水 600kg 喷雾土壤，每公顷用药量 1200～1650mL，施药后立即混土。为了扩大杀草谱，氟乐灵每公顷 1200mL 与 88％灭草猛乳油每公顷 2775mL 混用，或氟乐来每公顷 1500mL 与 70％赛克津可湿性粉剂 600g 混用。

4. 玉米田杂草化学防除

4％玉农乐悬浮剂 750～1500mL/hm²，于杂草 3～5 叶期，兑水 600kg 喷雾；40％乙阿悬浮剂每公顷 2250～3750mL 于春玉米播后苗前或夏玉米 3～5 叶期，兑水 600kg 喷雾。土壤有机质低于 1％的砂土及长江中下游地区春玉米田不可应用；50％乙草胺乳油每公顷 1050～1875mL＋50％赛克津可湿性粉剂 600～750mL，于播后苗前兑水 600kg 喷雾，进行土壤处理。

六、　课后训练

① 调查当地主要作物田间杂草情况。

② 对当地主要作物杂草的群落组成、作物栽培耕作特点，以及除草剂特点与价格等进行调查，提出某作物田间杂草综合防治技术方案。

③ 参与生产基地除草实践，分析除草效果。

任务五　作物种子生产中的花期调节

一、　任务描述

作物杂交制种田花期能否相遇是制种成败的关键，也是决定制种产量的主要因素，掌握作物杂交制种田花期预测的方法，学会分析作物杂交制种田出现花期不遇的原因，能够依据原因进行正确调节可以确保种子纯度和产量。

二、 任务目标

完成本学习任务后，学生能：①对玉米杂交制种田花期预测和调节。②对高粱杂交制种田花期预测和调节。③对水稻杂交制种田花期预测和调节。

三、 任务实施

（一） 实施条件

1. 材料与用具

校内外作物杂交制种田、油漆、显微镜、放大镜、解剖镜、剪刀、生长调节剂、化肥、铁锹等。

2. 教学场所

教学实训基地的玉米杂交制种田、水稻杂交制种田、高粱杂交制种田等种子生产田。

（二） 实施过程

① 玉米杂交制种田的花期预测。

② 玉米制种田的花期调节。

③ 效果分析与对照。

四、 任务考核

项目	重点考核内容	考核标准	分值
作物种子生产中的花期调节	花期预测	能够进行正确的叶龄标记,正确进行花期预测	30
	花期调控方法	依据作物种类选用花期调控方法	30
	花期调控方案	制订切实可行的花期调控方案	40
分数合计		100	

五、 相关理论知识

作物杂交制种田花期能否相遇是制种成败的关键，也是决定制种产量的重要因素。由于气候、纬度、温度、播期、墒情、种子活力、种植密度及栽培管理等问题，常常导致花期相遇差，制种产量低，直接影响作物杂交制种经济效益。因此，在作物杂交制种过程中，应视芽、苗、叶龄等，经常检查，预测花期相遇情况，并及早采取相应调整措施，以确保花期如期相遇。

（一） 玉米杂交制种田花期预测和调节

1. 花期预测

（1）标叶调查法　在制种田里，根据双亲的总叶片数，选择有代表性的父母本各 3～5 点，每点各选典型株 10 株，定期标叶调查父母本的叶片数。一般情况下，母本已出的叶片数保持比父本多 1.5～2.0 片叶，表示父母本花期都能良好相遇。

（2）剥叶检查法　在双亲拔节后，选有代表性的植株剥出未出叶片数，根据未出叶片数来测定双亲花期是否相遇。若母本未出叶片比父本未出叶片少 1.5～2.0 片，表明花期相遇良好；如超过 2.0 片或少于 1.5 片，则有可能相遇不好。尤其是用该法在大喇叭口期检查准确度高。

（3）查副叶脉法　在大喇叭口期观察 10 株展开叶单侧副叶脉，求出平均值，若平均值是 12 条，再减去系数 2，该展开叶则为第 10 片展开叶（也称完全叶）。用此法查双亲父母本叶差在 1.5～2.0 片时为花期相遇良好。

（4）幼穗分化查看法　拔节孕穗期，在种植田选择有代表性的样点，每点取有代表性的父母本植株 3～5 株，慢慢剥去叶片，仔细检查幼穗大小。如果母本的幼穗分化早于父本一个时期，即预示花期相遇良好，否则就可能不遇。

（5）生长锥解剖比较法 玉米制种田进入大喇叭口期后，每一亲本的总叶片数已成定局，雄穗已进入性器官发育形成期。在这个时期，要在有代表性的地块设点，进行多株多次观察并解剖父本母本的生长锥，直观了解幼穗的发育状况。如果母本的生长锥在 1cm 范围以内，即相当于父本的 2～3 倍时，可认定花期相遇。

2. 花期调节

玉米制种田父、母本花期相遇，是确保其丰产增收的关键所在。但由于亲本性状、气候条件、土壤类别等诸多因素的影响，有时很难花期相遇，这不仅影响种子田的产量，同时影响种子的质量。应采取以下措施进行补救，减少损失。

花期不遇，是指母本吐丝与父本抽雄散粉相遇不良或不能相遇，造成结实率低，甚至制种失败。因此，分析花期不遇的原因，研究花期调整措施，对提高制种量具有重要的意义。具体方法如下所述。

（1）父本分期播种法 对父母本开花授粉错期短的玉米组合，可采取父本分期播种法，依次拉长父本散粉期，使玉米制种田形成大范围花粉，一般可采用浸种的办法，将父本分为二、三期播种，尽量使播种集中、抢墒播种。浸种多少可根据需要浸种 1/3 或 1/2 等比例。播种时按比例相间种植，1 行湿籽，1 行干籽，这样形成二期父本。在父本行间苗，定苗时，行内留大、中、小三类苗，即按 2∶6∶2 的比例留苗，这样又形成三期父本，以保证花期在相当长的一段时间内存在，从而延长父本的散粉期，解决花期不遇问题，提高授粉和结实率，确保成功。

（2）密度调控法 种植密度大小对花期是否相遇也有影响。合理的种植密度，既能保证花期相遇，又能提高产量，如果父本散完粉杀青时可只算母本而父本不计。合理的密度一般通过田间群体合理的叶面积指数来确定，株型较大宜稀，株型矮小紧凑宜密。

（3）坚持"母等父"，"父包母"的原则法 根据本地常年的气候特点结合当年的气象预测，在确定当年最佳开花授粉期的条件下，反推最适播期，一般为"母等父"即母本吐丝可先于父本散粉 2～3d 为宜。"父包母"即父本要有较长的花期涵盖母本吐丝期，做到"头花不空，主期击中，尾花有用"，即保证母本吐丝盛期（60%植株吐丝）与父本的主散粉期（60%的植株散粉）出现在同一天，以确保父母本盛期花期相遇。

（4）苗期调节法 种子田父母本花期是否相遇，在苗期就要及早调节，保证花期万无一失。调节技术措施是对父母本生长快慢不一致时，可采取"促慢控快法"，既对生长慢的亲本采取早疏苗、早间苗、留大苗、适当稀留苗、早施肥、早松土、提高地温等措施，促其生长；对生长较快的亲本可迟间苗、留小苗、晚施肥、晚松土、控制其生长等措施。

（5）中耕断根镇压法 对生长偏快的亲本采取深中耕或"断根法"，断根应在 11～14 片叶时进行。方法是用铁锹在靠近植株 6～7cm 的一边上下直切 15cm 深，断掉部分次生根，控制生长发育，对偏早的父本在拔节期镇压亦可使玉米抽雄期推迟 2～3d。

（6）快速促进法 玉米在拔节孕穗期，生长发育迅速，对水肥非常敏感。对发育较慢的亲本，除偏施肥浇水，加强田间管理外，同时可用 0.4%（硫酸二氢钾）＋0.7%（尿素）＋$60×10^{-6}$（"九二零"）＋0.4%（硫酸锌乳剂）40mL 的混合液（"九二零"必须先用酒精或高度白酒溶解后再加入水中）。混合液用水桶顺垄灌根部，根据发育情况也可叶面喷施或灌心，3d 一次，促进较晚亲本的生长，一般可提前花期 3～4d；对偏晚较重者可逐步增加次数，根据观察结果灵活运用。

（7）剪叶割除法　对玉米生长过快的父母本，将心叶以上叶剪成整齐状，可以调节花期 2～3d。在 5～7 片叶期割除地上部分，可使玉米花期推迟 3～5d。10 片叶时割除半截，可使玉米花期推迟 5d。对 13～15 片叶时从上部展开叶开始，每剪一片叶可使花期推迟 0.5d。在父本偏弱晚时，在父本孕穗后期，抽雄前期将顶部 2 片叶子取掉，有利于早散粉。

（8）超前摸苞去雄法　在抽穗前，如果发现母本的花期比父本晚时，可采取母本摸苞超前去雄或多带叶去雄的方法，以减少雄穗在体内对养分的消耗，有利于通风透光，这样可促使母本早吐丝 2～3d。其方法是在母本雄穗未抽出前，把手伸到雄穗处，摸到发软的雄穗，根据相遇情况，带顶叶 1～2 片与雄穗一起拔出，以不超过 4 片叶为准。对拔除的雄穗应带入安全区或就地深埋，反之如晚取雄苞（雄穗不能露出苞叶散粉），可推迟吐丝 1～2d，达到花期相遇的目的。

（9）剪苞叶法　抽雄开花前，对于父本雄穗已抽出或已散粉，母本雌穗苞叶过长吐丝迟，偏晚的母本，可提前将母本果穗苞叶顶部剪掉一小段（但不能损伤雌穗顶部），促使花丝早抽出。有些自交系不但苞叶长，而且裹的很紧，果穗花丝窝卷在苞叶里，剪苞叶第二天剪口处收缩，花丝伸不出来，可用刀片将雌穗顶部苞叶拉开，注意防止拉伤幼穗，同时，要防止拉口处积水导致黑粉病的发生。

（10）剪花丝法　对母本吐丝早、父本偏晚的组合。当母本花丝过长时，可通过剪花丝的办法提高受粉结实率。方法是在下午将母本果穗上花丝剪短，留花丝茬 1～2cm 以延长母本的受粉时间，以便接受花粉。

（11）激素调节法　在玉米制种过程中，根据花期预测，对偏晚的亲本喷施翠绿植物生长剂，能提高玉米叶片气孔阻力。在玉米大喇叭口前期，如检查父母本花期不遇时，对生长发育慢的喷施植物生长调节剂（如壮丰灵、云大-120 等）可以调节 2～3d。在孕穗期每亩施 40mg/kg 的萘乙酸水溶液 100kg，可使雌穗花丝提前吐出，而雄穗散粉不受影响。

（12）人工辅助授粉　特别是在花期相遇不好的情况下，做好人工辅助授粉尤为重要。人工辅助授粉应掌握在父本散粉量最大和母本吐丝集中时进行。一般在开花盛期连续进行两三次，授粉时间最好在上午 9～10 点进行。过早露水未干，花粉遇水容易吸涨破裂；过迟温度过高，容易降低花粉的生活力。

（二）高粱杂交制种田花期预测和调节

1. 花期预测

最常用的方法是数叶片数和观察幼穗分化进程。观察幼穗法主要是通过比较父母本生长锥的大小和发育阶段来预测花期。

2. 花期调节

父母本花期相遇是制种的关键。花期相遇好坏，可用不育系的结实率来衡量。过去认为，母本花期应早于父本。实践表明，父母本花期相同更好，授粉更充分。父本要保留大、中、小三类苗，以延长花期。母本保留整齐一致的中等苗。

花期相遇主要是通过调节播期来实现的。不育系繁殖田父母本可同期播种，母本要先间苗，父本后间苗，而且保持系留苗密度要高于不育系 20%。制种田父母本播期较复杂，父母本花期相同的组合同期播种，父母本花期相差 5d 以上的必须分期播种。错期播种的天数因杂交组合的亲本、播种时间、气候、墒情等不同而异。一般春播时，错期天数是父母本开花期相差天数的 1.5～2 倍。有时由于气候、土壤墒情等因素影响，错期播种的天数不好掌握，因此以早播亲本幼芽（苗）的发育状况作错期播种的指标更可靠些。有的亲本对气候反应敏感，花期不好把握，为保险起见，也可将父本分两期播种。

经预测，如发现花期不遇时，应及时采取促控措施补救。在早期对生长缓慢、发育不良的亲本进行偏肥、偏水管理，促进发育；对生长发育过快的亲本进行深中耕、打叶抑制发育。

（三）水稻杂交制种田花期预测和调节

1. 花期预测

花期预测的目的是尽可能提早知道父母本是否能同期始穗。花期预测的方法有：双零叶法，叶龄对应法，幼穗剥查法，叶龄余数法等，现介绍三种常用方法。

（1）叶龄对应法　就是根据常年花期相遇高产田块的父母本的主茎叶片数及整个生育期间叶龄对应动态关系来预测和判断常年花期的方法。这种方法简便可靠，准确性较高，尤其对老组合更为适用。

（2）叶龄余数法　是根据父母本进入生殖生长阶段后的最后几张叶片的出叶速度和叶片余数与幼穗分化各期及始穗期相对恒定的特性来预测和判断花期的一种方法。在具体应用时，首先要根据外观特征和总叶片数判断出父母本的叶龄余数，再根据它与穗分化各期对应关系判断出幼穗分化状态，然后再根据所处幼穗分化时期推算出父母本能否同时始穗。

（3）幼穗剥查法　是通过剥苞观察父母本幼穗分化发育的形态和进程判断是否同时始穗的方法。这种方法直观准确。

在制种生产上，进行花期预测时往往是上述三种方法综合使用，前中期主要采用对应叶龄法，进入生殖生长后则主要用幼穗剥查法和叶龄余数法。

2. 花期调节

花期调节的基本原则是以丰产苗架为基础，以早期调节为主，中后期为辅，促控结合。

（1）播差期调节　是制种中最有效的调节措施。主要依据是根据父母本播差期的安排，早播亲本的秧苗素质和出叶速度来调节确定原计划中迟播亲本的实际播种期。

（2）营养生长期调节　是指迟播亲本播后至双亲进入幼穗分化之前的花期调节。若预测到父母本花期可能有偏差，则可通过改变秧龄，种植密度、插秧基本苗数以及对肥水反应敏感性差异进行调节。

（3）生殖生长调节　是指父母本进入幼穗分化到始穗期的花调。这是一种利用幼穗分化前4期对外界环境条件反应敏感而影响穗分化时期较大的特点，采取果断措施调节的补救措施。主要措施有旱控水促、氮肥控磷、钾促，化学药物激素调控和机械挫伤调控等。一般采用水肥调控，调节的对象以父本为主，母本为辅，一般可调节 1~2d。

六、　课后训练

根据基地玉米杂交制种生产的实际情况，制订玉米花期预测、调节方案并实施。

任务六　主要作物种子生产收获

一、　任务描述

收获是作物种子生产田间管理的最后一项任务。确定适宜收获时期、采取合适的收获方法、严格去杂去劣是圆满完成收获任务的关键。

二、　任务目标

完成本学习任务后，学生能：①掌握农作物种子质量分级标准。②进行水稻、玉米、小麦、棉花、大豆等收获。

三、 任务实施

（一） 实施条件

1. 材料与用具

主要作物代表性田块、皮尺、直尺、标签、天平或盘秤、脱粒机、估产用表、记录纸、计算器、铅笔、种子袋等。

2. 教学场所

教学实训基地的玉米杂交制种田、水稻杂交制种田、小麦、棉花、大豆、油菜制种田等种子生产田。

（二） 实施过程

① 根据种子收获时期确定方法，鉴定作物种子的成熟时期，确定收获适期。

② 根据作物特点确定收获方法，人工收获要根据不同作物选用相应的收获方法和收获工具，收获时要防止人为混杂。

③ 田间实地完成一定面积的种子田收获任务。杂交制种田要先收父本或处理掉父本后，再收母本，必须分收、分放，并作好标记，严防父母本混杂，严防与其他品种、作物混杂，常规作物制种田作物收获时可先去一遍杂后再收获。

四、 任务考核

项目	重点考核内容	考核标准	分值
主要作物种子生产收获	小麦种子收获	能按要求识别并去除杂株	30
		小麦种子产量构成	
		小麦种子收获与晾晒	
	水稻种子收获	能按要求识别并去除杂株	30
		水稻种子收获晾晒	
	玉米种子收获	全部杂株最迟在散粉前拔除，散粉杂株率累计超过0.1%的繁殖田，所产种子报废	30
		收获后要对果穗进行纯度检查，杂穗率超过0.1%的，种子报废	
		种子脱粒、晾晒、保存，质量达到GB 4404.1标准	
	制订主要作物种子收获方案	保证种子安全贮藏	10
分数合计		100	

五、 相关理论知识

（一） 种子产量形成

1. 作物产量含义

种子生产的目的是获得较高的有经济价值的可作为种子的农产品。通常把产量分为生物产量和经济产量。

生物产量是指作物在生育期间所生产和积累的干物质总量。在组成作物茎秆组织的干物质中，有机质占90%～95%，其余为矿物质。因此，光合作用生产积累的有机质是作物产量形成的物质基础。

经济产量是指作为种植目的，有经济价值的主要产品的数量。由于作物和种类及种植目的的不同，作为主产品的器官也不同。例如，禾谷类、豆类、油料作物的主产品是子粒；薯类作物则是块根或块茎；棉花是种子纤维。即使同一作物，当栽培目的不同时，其产量含义也随之变化。如玉米做粮食时，其产量是指子粒；做青贮饲料时，产量包括茎、叶、果穗等全部有机物质。

作物经济产量是作物生物产量的一部分。经济产量的形成是以生物产量即有机物的总量为物质基础。较高的生物产量是较高经济产量的基础，但是有较高生物产量也不一定获得较高经济产量，还要看由生物产量转化经济产量的"效率"。这种转化率称之为经济系数或收获指数（二者含义相同，前者多用百分数表示，后者则是小数）。

$$经济系数＝经济产量/生物产量$$

经济系数只是表明作物光合作用生产有机物质转运到有经济价值的器官里去的能力，并不直接表明产量的高低。在正常情况下，经济系数是比较稳定的，经济产量与生物产量成正比，提高经济产量的根本途径在于提高光能利用率。作物经过长期栽培、选育，其经济系数已达到相当高的水平。例如，薯类作物为 70％～80％左右，水稻为 50％左右，小麦为 30％～40％，玉米为 25％～40％，大豆为 30％左右，棉花籽棉为 35％～40％，皮棉为 13％～16％。可看出由于作物的种类不同，经济系数相差很大。这与主产品的器官及化学成分有很大关系。一般，凡是以营养器官为主产品的作物，如薯类，因形成的产品过程简单，其经济系数较高；凡是以生殖器官部分作为主要产品的作物，如禾谷类、豆类等，其产量的形成要经过性器官的分化发育、开花、结实、灌浆、成熟等过程，有机物质要经过复杂的运转，因而经济系数较低。产品以碳水化合物为主的，在形成过程中需要能量较少，经济系数也就较高，而产品中含脂肪、蛋白质较多者，在形成过程中必须由碳水化合物进一步转化，需要能量较多，经济系数较低。

禾谷类作物经济系数的高低与植株高度呈负相关。要提高经济产量应在提高生物产量的基础上，提高经济系数是增加产量的有效途径。

2. 作物产量的构成因素

作物产量是指单位土地面积上的作物群体的产量，即由个体产量或产品器官数量所构成。作物产量可以分解为几个构成因素（Engledow，1923；松岛，1957），并依作物种类而异，如表 4-10 所示。

表 4-10　作物产量构成因素

作物名称	产量构成因素	作物名称	产量构成因素
禾谷类	穗数、每穗实粒数、粒重	油菜	株数、每株有效分枝数、每分枝角果数、每角果粒数、粒重
豆类	株数、每株有效分枝数、每分枝荚数、每荚实粒数、粒重	甘蔗	有效茎数、单茎重
薯类	株数、每株薯块数、单薯重	烟草	株数、每株叶数、单叶重
棉花	株数、每株有效铃数、每铃籽棉重、衣分	绿肥作物	株数、单株重

例如，禾谷类作物的产量构成为：

产量＝穗数×单穗粒数×粒重，或产量＝穗数×单穗颖花数×结实率×粒重

豆类作物为：

产量＝株数×单株有效分枝数×每分枝荚数×单荚实粒数×粒重

薯类作物为：

产量＝株数×单株薯块数×单薯重等

田间测产时，只要测得各构成因素的平均值，便可计算出理论产量。由于该方法易于操作，至今仍在作物栽培、育种、种子生产工作中采用。

单位土地面积上的作物产量随产量构成因素数值的增大而增加。但是，作物在群体栽培条件下，由于群体密度和种植方式等不同，个体所占营养面积和生育环境亦不同，植株和器官生长存在着差异。一般说来，产量构成因素很难同步增长，往往彼此之间存在着负相关关

系。例如，水稻、小麦、玉米等禾谷类作物，每公顷穗数增多时，每穗粒数明显减少，千粒重也有所降低；油菜的株数增加时，每株角果数减少，每荚粒数和粒重也呈下降趋势；以营养器官块根为产品的甘薯，单株结薯数和单株薯重随栽植密度加大而降低。尽管不同作物各产量构成因素间均呈现不同程度的负相关关系，但在一般栽培条件下，株数（密度）与单株产品器官数量间的负相关关系较明显。在产量构成因素中存在着实现高产的最佳组合，说明个体与群体协调发展时，产量可以提高。

3. 种子产量形成

种子产量的形成是在作物整个生育期内不同时期依次而重叠进行的。如果把作物的生育期划分为 3 个阶段，即生育前期、中期和后期。那么以子实为产品器官的作物，生育前期为营养生长阶段，光合产物主要用于根、叶、分蘖或分枝的生长；生育中期为生殖器官分化形成和营养器官旺盛生长并进期，生殖器官形成的多少决定产量潜力的大小；生育后期是结实成熟阶段，光合产物大量运往子粒，营养器官停止生长且重量逐渐减轻，穗和子实干物质重量急剧增加，直至达到潜在的贮存量。一般来说，前一个生育时期的生长程度有决定后一个时期生长程度的作用，营养器官的生长和生殖器官的生长相互影响，相互联系。生殖器官生长所需要的养分，大部分由营养器官供应，因此，只有营养器官生长良好，才能保证生殖器官的形成和发育。棉花现蕾期或初花期单株根、茎、叶总干重与单株果节数呈明显正相关；水稻颖花数及谷粒重量随茎蘖干重增加而增加。由此可见，营养器官的生长和生殖器官的生长存在着密切关系。因而，在高产栽培中，应通过合理密植、施肥、灌溉等措施，建成适度的营养体，为形成较多的结实器官，增加产量提供物质基础。

产量因素在其形成过程中具有自动调节现象，这种调节主要反映在对群体产量的补偿效应上。不同作物的自动调节能力亦不同，分蘖作物如水稻、小麦等，自动调节能力较强；主茎型作物，如玉米、高粱等，自动调节能力稍弱。

穗数是禾谷类种子产量因素中调节幅度较大的因素。分蘖作物的有效穗数是生育期内分蘖发生与消亡演替的结果。分蘖多少及成穗率高低与品种遗传特性、种植密度（基本苗数）和环境条件等有关。一般营养生长期长和多穗的品种，其分蘖力较强；高产田种植密度小或基本苗数少时，分蘖较多。但是，生产上并非分蘖多，成穗就多，常常由于穗数与穗粒数的负相关，穗多未必一定高产。分蘖成穗与分蘖发生早晚密切相关。早生分蘖或低位分蘖与主茎生长差距较小，在主茎进入生殖生长之前，吸收的无机营养和合成的有机营养，除供应自身生长需要外，主要运往分蘖。因而，分蘖生长速度快而健壮，易形成大穗。相反，后生分蘖或高位分蘖发生较晚，主茎已处在旺盛生长阶段，需要营养物质增多，向分蘖输送量减少，致使多数分蘖由于营养匮乏而不能抽穗，成为无效分蘖。研究证明，无效分蘖虽然耗用一些养料，但也能把大部分的矿质元素转移到有效分蘖中，使主茎穗和有效分蘖穗的平均性状占优势，群体产量较高而稳定。在水稻、小麦高产栽培中，水肥供应良好，产量在中、上等水平时，单位面积基本苗数相同，穗数多的产量高；穗数相同，基本苗数少的产量高。这一规律表明，适量分蘖和成穗率对群体产量的形成有促进作用。

玉米是典型的独秆大穗作物，其分蘖力很弱，即使有分蘖发生，也在发生后去掉。玉米单位面积的穗数随种植密度增加而增加。多穗型玉米的有效穗数决定于雌穗能否同步分化，同期吐丝授粉，植株能否制造累积充足的营养物质，并在果穗间均衡分配。空秆是玉米生产中常见的现象，影响穗数和产量。空秆的形成与品种、种植密度、水肥供应、病虫害、气候条件等有关，而植株本身营养不足或养分分配失调则是造成空秆的主要原因。通常，玉米高产田的个体和群体发展协调，空秆率明显降低，有效穗数增多，产量较高。

小穗、小花分化数量是穗粒数潜力的基础，并对产量有一定的补偿作用。禾谷类作物花序结构不同，小穗小花分化顺序亦不同。小麦的小穗分化先由穗的中下部开始，然后向上下两端发展，玉米雌穗则从幼穗基部开始向顶部分化。一般说来，从第一个小穗原基出现到穗顶端小穗原基出现的时间较长，就可能提供增加小穗数的机会。小穗原基对产量的补偿能力因品种、植株营养状况及小穗分化期的环境条件而异。一般在小麦产量水平较高和幼穗分化期较长的条件下，主茎和有效分蘖具有形成较多小穗的能力；若早期分蘖少，小穗分化期植株营养供应充足，环境条件适宜，有利于小穗原基的大量形成，对产量的补偿作用明显；反之，小穗原基发生少，使继后的小花数和粒数受到限制，则对产量的补偿作用削弱。水稻的颖花数由分化的颖花数和退化颖花数决定。

粒数和粒重取决于开花结实及其后的光合产物向籽粒转移的程度。开花受精对环境条件十分敏感。如果该时期遇到水分亏缺或降水过多、湿度过大，温度低等不利气候条件以及营养不足，则结实减少，造成缺粒。缺粒多发生在顶部小穗和基部小穗中，以及小穗内的上部小花上。禾谷类作物籽粒在形成过程中，其形态、体积和重量发生一系列变化。籽粒形成阶段干物质积累较慢，千粒重日增长量很小。籽粒形成阶段是决定籽粒大小的关键时期，该期发育好，分化的胚乳细胞多，容积大，易形成大粒。因此，栽培上应创造良好的生态环境，保证水肥供应充足，防治病虫害等，提高结实率，防止籽粒中途停止发育，尽可能增大籽粒体积。

籽粒形成以后，进入灌浆阶段，籽粒内干物质积累速度加快，重量不断增加。小麦千粒重日增重 $1\sim2g$，灌浆高峰期日增重可达 $3g$，此期籽粒干重增长量占最后总干重的 $70\%\sim80\%$。玉米籽粒干物质积累和重量的变化也呈类似规律。灌浆阶段是决定籽粒饱满度的重要时期，环境条件和栽培管理是否适当，都将影响粒重的增长。进入成熟阶段，籽粒内干物质积累趋于缓慢，直至停止积累，小麦此期所积累的干重，仅占种子总干重的 $5\%\sim10\%$。

由产量因素的形成过程及自动调节的规律可以看出，禾谷类种子产量因素的补偿作用，主要表现为生长后期形成的产量因素可以补偿生长前期损失的产量因素。例如，种植密度偏低或苗数不足，可以通过发生较多的分蘖，形成较多的穗数来补偿；穗数不足时，可由每穗粒数和粒重的增加来补偿。生长前期的补偿作用往往大于生长后期，而补偿程度则取决于种子或品种，并随生态环境和气候条件的不同而有较大差异。

作物产量是种子产量的基础，作物主要产品要经过加工后方可作为种用，在加工过程中存在损失。

（二）农作物种子质量分级标准

我国种子质量分级标准为：常规品种、自交系亲本、"三系"亲本等分原种和良种两个等级；杂交种分为一级良种和二级良种两个等级。不同等级的种子是以品种纯度、净度、发芽率、水分四项指标来划分的。分级方法采用最低定级原则，即任何一项指标达不到规定标准都不能作为相应等级的合格种子。我国种子分级标准有国家标准和地方标准。

1. 国家标准

是农业部会同国家标准计量局联合制订颁发的种子分级标准，作为国内种子收购、销售、调拨时的检验和分级的依据。目前执行的是 GB 4404.1—2008、GB 4407.1—2008、GB 4407.2—2008 标准。如表 4-11 所示是农作物种子质量标准。

2. 地方标准

由省（自治区、直辖市）农业主管部门会同省标准计量局联合制订颁发的种子质量标准。主要针对那些没有部颁标准的品种做出的补充规定，作为地方性种子在收购、销售、调拨时检验和分级的依据。

3. 种子质量指标

种子质量指标是种子应达到的质量标准，也是种子生产部门生产情况具体反映。具体有种子合格率、种子等级率、平均等级和等级系数。种子合格率是指某批种子合格种子的数量占该批种子全部数量的百分比；种子等级率是指某等级种子数量占该批种子合格数量的百分比；平均等级和等级系数是反映种子等级情况的综合指标，一般平均等级越小，种子质量越高；等级系数越大，种子质量越高。

表 4-11 农作物种子质量标准

作物名称	种子类别		纯度不低于 /%	净度不低于 /%	发芽率不低于 /%	水分不高于 /%
水稻	常规种	原种	99.9	98.0	85	13.0(籼) 14.5(粳)
		大田用种	99.0			
	不育系、保持系、恢复系	原种	99.9		80	13.0
		大田用种	99.5			
	杂交种	大田用种	96.0			13.0(籼) 14.5(粳)
玉米	常规种	原种	99.9	99.0	85	13.0
		大田用种	97.0			
	自交系	原种	99.9		80	
		大田用种	99.0			
	单交种	大田用种	96.0		85	
	双交种	大田用种	95.0			
	三交种	大田用种	95.0			
小麦	常规种	原种	99.9	99.0	85	13.0
		大田用种	99.0			
大麦	常规种	原种	99.9			
		大田用种	99.0			
高粱	常规种	原种	99.9	98.0	75	13.0
		大田用种	98.0			
	不育系、保持系、恢复系	原种	99.9			
		大田用种	99.0			
	杂交种	大田用种	93.0		80	
粟、黍	常规种	原种	99.8		85	
		大田用种	98.0			
棉花常规种	棉花毛籽	原种	99.0	97.0	70	12.0
		大田用种	95.0			
	棉花光籽	原种	99.0	99.0	80	
		大田用种	95.0			
	棉花薄膜包衣籽	原种	99.0			
		大田用种	95.0			
棉花杂交种亲本	棉花毛籽		99.0	97.0	70	
	棉花光籽		99.0	99.0	80	
	棉花薄膜包衣籽		99.0			
棉花杂交一代种	棉花毛籽		95.0	97.0	70	
	棉花光籽		95.0	99.0	80	
	棉花薄膜包衣籽		95.0			

作物名称	种子类别		纯度不低于/%	净度不低于/%	发芽率不低于/%	水分不高于/%
大豆	原种		99.0	98.0	85	
	良种		98.0			
圆果黄麻	原种		99.0		80	12.0
	大田用种		96.0			
长果黄麻	原种		99.0	98.0	85	
	大田用种		96.0			
红麻	原种		99.0		75	
	大田用种		97.0			
亚麻	原种		99.0		85	9.0
	大田用种		97.0			
油菜	常规种	原种	99.0	98.0	85	9.0
		大田用种	95.0			
	亲本	原种	99.0		80	
		大田用种	98.0			
	杂交种	大田用种	85.0			
向日葵	常规种	原种	99.0	98.0	85	
		大田用种	96.0			
	亲本	原种	99.0		90	
		大田用种	98.0			
	杂交种	大田用种	96.0			
花生	原种		99.0	99.0	80	10.0
	大田用种		96.0			
芝麻	原种		99.0	97.0	85	9.0
	大田用种		97.0			

（三）水稻收获

实际产量可选定若干样区，收割、脱粒、晒干后直接得到。

1. 去杂去劣

主要依据穗形进行去杂去劣，防止生物学混杂、机械混杂以外，要避免收获中人为混杂。

2. 确定适宜收获时间

适时收获对水稻优质高产十分重要。过早收获，未熟粒、青死粒较多，出米率低，蛋白质含量也较低，米饭因淀粉膨胀受限制而变硬，使加工、食味等品质下降。延迟收获，则稻米光泽度差，脆裂多，碎米率增加，垩白趋多，黏度和香味均下降。一般以水稻蜡熟末期到完熟初期（稻谷含水量为20%～25%）收获较为适宜。这时，全田有95%谷粒黄熟，仅剩基部少数谷粒带青，穗上部1/3枝梗已经干枯。对不落粒的粳稻类型品种，如在茬口安排上没有矛盾，则可适当"养老稻"，以增加粒重。一般南方早籼稻适宜收获期为齐穗后25～

30d，中籼稻为齐穗后 30～35d，晚籼稻为齐穗后 40～45d。不同品种和气候条件下水稻适宜收获期略有差异，选择晴天露水干后收割。

3. 采取合适的收获方法

人工收获或机械收获均可。

水稻测产结果汇总见表 4-12。

表 4-12　水稻测产结果汇总表

田块名	品种	每公顷穗数	平均每穴穗数	每公顷有效穗数	每穗实粒数	千粒重/g	理论产量/(kg/hm²)

（四）小麦收获

1. 严格去杂

在种子繁殖田，将非本品种或异型株的植株去掉叫去杂，将生长不正常、遭受病虫害的植株去掉叫去劣。去杂去劣是种子生产的基本工作。在成熟期主要依据穗形、株高进行去杂去劣。

2. 适时收获

小麦收获过早，千粒重低、品质差，脱粒也困难。收获过晚，易掉穗、掉粒，还会因呼吸作用及雨水淋洗，使粒重下降。在小麦植株正常成熟情况下，粒重以蜡熟末期最高。

在大田生产条件下，因品种特性（落粒性）、天气、收割工具等不同，适宜收获期又有所变化。人工收割或机械分段收割的，割后至脱粒前，有一段时间的铺晒后熟过程，可在蜡熟末期收割。联合收割机则宜在完熟初期进行收割，过早收获子粒含水量高，导致脱粒过程的机械损伤和脱粒不净，过晚会因掉穗、掉粒等增加损失。用作种子的适宜收获期应在蜡熟末期和完熟初期。

不同品种或同一品种的不同世代要单收、单运、单打和单晒。

3. 晾晒入仓

及时脱粒、晾晒、入仓。入库时种子含水量应在 13% 以下方可。

（五）玉米收获

1. 去杂去劣

及时去杂去劣，依据本品种的特征特性进行去杂去劣。

2. 适时收获

玉米适宜收获的时期，必须根据品种特性、成熟特征、栽培要求等掌握。黑层是玉米籽粒尖冠处的几层细胞，在玉米接近成熟时皱缩变黑而形成的。黑层的出现是玉米生理成熟的标志。黑层形成后，胚乳基部输导细胞被破坏，运输机能终止，即籽粒灌浆停止。

到完熟期，苞叶变黄，籽粒变硬，并表现出本品种的固有色泽时，即可收获。

3. 收获晾晒

玉米收获方法有人工收获和机械收获两种。机械收获能一次完成割秆、摘穗、切碎茎叶及抛撒还田等工序。收获后要及时脱粒、晾晒，在种子含水量降到 13% 以下方可入库。

（六）棉花收获

收花是保证获得高产、优质棉纤维的重要环节。我国主要棉区从 8 月中下旬棉花开始吐絮，一直延续到 11 月才能收花完毕。在这约 3 个月的吐絮、收花期间，各地的气候条件大体表现为北方降雨减少，日照较充足，但低温降霜限制了棉铃的生长；南方吐絮前期温度还较高，有利于棉铃的生长，但有时秋雨连绵，给收花工作带来困难。必须适时收花，以提高棉花质量和品级，确保丰产丰收。在收花时，应注意分批次晾晒，分别存放和出售，以便获得优质优价。

1. 去杂去劣

收获前还要对母本进行一次去杂去劣工作。

2. 适时收获

一般在棉铃咧嘴 6～7d 进行采摘。但在生产上遇雨时，必须在雨前抢摘，生产上可安排每 7～10d 采摘一次。收获应选择晴天早晨露水干后进行。气温较高时，吐絮较快，收花间隔时间应短些，采摘后期间隔可稍长些，但不宜超过半月，要参照各地风、雨等条件决定。遇有大风或连阴雨，应及时抢收。

棉铃正常开裂是生理成熟的外部特征。过早摘花，铃壳内养分不能完全转移到纤维中，使铃重下降，纤维成熟度不足，细胞壁加厚不足，纤维强度变弱。由于纤维组织是多糖结构，若过晚摘花，会使纤维受光氧化时间过长而收缩变短、变脆，强度变弱，色泽变差（黄、灰）。

3. 分收、分晒、分扎、分存

由于棉株不同部位的棉铃成熟时期不同，收摘时必须分期分批进行，以保证棉种质量。一般实际生产中提出了具体要求，即：分收、分晒、分扎、分存。在种子含水量降至 12％以下，就可入库保存。

（七）大豆收获

1. 去杂去劣

在成熟期依据本品种的特征特性进行去杂去劣。

2. 确定收获期

适期收获对大豆丰产优质十分重要。收获过早，籽粒尚未成熟，不仅脱粒困难，而且粒重、脂肪和蛋白含量都低；收获过晚，大豆籽粒失水过多，易造成炸荚掉粒，品质变坏。

大豆适宜的收获期是黄熟期。此期特征是：叶片大部分变黄脱落，茎和荚变成黄色，籽粒复圆并与荚壳脱离，荚与粒之间的白膜消失，籽粒的含水量逐渐下降到 15％～20％，茎下部呈黄褐色，即进入黄熟期。若采用联合收割机收获，最佳收获期是完熟期。此期特征是：植株叶柄全部脱落，籽粒变硬，茎、荚和粒都呈现出本品种固有色泽，摇动植株，发出清脆的摇铃声，即进入完熟期。

广西春播大豆一般在 6 月份收获，夏播大豆和秋播大豆一般在 9～10 月份收获。收获大豆最好在早晨露水未干时进行，以免裂荚掉粒。大豆收获后应摊晒几天再脱粒，可避免暴晒豆粒，种皮破裂，影响品质。

3. 选择收获方式

主要是采用人工收获或机械收获。为了减少损失，人工收获应选择在午前植株含水量高、不易炸荚时收获。收割后运回场院，晾晒至炸荚时脱粒。

4. 脱粒晾晒入库

不同品种或同一品种的不同世代要单收、单脱、单打和单晒。当种子含水量降至 12％以下方可入库。

（八）油菜收获

1. 去杂去劣

去杂工作应贯穿于整个生育期过程，在成熟期依据果序和角果长度、结果密度、角果形态及着生角度等去杂。

2. 确定收获期

收获过早种子千粒重低，过晚则裂果落粒，损失大，造成浪费。油菜是无限花序，开花期长，角果成熟不一致。根据角果和种子色泽的变化，成熟过程一般划分为绿熟、黄熟和完熟 3 个时期。绿熟期主花序角果转现黄色，分枝上角果仍呈现绿色，大部分种子沿未充实，含油量低、品质差。黄熟期主花序角果呈现杏黄色，表面有光泽，一次分枝上的角果已呈黄绿色，种子已发育完全，充实饱满，晒干后种皮呈现种子固有色泽，千粒重较高，是油菜收获的最适宜时期。完熟期大部分角果呈现黄色，种子千粒重下降，收获时落粒也较多。因此油菜收获是以全田 70％～80％的角果转为黄色或主茎中部和上部第一分枝所结种子开始转色的时期为收获适期。

3. 及时收获，分级细打

5 月中旬，母本黄熟期即可及时收获，以防倒伏后枝上发芽。分级细打后做到分放、分晒、分装，子不沾土，湿不进仓，从而提高种子发芽率，确保种子商品质量。当种子含水量降至 9％以下方可入库。

六、　课后训练

结合基地种植作物种类，选择两种作物进行田间测产。

项目自测与评价

一、　填空题

1. 亲本生长状况不一致，采取（　　）的原则，对生长快的亲本（　　）、生长慢的亲本（　　），以调节花期。

2. 水稻杂交制种田施肥采用的原则是（　　）、（　　）、（　　）的原则。

3. 农药的施用方法有（　　）、（　　）、（　　）、（　　）、（　　）。

4. 农药的浓度主要有（　　）、（　　）、（　　）三种表示方法。

5. 植物病害的诊断步骤分为（　　）、（　　）、（　　）三步。

6. 杂草的生物学特性（　　）、（　　）、（　　）、（　　）。

7. 农田杂草防除方法有（　　）、（　　）、（　　）、（　　）、（　　）。

8. 除草剂的选择性有（　　）、（　　）、（　　）、（　　）、（　　）。

9. 玉米杂交制种田花期预测有（　　）、（　　）、（　　）等。

10. 玉米杂交制种田花期调节方法有（　　）、（　　）、（　　）、（　　）、（　　）、（　　）等。

11. 豆类作物产量 =（　　）×（　　）×（　　）×（　　）×（　　）。

12. 空秆的形成与（　　）、（　　）、（　　）、（　　）等有关。

二、 简答题

1. 玉米杂交制种田如何进行肥水管理？
2. 水稻杂交制种田如何进行肥水管理？
3. 常用农药剂型有哪些？各自有哪些特点？
4. 简述农药混用的原则。
5. 农药的使用方法有哪些？
6. 什么是有害生物综合治理（IPM）？
7. 有害生物综合治理应遵循的原则是什么？
8. 怎样才能有效地防治水稻纹枯病？
9. 如何对稻瘟病进行综合防治？
10. 如何防治稻纵卷叶螟和稻水象甲？
11. 叙述小麦白粉病的症状特点。
12. 小麦黑穗病的发病规律有何特点？
13. 如何防治小麦赤霉病？
14. 麦蚜的防治措施有哪些？
15. 怎样采取综防治措施防治玉米黑粉病和玉米丝黑穗病？
16. 简述玉米大、小斑病的发生规律，应怎样进行防治。
17. 玉米大田用种质量标准是什么？
18. 水稻确定适宜收获时间方法有哪些？
19. 如何确定大豆适宜收获期？
20. 如何预测玉米杂交制种田花期？
21. 当地水稻田常见杂草种类有哪些？
22. 玉米杂交制种田花期不遇如何调节？

项目五 质量控制

种子是重要的农业生产资料，种子的优劣不仅影响农作物的产量，而且影响农作物的品质。种子质量的控制决定着种子的质量，关系着粮食生产战略安全，只有优良的种子配合适宜的栽培技术，才能发挥良种的优势，获得高产、稳产和优质的农产品。

任务一 防杂保纯

一、 任务描述

作物品种在农业生产中随着种植时间延长质量会逐渐下降，结合当地实际生产环境，针对不同作物不同混杂退化原因，制订防杂保纯方案并实施。

二、 任务目标

能了解作物混杂退化的真正原因，采取相应的防杂保纯的措施。

三、 任务实施

（一）实施条件

各种作物种子、作物繁种田、米尺、纸袋等。

（二）实施过程

简述基本过程，开展防杂保纯技能比赛，总结比赛经验。

① 分析种子混杂退化的原因：结合当地的实际情况，分析所要繁育种子可能混杂的原因。

② 制订防种子混杂退货方案：结合分析的原因，制订种子实习基地所繁育种子的防混杂退化方案。

③ 方案实施：按照制订好的方案，正确运用各种隔离措施，严防机械混杂和生物学混杂，搞好更新。

④ 结果分析：本实训结束后，对当年的繁育的种子进行检验鉴定，写出结果报告，做好分析。

四、 任务考核

项目	重点考核内容	考核标准	分值
作物防杂保纯	混杂退化原因	能依据混杂退化原因采取预防措施	20
	隔离技术	正确运用各种隔离方法	20
	作物种子生产技术	掌握作物种子生产技术规程	60
分数合计		100	

五、 相关理论知识

（一）品种混杂退化的原因

品种混杂退化是指新品种在推广过程中，纯度下降、种性变劣的现象。品种混杂与退化是两个既有区别又有密切联系的概念。品种混杂是指一个品种中混进了其他品种甚至是不同作物的植株或种子，或上一代发生了天然杂交，导致后代群体出现变异类型的现象。品种退化是指品种某些经济性状变劣的现象，即品种的生活力降低，抗逆性减退，产量和品质下降。然而混杂与退化也有着密切联系，混杂容易引起退化并加速退化，退化又必然表现混杂。

品种混杂退化后，品种的典型性降低，田间群体表现出株高参差不齐、成熟期早晚不一，抗逆性减退，经济性状或品质性状变劣，杂交种亲本的配合力下降。其中典型性下降是品种混杂退化的最主要表现，产量和品质下降是混杂退化的最主要危害。

引起品种混杂退化的原因是多方面的，而且比较复杂。不同作物、不同品种发生混杂退化的原因不尽相同。归纳起来，主要有以下几个方面的原因。

1. 机械混杂

在种子生产、加工及流通等环节中，由于条件限制或人为疏忽，导致异品种种子混入的现象称为机械混杂。机械混杂是种子生产中普遍存在的现象，在种子处理、播种、补种、移栽、收获、脱粒、加工、包装、贮藏及运输等环节中都可能发生，连作或施入未充分腐熟的有机肥都会造成机械混杂。因此，机械混杂是品种混杂的主要原因。

2. 生物学混杂

在种子生产过程中，由于隔离条件差或去杂去劣不及时、不严格，因天然杂交使后代产生性状分离而造成的混杂称为生物学混杂。各种作物都可能发生生物学混杂，但在异花授粉作物和常异花授粉作物上比较普遍且严重。自花授粉作物自然异交率一般很低，但由于自然异交率受不同品种、不同环境等因素的影响较大，所以在现代种子生产上，对自花授粉作物的种子田进行适当隔离也是不容忽视的。

3. 品种自身的性状分离和基因突变

略。

4. 不正确的选择

略。

5. 不良的生态条件与栽培技术

总之，品种混杂退化有多种原因，一般以机械混杂和生物学混杂比较普遍，起主要作用。因此种子生产中应在分清主次的同时，采取合理而有效的综合措施才能解决防杂保纯。

（二）防止混杂退化的主要措施

保持新品种的优良种性，是延长利用年限、保证品种增产的有效手段。针对品种发生混杂退化的原因，从种子生产的各个环节抓起，坚持"防杂重于除杂，保纯重于提纯"的原则，从新品种推广应用开始，就积极采取科学的措施，加强管理，进行全面的质量监督和控制。具体措施有以下几种。

1. 严防机械混杂

① 合理轮作。繁殖田不可重茬连作，以防上季残留的种子在下季出苗，造成混杂。

② 把好种子接收发放关，防止人为错误。在种子接收或发放过程中一定要注意不要弄错品种和种子，要严格检查其纯度。若有疑问，必须彻底解决后才能播种。种子袋和运送车辆要注意采取防止混杂的一切措施。

③ 把好播种关。播种前的选种、浸种、拌种等措施，必须做到不同品种分别处理，用具洗净，固定专人负责。播种时，同一作物不同品种地块应有一定距离（如大麦和小麦）。若不得不相邻种植时，两块地之间应留有隔离道。机械播种，应预先清理机械中以前所播品种的种子。播种同一品种的各级种子，应先播等级高的种子。繁殖田中应隔一定距离留一走道，以便进行去杂去劣。收获时，相邻品种应各去掉 1m 左右的边行作为商品粮，不作种子用。

④ 严把收获脱粒关。在种子收获脱粒过程中，最容易发生机械混杂，要特别注意防杂保纯。种子田要单收、单运、单打、单晒，不同品种、不同世代应专场脱粒。用脱粒机脱粒，每脱完一个品种，要彻底清理后再脱粒另一品种。晒种时，不同品种间应注意隔离。不同作物或品种必须分别贮藏、分别挂上标签，防止出现差错或造成混杂。

2. 注意隔离，防止生物学混杂

① 合理隔离。异花、常异花授粉作物种子田要合理设置隔离区，隔离区内严禁种植本作物其他品种，防止天然异交，这是防杂保纯的关键措施。自花授粉作物的自然异交率很低，但也应采取适当的隔离措施。对珍贵的材料可用网室、套袋等方法防止外来花粉污染。

② 严格去杂。在各类种子生产过程中，都应坚持去杂去劣。异花、常异花授粉作物必须在开花前严格进行。去杂去劣一般从出苗以后结合田间定苗开始，以后在各个生育期，只要能鉴别出来杂株都可进行。

3. 定期更新

每隔一定年限（3～4 年）用原种更新繁殖区用种是防止品种混杂退化的最有效措施。通常采用原种"一年生产，多年贮藏，分年使用"的方法，减少繁殖世代，防止混杂退化，从而较好地保持品种的种性和纯度，延长品种利用年限。

4. 严格执行种子生产技术规程

作物的种子生产，都应严格执行"中华人民共和国国家标准——作物种子生产技术规程"。

5. 改善环境条件与栽培技术

改善作物生育条件，采用科学的管理措施可以提高种子质量、延缓品种退化速度。

六、　课后训练

进行作物制种的防杂保纯操作，并写出总结报告。

任务二　常规作物种子田去杂去劣

一、　任务描述

大田作物种子生产田经常会伴生许多其他作物及杂草，会影响种子生产的质量、产量，要及时干净彻底清除田间其他作物及杂草提高种子质量。

二、　任务目标

掌握作物的基本特征特性，辨别杂株劣株的特征特性，准确掌握去杂去劣的时机，及时去杂去劣。

三、 任务实施

（一）实施条件

大豆、小麦、水稻常规种子繁殖田及镰刀、铁锹、布袋等。

（二）实施过程

简述常规作物种子田去杂去劣基本过程，开展去杂去劣技能大比武，总结实战去杂去劣技术。

① 熟悉繁育材料的典型性状：结合当地实际，田间或实验室内掌握所繁育材料的典型特征特性。

② 根据繁育材料确定去杂去劣的时期：结合当地具体情况、气象条件和所繁育材料特点，确定常规作物制种田去杂、去劣的时期。

③ 分析识别杂株、劣株的主要特征特性：结合常规作物制种田中杂株、劣株的特点识别。

④ 及时、彻底拔除并按规定处理杂株、劣株：分组或每个学生分一定面积的常规作物制种田，及时彻底拔除田间杂株、劣株，要求不能有残留，并按要求带出田外销毁或就地掩埋处理。

四、 任务考核

项目	重点考核内容	考核标准	分值
常规大田作物去杂去劣	混杂退化原因	能依据混杂退化原因采取预防措施	20
	去杂去劣	依据品种固有的特征特性进行去杂去劣	20
	作物种子生产技术	掌握作物种子生产技术规程	60
分数合计		100	

五、 相关理论知识

（一）常规水稻种子田去杂去劣

常规水稻属自花授粉作物，种子内部基因型一致，一个品种就是一个纯系，所以稻农可以连年留种。但一个优良水稻品种经多年种植就会混杂、退化，其主要表现为生长高矮不整齐，容易倒伏，穗变小，码子变稀，抗病力减弱，易落粒，成熟不一致，米质变差，出米率减少和出现红米等，总的趋势是产量降低，品质变劣。因此，需要不断地进行提纯复壮，保持纯度和种性，才能持续高产稳产。

提纯复壮技术如下。

1. 防混杂

为了保持良种的种性，在水稻生产栽培和良种繁殖的过程中，应严防机械混杂和生物混杂，注意去杂去劣，延缓良种使用年限。一般混杂退化的种子减产 5%～10% 以上，所以提醒稻农自己选留稻种和防止混杂是重要的一环。

2. 片选法

片选法可以在品种纯度较高的水稻生产田或种子田进行。片选田块越早确定越好，以便注意防止混杂和加强田间管理，最晚在出穗后成熟前，选择整齐一致无病虫的田块，进行去杂去劣，拔除病株、劣株，成熟后单收、单打、单藏，作为下年用种。

3. 穗选法

穗选法是一种简单有效的水稻品种提纯复壮方法。穗选一般于水稻成熟时收割前，在品种纯度较高、栽培管理水平较好的田块进行。根据品种特征特性，选择典型穗，要防止见大穗就选的倾向。选出的穗扎成把、挂起风干，经脱谷后，妥善保管，留下年种子田用。

4. 扩大繁殖

片选、穗选的种子如不够生产用种应扩大繁殖，选择条件较好的地段作种子田，一个品种应连片种植，附近的田块也应种植同一品种，以减少天然杂交和机械混杂。生育期间进行去杂去劣，加强田间管理，秋后单收单打，作为下年生产用种。以上技术适用于稻农自选自留自用。

（二）常规小麦种子田去杂去劣

① 对留种用的田块，一般应在苗期、抽穗期和收获前几天分三次进行去杂去劣。主要根据被选品种的株高、穗型、芒的有无或长短、颖壳颜色、粒色、抽穗期和成熟期以及抗病虫能力等方面进行。发现杂穗后，一定要连根拔除，防止遗漏小杂穗。

② 采用合适的选种方法。对于选种经验不足的，宜采用片选法。即选择品种纯度较高、生长较整齐的田块进行去杂去劣，把杂穗、杂草、其他作物、病虫危害的植株等全部拔除，运出田外，然后单打单收，留作种用。对于选种技术较高者，可采用穗选法。即在小麦成熟后选择符合原品种典型性状和没有病虫危害的穗子，混合脱粒，单晒单存，留作繁殖田用种。

③ 田间去杂。种子的质量核心是品种的高纯度、高质量，从种到收到贮藏，必须仔细把关。

a. 苗期田间去杂，于冬前到来年返青拔节前进行，识别苗相、叶色等形态，凡是有异者拔除，全田拉网式 1～2 遍。

b. 抽穗期田间去杂，主要看抽穗过于早或晚，结合品种株型、叶姿，有异者带根拔除。

c. 成熟前田间去杂，在进行以上两次去杂后，还要严格去杂 1～2 次，主要看植株高低、穗形、落色。

禾本科杂草，如节节麦、野燕麦、大麦等应尽早拔除，即在收获前田间验收前彻底清除。

（三）常规大豆种子田去杂去劣

大豆是自花授粉作物，由于机械混杂、不良的气候条件和栽培条件，以及天然杂交等原因，常常造成种性变劣。所以，不能长期使用自交种子，应每三年更换一次种子。因此，必须坚持提纯复壮，搞好良种繁育工作，才能保持优良品种的种性。

大豆品种的提纯复壮方法如下。

① 株系选择　大豆提纯复壮常用的方法是由单株选择、株系鉴定、混合高倍繁殖三个步骤组成。分设单株选择圃、株系比较圃、混合繁殖圃 3 个场圃。

a. 单株选择圃　选择典型优良单株进行考种，单株脱粒。淘汰与原品种粒色、粒形、脐色等性状不一致的单株。

b. 株系鉴定圃　每 1 单株种成 1 行（株系）。淘汰与原品种不一致的株系。种植设计可采用每隔 10～20 行种 1 对照行（原品种）的方式，入选株系，作下一年繁殖种。

c. 混合繁殖圃　把上述经株系鉴定、混合收获的种子等距稀植点播，进行高倍繁殖。经以上 3 圃产生的种子，称作提纯复壮的超级原种。

② 混合选种　在大豆成熟时，选择一定数量具备该品种典型性状的健壮优良单株，再

经室内严格复选，混合脱粒，单独保存，作为下一年繁殖田用种。繁殖田采用先进栽培管理措施，并严格去杂去劣。

③ 一株传　选择具有原品种典型性状的优良单株，对其后代作精细培育繁殖。此法由单系收获种子扩大繁殖，年限较株系选择法稍长些。

在整个生育期间，根据形态性状，在苗期、花期、成熟期，严格去杂去劣。成熟后，适时收割，严格抓好收获、脱粒等易造成机械混杂的几个环节。

六、 课后训练

学生以当地某一作物为例进行作物繁种田的防杂保纯操作，并写出总结报告。

任务三　杂交作物种子田去杂去劣

一、 任务描述

杂交作物种子若发生自交等生物学混杂非常容易引起种子质量变劣，识别出种子田中作物的基本特征特性，其他作物及杂草的外观特征，科学去杂去劣，对于保证种子质量，提高生产产量具有很大的作用。

二、 任务目标

比较作物的基本特征特性，掌握杂株劣株的外观特征特性，科学去杂去劣。

三、 任务实施

（一） 实施条件

玉米、高粱、水稻杂交制种田，镰刀、铁锹、布袋等工具。

（二） 实施过程

简述杂交作物种子田去杂去劣基本过程，开展去杂去劣技能大比武，总结实战去杂去劣技术。

① 熟悉繁育材料的典型性状：结合当地实际，田间或实验室内掌握所繁育材料的典型特征特性。

② 根据繁育材料确定去杂去劣的时期：结合当地具体情况、气象条件和所繁育材料特点，确定常规作物制种田去杂、去劣的时期。

③ 分析识别杂株、劣株的主要特征特性：结合常规作物制种田中杂株、劣株的特点识别。

④ 及时、彻底拔除并按规定处理杂株、劣株：分组或每个学生分一定面积的常规作物制种田，及时彻底拔除田间杂株、劣株，要求不能有残留，并按要求带出田外销毁或就地掩埋处理。

四、 任务考核

项目	重点考核内容	考核标准	分值
杂交作物种子田去杂去劣	杂交作物特征特性	掌握玉米、高粱、水稻的特征特性	20
	去杂去劣	依据品种固有的特征特性进行去杂去劣	20
	作物杂交种去杂去劣技术	制订作物杂交种去杂去劣技术方案	60
分数合计	100		

五、　相关理论知识

（一）玉米杂交制种田去杂去劣，可采取以下措施

去杂保质、播种前去杂根据原种种子的粒型、粒色，剔除杂粒、异型粒，并且捡掉霉粒、病粒、碎粒、虫粒和过小籽粒。

苗期去杂综合间（定）苗进行，根据 1～3 叶叶形、叶色和茎基部叶鞘色以及幼苗生长势表现，将不符合典型性状的杂株、怀疑株、病劣株一起拔除。

拔节期去杂可根据植株高度、生长势、叶色、叶形及宽窄、长短、株型等性状，拔除不符合典型性状的植株。同时也要拔除病劣株。

散粉前去杂这是去杂较难的一关，因此要逐行逐株观察，尤其是父本行要认真严格地观察。可通过株型、株高、叶色、叶片、开张度、叶形及长短、宽窄以及抽雄早晚、雄穗形状、分枝数、护颖颜色来鉴别，及时去杂。抽雄：保质抽雄要做到及时、彻底、干净，抽雄是制种成败的关键。制种田内母株雄穗一定要在散粉前拔除，母本抽雄要做到一穗不漏，保证抽雄及时、彻底、干净。抽雄时期与方法：对于雄穗抽出才开始散粉的自交系，可以等雄穗抽出 1/3 左右，用手能握住时拔除。对于散粉快而且早、雄穗露头或在顶叶内即开始散粉的母本自交系，需采取捏苞带叶抽雄办法。

水肥保质：在生长期内要加强制种田的水肥管理，掌握好植株的需水需肥期。有条件的最好浇播前水，施足底肥，同时配种肥，力保苗全、苗齐、苗壮。及时追肥、灌水，以满足植株生长发育阶段的肥水需要，特别是拔节期、抽雄期、孕穗期要施足水肥。

防治病虫害：保质制种田中常见的害虫有蛴螬、地老虎、玉米螟、红蜘蛛等，常见的病害有青枯病、黑粉病、茎腐病、丝黑穗、叶斑病等，这些病虫害的发生对玉米种子的产量和质量都有重要的影响，是制约玉米种子优质高产的重要因素。因此在制种中要做到早发现，积极采取物理、化学及生物、农业防治等方法，协调运用，综合防治。

收获期保质：掌握适宜的收获期。玉米种子的适宜收获期一般是在 80％ 以上植株种子出现黑色层及品种特有的粒色、粒型，也就是在蜡熟期开始收获。进行田间晾晒，加速脱水。在收获前，一定要使玉米果穗脱水，以防果穗发霉腐烂。可以采取站秆扒皮晾晒和折株扒皮晾晒两种方法，进行田间脱水。

（二）高粱杂交制种田去杂去劣，可采取以下措施

去杂去劣：不育系只能靠异株花粉结实。因此亲本中的杂株或保持系对繁制种质量影响特别大。为提高质量，获得纯正的种子，一定要把握"去杂务早、去杂务尽"的原则，做到及时彻底。

第一次去杂结合间苗定苗进行，此次做得彻底，不仅能减少以后去杂的工作量，更重要的是能保证繁殖制种田的留苗数，提高产量。苗期去杂主要依据亲本特征进行。如黑龙 11A，幼苗根茎为紫红色，三叶前叶片为紫色，可将根茎为绿色的植株全部拔除。

第二次去杂在拔节后进行，将生长茂盛、叶宽茎粗的植株拔除。

第三次去杂在开花初期进行，去除异型株和不育系中的散粉株（保持系）。

第四次去杂在收获脱粒时进行，淘汰粒色、穗型不同的穗子。

（三）水稻杂交制种田去杂去劣，可采取以下措施

第一次去杂结合水稻插秧进行，不育系插秧要单本插秧，去杂应做得彻底，不仅能减少以后去杂的工作量，更重要的是能保证繁殖制种田的留苗数，提高产量。苗期去杂主要依据

亲本特征进行。

第二次去杂在拔节后进行，将生长茂盛、叶宽茎粗的植株拔除。

第三次去杂在开花初期进行，去除异型株和不育系中的散粉株（保持系）。

第四次去杂在收获脱粒时进行，淘汰粒色、穗型不同的植株。

六、 课后训练

学生设计一种作物杂交制种田去杂去劣的技术方案。

任务四　扦样

一、 任务描述

作物种子进行扦样是种子质量检验的基础，熟悉各种扦样器及分样器（自动分样）的构造并能正确使用，会划分种子批进行正确扦样，能有效地保证扦样的代表性，准确地进行种子检验，保证作物丰产丰收。

二、 任务目标

掌握作物种子批的划分方法，掌握作物种子扦样方法，熟悉各种扦样器和分样器的构造和使用方法。

三、 任务实施

（一） 实施条件

各种作物的种子，扦样器（单管扦样器、双管扦样器、长柄短筒圆锥形扦样器、圆锥形扦样器）、钟鼎式（圆锥形）分样器、横格式分样器、天平、分样板、样品罐或样品袋、封条等各种工具。

（二） 实施过程

① 识别各种扦样器。

② 正确划分种子批，确定扦样数量。

③ 扦取初次样品。

④ 分取送检样品。

四、 任务考核

项目	重点考核内容	考核标准	分值
扦样	袋装种子扦样技术	掌握袋装种子扦样技术	40
	散堆种子扦样技术	掌握散堆种子扦样技术	40
	种子扦样单填报	正确填报种子扦样单	20
分数合计		100	

五、 相关理论知识

扦样只能由受过扦样训练、具有实践经验的扦样员（检验员）担任，按如下规定扦取样品。

（一） 扦样前的准备

扦样员（检验员）应向种子经营、生产、使用单位了解该批种子堆装混合、贮藏过程中有关种子质量的情况。

（二）划分种子批

1. 种子批的大小

一批种子不得超过表 5-1 所示的重量，其容许差距为 5%。若超过规定重量时，须分成几批，分别给以批号。

表 5-1　农作物种子批的最大重量和样品最小重量

种（变种）名	学名	种子批的最大重量/kg	样品最小重量/g		
			送验样品	净度分析试样	其他植物种子计数试样
1. 洋葱	*Allium cepa* L.	10 000	80	8	80
2. 葱	*Allium fistulosum* L.	10 000	50	5	50
3. 韭葱	*Allium porrum* L.	10 000	70	7	70
4. 细香葱	*Allium schoenoprasum* L.	10 000	30	3	30
5. 韭菜	*Allium tuberosum* Rottl. Ex Spreng.	10 000	100	10	100
6. 苋菜	*Amaranthus tricolor* L.	5 000	10	2	10
7. 芹菜	*Apium graveolens* L.	10 000	25	1	10
8. 根芹菜	*Apium graveolens* L.	10 000	25	1	10
9. 花生	*Arachis hypogaea* L.	25 000	1 000	1 000	1 000
10. 牛蒡	*Arctium lappa* L.	10 000	50	5	50
11. 石刁柏	*Asparagus officinalis* L.	20 000	1 000	100	1 000
12. 紫云英	*Astragalus sinicus* L.	10 000	70	7	70
13. 裸燕麦（莜麦）	*Avena nuda* L.	25 000	1 000	120	1 000
14. 普通燕麦	*Avena sativa* L.	25 000	1 000	120	1 000
15. 落葵	*Basella spp.* L.	10 000	200	60	200
16. 冬瓜	*Benincasa hispida*	10 000	200	100	200
17. 节瓜	*Benincasa hispida* Cogn.	10 000	200	100	200
18. 甜菜	*Beta vulgaris* L.	20 000	500	50	500
19. 叶甜菜	*Beta vulgaris var.* Cicla	20 000	500	50	500
20. 根甜菜	*Beta vulgaris var.* Rapacea	20 000	500	50	500
21. 白菜型油菜	*Brassica campestris* L.	10 000	100	10	100
22. 不结球菜（包括白菜、乌塌菜、紫菜薹、薹菜、菜薹）	*Brassica campestris* L. ssp. chinensis(L.)	10 000	100	10	100
23. 芥菜型油菜	*Brassica juncea* Czern. Et Coss.	10 000	40	4	40
24. 根用芥菜	*Brassica juncea* Coss.	10 000	100	10	100
25. 叶用芥菜	*Brassica juncea* Coss. var. Foliosa	10 000	40	4	40
26. 茎用芥菜	*Brassica juncea* Coss.	10 000	40	4	40
27. 甘蓝型油菜	*Brassica napus* L.	10 000	100	10	100
28. 芥蓝	*Brassica oleracea* L. *var. alboglabra* Bailey	10 000	100	10	100
29. 结球甘蓝	*Brassica oleracea* L. *var. capitata* L.	10 000	100	10	100
30. 球茎甘蓝（苤蓝）	*Brassica oleracea* L. *var.* caulorapa DC.	10 000	100	10	100
31. 花椰菜	*Brassica oleracea* L. *var. bortytis* L.	10 000	100	10	100
32. 抱子甘蓝	*Brassica oleracea* L. *var. gemmifera* Zenk.	10 000	100	10	100
33. 青花菜	*Brassica oleracea* L. *var. italica* Plench	10 000	100	10	100
34. 结球白菜	*Brassica campestris* L. ssp. pekinensis(Lour.) Olsson	10 000	100	4	40
35. 芜菁	*Brassica rapa* L.	10 000	70	7	70
36. 芜菁甘蓝	*Brassica napobrassica* Mill.	10 000	70	7	70
37. 木豆	*Cajanus cajan*（L.）Millsp.	20 000	1 000	300	1 000
38. 大刀豆	*Canavalia gladiata*（Jacq.）DC.	20 000	1 000	1 000	1 000
39. 大麻	*Cannabis sativa* L.	10 000	600	60	600
40. 辣椒	*Capsicum frutescens* L.	10 000	150	15	150

续表

种（变种）名	学名	种子批的最大重量/kg	样品最小重量/g		
			送验样品	净度分析试样	其他植物种子计数试样
41. 甜椒	*Capsicum frutescens* var. grossum	10 000	150	15	150
42. 红花	*Carthamus tinctorius* L.	25 000	900	90	900
43. 茼蒿	*Chrysanthemum coronarium*	5 000	30	8	30
44. 西瓜	*Citrullus lanatus*. (Thunb.) Matsum. et Nakai	20 000	1 000	250	1 000
45. 薏苡	*Coix lacryna-jobi* L.	5 000	600	150	600
46. 圆果黄麻	*Corchorus capsularis* L.	10 000	150	15	150
47. 长果黄麻	*Corchorus olitorius* L.	10 000	150	15	150
48. 芫荽	*Coriandrum sativum* L.	10 000	400	40	400
49. 柽麻	*Crotalaria juncea* L.	10 000	700	70	700
50. 甜瓜	*Cucumis melo* L.	10 000	150	70	150
51. 越瓜	*Cucumis melo* L. var. conomon Makino	10 000	150	70	150
52. 菜瓜	*Cucumis melo* L. var. Flexuosus Naud.	10 000	150	70	150
53. 黄瓜	*Cucumis sativus* L.	10 000	150	70	150
54. 笋瓜（印度南瓜）	*Cucurbita maxima*. Duch. ex Lam	20 000	1 000	700	1 000
55. 南瓜（中国南瓜）	*Cucurbita moschata* (Duchesne) Duchesne ex Poiret	10 000	350	180	350
56. 西葫芦（美洲南瓜）	*Cucurbita pepo* L.	20 000	1 000	700	1 000
57. 瓜尔豆	*Cyamopsis tetragonoloba* (L.) Taubert	20 000	1 000	100	1 000
58. 胡萝卜	*Daucus carota* L.	10 000	30	3	30
59. 扁豆	*Dolichos lablab* L.	20 000	1 000	600	1 000
60. 龙爪稷	*Eleusine coracana* (L.) Gaertn.	10 000	60	6	60
61. 甜荞	*Fagopyrum esculentum* Moench	10 000	600	60	600
62. 苦荞	*Fagopyrum tataricum* (L.) Gaertn.	10 000	500	50	500
63. 茴香	*Foeniculum vulgare* Miller	10 000	180	18	180
64. 大豆	*Glycine max* (L.) Merr.	25 000	1 000	500	1 000
65. 棉花	*Gossypium spp.*	25 000	1 000	350	1 000
66. 向日葵	*Helianthus annuus* L.	25 000	1 000	200	1 000
67. 红麻	*Hibiscus cannabinus* L.	10 000	700	70	700
68. 黄秋葵	*Hibiscus esculentus* L.	20 000	1 000	140	1 000
69. 大麦	*Hordeum vulgare* L.	25 000	1 000	120	1 000
70. 蕹菜	*Ipomoea aquatica* Forsskal	20 000	1 000	100	1 000
71. 莴苣	*Lactuca sativa* L.	10 000	30	3	30
72. 瓠瓜	*Lagenaria siceraria* (Molina) Standley	20 000	1 000	500	1 000
73. 兵豆（小扁豆）	*Lens culinaris* Medikus	10 000	600	60	600
74. 亚麻	*Linum usitatissimum* L.	10 000	150	15	150
75. 棱角丝瓜	*Luffa acutangula* (L.) Roxb.	20 000	1 000	400	1 000
76. 普通丝瓜	*Luffa cylindrica* (L.) Roem.	20 000	1 000	250	1 000
77. 番茄	*Lycopersicon lycopersicum* (L.) Karsten	10 000	15	7	15
78. 金花菜	*Medicago polymor pha* L.	10 000	70	7	70
79. 紫花苜蓿	*Medicago sativa* L.	10 000	50	5	50
80. 白香草木樨	*Melilotus albus* Desr.	10 000	50	5	50
81. 黄香草木樨	*Melilotus officinalis* (L.) Pallas	10 000	50	5	50
82. 苦瓜	*Momordica charantia* L.	20 000	1 000	450	1 000
83. 豆瓣菜	*Nasturtium officinale* R. Br.	10 000	25	0.5	5
84. 烟草	*Nicotiana tabacum* L.	10 000	25	0.5	5
85. 罗勒	*Ocimum basilicum* L.	10 000	40	4	40
86. 稻	*Oryza sativa* L.	25 000	400	40	400
87. 豆薯	*Pachyrhizus erosus* (L.) Urban	20 000	1 000	250	1 000

续表

种（变种）名	学名	种子批的最大重量/kg	样品最小重量/g		
			送验样品	净度分析试样	其他植物种子计数试样
88. 黍（糜子）	*Panicum miliaceum* L.	10 000	150	15	150
89. 美洲防风	*Pastinaca sativa* L.	10 000	100	10	100
90. 香芹	*Petroselinum crispum*（Miller）Nyman ex A. W. Hill	10 000	40	4	40
91. 多花菜豆	*Phaseolus multiflorus* Willd.	20 000	1 000	1 000	1 000
92. 利马豆（菜豆）	*Phaseolus lunatus* L.	20 000	1 000	1 000	1 000
93. 菜豆	*Phaseolus vulgaris* L.	25 000	1 000	700	1 000
94. 酸浆	*Physalis pubescens* L.	10 000	25	2	20
95. 茴芹	*Pimpinella anisum* L.	10 000	70	7	70
96. 豌豆	*Pisum sativum* L.	25 000	1 000	900	1 000
97. 马齿苋	*Portulaca oleracea* L.	10 000	25	0.5	5
98. 四棱豆	*Psophocar pus tetragonolobus*（L.）DC.	25 000	1 000	1 000	1 000
99. 萝卜	*Raphanus sativus* L.	10 000	300	30	300
100. 食用大黄	*Rheum rhaponticum* L.	10 000	450	45	450
101. 蓖麻	*Ricinus communis* L.	20 000	1 000	500	1 000
102. 鸦葱	*Scorzonera hispanica* L.	10 000	300	30	300
103. 黑麦	*Secale cereale* L.	25 000	1 000	120	1 000
104. 佛手瓜	*Sechium edule*（Jacp.）Swartz	20 000	1 000	1 000	1 000
105. 芝麻	*Sesamum indicum* L.	10 000	70	7	70
106. 田菁	*Sesbania cannabina*（Retz.）Pers.	10 000	90	9	90
107. 粟	*Setaria italica*（L.）Beauv.	10 000	90	9	90
108. 茄子	*Solanum melongena* L.	10 000	150	15	150
109. 高粱	*Sorghum bicolor*（L.）Moench	10 000	900	90	900
110. 菠菜	*Spinacia oleracea* L.	10 000	250	25	250
111. 黎豆	*Stizolobium ssp.*	20 000	1 000	250	1 000
112. 番杏	*Tetragonia*	20 000	1 000	200	1 000
113. 婆罗门参	*Tragopogon porrifolius* L.	10 000	400	40	400
114. 小黑麦	*X Triticosecale* Wittm.	25 000	1 000	120	1 000
115. 小麦	*Triticum aestivum* L.	25 000	1 000	120	1 000
116. 蚕豆	*Vicia faba* L.	25 000	1 000	1 000	1 000
117. 箭舌豌豆	*Vicia sativa* L.	25 000	1 000	140	1 000
118. 毛叶苕子	*Vicia villosa* Roth	20 000	1 080	140	1 080
119. 赤豆	*Vigna angularis*（Willd）Ohwi & Ohashi	20 000	1 000	250	1 000
120. 绿豆	*Vigna radiata*（L.）Wilczek	20 000	1 000	120	1 000
121. 饭豆	*Vigna umbellata*（Thunb.）Ohwi & Ohashi	20 000	1 000	250	1 000
122. 长豇豆	*Vigna unguiculata* W. ssp. esquipedalis（L.）Verd.	20 000	1 000	400	1 000
123. 矮豇豆	*Vigna unguiculata* W. ssp. Unguiculata（L.）Verd.	20 000	1000	400	1000
124. 玉米	*Zea mays* L.	40 000	1000	900	1000

2. 种子批的均匀度

被扦的种子批应在扦样前进行适当混合、掺匀和机械加工处理，使其均匀一致。扦样时，若种子包装物或种子批没有标记或能明显地看出该批种子在形态或文件记录上有异质性的证据时，应拒绝扦样。如对种子批的均匀度发生怀疑，按附录 A（补充件）中所述方法测定异质性。

3. 容器及种子批的标记及封口

种子批的被扦包装物（如袋、容器）都必须封口，并符合 GB 7414～7415 的规定。

被扦包装物应贴有标签或加以标记。

种子批的排列应该使各个包装物或该批种子的各部分便于扦样。

（三）扦取初次样品

1. 袋装扦样法

根据种子批袋装（或容量相似而大小一致的其他容器）的数量确定扦样袋数，表 5-2 的扦样袋数应作为最低要求。

表 5-2　袋装扦样袋（容器）数

种子批的袋数（容器数）	扦取的最低袋数（容器数）
1～5	每袋都扦取，至少扦取 5 个初次样品
6～14	不少于 5 袋
15～30	每 3 袋至少扦取 1 袋
31～49	不少于 10 袋
50～400	每 5 袋至少扦取 1 袋
401～560	不少于 80 袋
561 以上	每 7 袋至少扦取 1 袋

如果种子装在小容器（如金属罐、纸盒或小包装）中，用下列方法扦取。

100kg 种子作为扦样的基本单位。小容器合并组成的重量为 100kg 的作为一个"容器"（不得超过此重量），如小容器为 20kg，则 5 个小容器为一"容器"，并按表 5-2 规定进行扦样。

袋装（或容器）种子堆垛存放时，应随机选定取样的袋，从上、中、下各部位设立扦样点，每个容器只需扦一个部位。不是堆垛存放时，可平均分配，间隔一定袋数扦取。

对于装在小型或防潮容器（如铁罐或塑料袋）中的种子，应在种子装入容器前扦取，否则应把规定数量的容器打开或穿孔取得初次样品。

用合适的扦样器，根据扦样要求扦取初次样品。单管扦样器适用于扦取中小粒种子样品，扦样时用扦样器的尖端先拨开包装物的线孔，再把凹槽向下，自袋角处尖端与水平成 30°向上倾斜地插入袋内，直至到达袋的中心，再把凹槽旋转向上，慢慢拔出，将样品装入容器中。双管扦样器适用于较大粒种子，使用时须对角插入袋内或容器中，在关闭状态插入，然后开启孔口，轻轻摇动，使扦样器完全装满，轻轻关闭，拔出，将样品装入容器中。

扦样所造成的孔洞，可用扦样器尖端对着孔洞相对方向拔几下，使麻线合并在一起，密封纸袋可用粘布粘贴。

2. 散装扦样法

根据种子批散装的数量确定扦样点数，扦样点数见表 5-3。

表 5-3　散装的扦样点数

种子批大小/kg	扦样点数
50 以上	不少于 3 点
51～1500	不少于 5 点
1501～3000	每 300kg 至少扦取 1 点
3001～5000	不少于 10 点
5001～20000	每 500kg 至少扦取 1 点
20001～28000	不少于 40 点
28001～40000	每 700kg 至少扦取 1 点

散装扦样时应随机从各部位及深度扦取初次样品。每个部位扦取的数量应大体相等。

使用长柄短筒圆锥形扦样器时，旋紧螺丝，再以 30°的斜度插入种子堆内，到达一定深度后，用力向上一拉，使活动塞离开进谷门，略微振动，使种子掉入，然后抽出扦样器。双管扦样器垂直插入，操作方法如同袋装扦样（见表 5-3）。圆锥形扦样器垂直或略微倾斜插入种子堆中，压紧铁轴，使套筒盖盖住套筒，达到一定深度后，拉上铁轴，使套筒盖升起，略微振动，然后抽出扦样器。

（四）配制混合样品

如初次样品基本均匀一致，则可将其合并混合成混合样品。

（五）送验样品的取得

1. 送验样品的重量

按表 5-1 送验样品规定的最小重量。但大田作物和蔬菜种子的特殊品种、杂交种等的种子批可以例外，较小的送验样品数量是允许的。如果不进行其他植物种子的数目测定，送验样品至少达到表 5-1 净度分析所规定的试验样品的重量，并在结果报告单上加以说明。

2. 送验样品的分取

送验样品可将混合样品减到规定的数量。若混合样品的大小已符合规定，即可作为送验样品。

3. 送验样品的处理

样品必须包装好，以防在运输过程中损坏。只有在下列两种情况下，样品应装入防湿容器内：一是供水分测定用的送验样品；二是种子批水分较低，并已装入防湿容器内。在其他情况下，与发芽试验有关的送验样品不应装入密闭防湿容器内，可用布袋或纸袋包装。

样品必须由扦样员（检验员）尽快送到种子检验机构，不得延误。经过化学处理的种子，须将处理药剂的名称送交种子检验机构。每个送验样品须有记号（记号最好能把种子批与样品联系起来），并附有扦样证明书。

4. 实验室分样程序

试验样品的分取：检验机构接到送验样品后，首先将送验样品充分混合，然后用分样器经多次对分法或抽取递减法分取供各项测定用的试验样品，其重量必须与规定重量相一致。

重复样品须独立分取，在分取第一份试样后，第二份试样或半试样须将送验样品一分为二的另一部分中分取。

机械分样器法：使用钟鼎式分样器时应先刷净，样品放入漏斗时应铺平，用手很快拨开活门，使样品迅速下落，再将两个盛接器的样品同时倒入漏斗，继续混合 2～3 次，然后取其中一个盛接器按上述方法继续分取，直至达到规定重量为止。使用横格式分样器时，先将种子均匀地散布在倾倒盘内，然后沿着漏斗长度等速倒入漏斗内。

四分法：将样品倒在光滑的桌上或玻璃板上，用分样板将样品先纵向混合，再横向混合，重复混合 4～5 次，然后将种子摊平成四方形，用分样板划两条对角线，使样品分成 4 个三角形，再取两个对顶三角形内的样品继续按上述方法分取，直到两个三角形内的样品接近两份试验样品的重量为止。

（六）样品保存

送验样品验收合格并按规定要求登记后，应迅速进行检验，如不能及时检验，须将样品保存在凉爽、通风的室内，使质量的变化降到最低限度。

为便于复验，应将保留样品在适宜条件（低温干燥）下保存一个生长周期。

六、 课后训练

能够正确进行作物种子扦样，填写种子扦样报告单。

任务五　种子净度分析

一、 任务描述

种子净度是衡量种子质量的重要指标，样品中除去杂质和其他植物种子后，留下的样本作物的净种子的重量占分析样品总重量的百分率。了解种子批中洁净可利用种子的真实重量、其他植物种子及杂质的种类和含量，为种子清选、质量分级和计算种子利用价提供依据，种子净度分析是保证农业用种种子质量的重要手段。

二、 任务目标

随着种子检验技术的发展，种子净度分析是种子进行纯度分析、发芽率检验、水分检验的首要步骤，能识别净种子、其他植物种子和杂质，掌握种子净度的分析技术，分析结果计算。

三、 任务实施

（一）实施条件

送验样品一份，检验桌、分样器、分样板、套筛、感量0.1 g的台秤、感量0.01 g的天平、感量0.001g的天平或相应的电子天平、小碟或小盘、镊子、小刮板、放大镜、木盘、小毛刷、电动筛选机，净度分析工作台等净度检验工具。

（二）实施过程

1. 送验样品的称重和重型混杂物的检查

① 将送验样品倒在台秤上称重，得出送验样品重量 M。

② 将送验样品倒在光滑的盘中，挑出重型混杂物，在天平上称重，得出重型混杂物的重量 m，并将重型混杂物分开，分别称出其他植物种子重量 m_1 和杂质重量 m_2，m_1 与 m_2 重量之和应等于 m。

2. 试验样品的分取

① 先将送验样品混匀，再用分样器分取试验样品一份，或半试样两份。

② 用天平称出试样或半试样的重量（按规定留取小数位数）。

3. 试样的分析分离

① 选用筛孔适当的两层套筛，要求小孔筛的孔径小于所分析的种子，而大孔筛的孔径大于所分析的种子。使用时将小孔筛套在大孔筛的下面，再把筛底盒套在小孔筛的小面，倒入（半）试样、加盖，置于电动筛选机上或手工筛动两分钟。

② 筛理后将各层筛及底盒中的分离物分别倒在净度分析桌上进行分析鉴定，区分出净种子、其他植物种子、杂质，并分别放入小碟内。

4. 各种分出成分称重

将每份（半）试样的净种子、其他植物种子、杂质分别称重，其称量精确度与试样称重相同。其中，其他植物种子还应分种类计数。

5. 结果计算

① 核查各成分的重量之和与样品原来的重量之差有否超过 5%。

② 计算每一份（半）试样的净种子的百分率（P_1）、其他植物种子的百分率（OS_1）及杂质的百分率（I_1）：

先求出第一份（半）试样的 P_1，OS_1，I_1

$$P_1 = (净种子重量 ÷ 各成分重量之和) × 100$$

$$OS_1 = (其他植物种子重量 ÷ 各成分重量之和) × 100$$

$$I_1 = (杂质重量 ÷ 各成分重量之和) × 100$$

再用同样方法求出第二份（半）试样的 P_1，OS_1，I_1。

若为全试样，则各种组成的百分率应计算到 1 位小数，若为半试样，则各种成分的百分率计算到两位小数。

③ 求出两份（半）试样间 3 种成分的各平均百分率及重复间相应百分率差值，并核对容许差距：见《GB/T 3543·3—1995》表 2。

④ 含重型混杂物样品的最后换算结果的计算：

$$P_2(\%) = P_1 × [(M-m)/M]$$
$$OS_2(\%) = OS_1 × [(M-m)/M] + (m_1/M) × 100$$

$$I_2(\%) = I_1 × [(M-m)/M] + (m_2/M) × 100$$

其中 P_1，OS_1，I_1 分别由分析两份（半）试样所得的净种子，其他植物种子的各平均百分率，而 P_2，OS_2，I_2 分别为最后的净种子、其他植物种子及杂质的百分率。

⑤ 百分率的修约：若原百分率取两位小数，现可经四舍五入保留一位。各成分的百分率相加应为 100.0%，如为 99.9% 或 100.1% 则在最大的百分率上加上或减去不足或超过之数。如果此修约值大于 0.1%，则应该检查计算上有无差错。

6. 其他植物种子数目的测定

① 将取出（半）试样后剩余的送验样品按要求取出相应的数量或全部倒在检验桌上或样品盘内，逐粒进行观察，找出所有的其他植物种子或指定种的种子并计算出每个种子的种子数，再加上（半）试样中相应的种子数。

② 结果计算。可直接用找出的种子粒数来表示，也可折算为每单位试样重量（通常用每千克）内所含种子数来表示：

$$其他植物种子含量(粒/kg) = 其他植物种子数 / 试样种子重量 × 1000$$

7. 填写净度分析的结果报告单

净度分析的最后结果精确到 1 位小数，如果一种成分的百分率低于 0.05%，则填为微量，如果一种成分结果为零，则须填报 "-0.0-"（见下表）。

净度分析结果记载表　　　　　　　　　　　　　　　　　　　　　　样品编号

送验样品		$M = (g)$				
重型混杂物检验		m(重型混杂物)$=(g)$；$m_1=(g)$；$m_2=(g)$				
		净种子	其他植物种子	杂 质	合 计	样品原重	重量差值百分率
第一份（半）试样	重量/g						
	百分率/%						

续表

	送验样品	$M=(g)$			
第二份（半）试样	重量/g				
	百分率/%				
百分率样间差值					
平均百分率					
净度分析结果		$P_2=$ $OS_2=$ $I_2=$			

其他植物种子数测定记载表　　　　　　样品编号

其他植物种子测定	其他植物种子种类和数目							
试样重量/g	名称	粒数	名称	粒数	名称	粒数	名称	粒数
净度（半）试样Ⅰ中								
净度（半）试样Ⅱ中								
剩余部分中								
合计								
或折成每千克粒数								

净度分析结果报告单　　　　　　样品编号

作物名称：	学名：		
成分	净种子	其他植物种子	杂质
百分率/%			
其他植物种子名称及数目或每千克含量（注明学名）			
备注			

四、任务考核

项目	重点考核内容	考核标准	分值
净度分析	区分净种子、杂质	能够正确区分净种子、其他植物种子、杂质	20
	种子样品各种成分称重	能够对净种子、其他植物种子、杂质准确称重	20
	种子净度分析结果报告单	正确填写种子净度分析结果报告单	60
分数合计	100		

五、相关理论知识

净度是指种子清洁干净的程度。净度分析将送验样品分为净种子、其他植物种子和杂质三种成分。以净种子、其他植物种子和杂质占各种成分重量的总和计算的百分率表示。

（1）净种子　是指送验者所叙述的种，包括该种的全部植物学变种和栽培品种。即使是未成熟的、瘦小的、皱缩的、带病的和发过芽的种子单位都应作为净种子。但已经变成菌核、黑穗病孢子团或线虫瘿的不包括在内。

（2）其他植物种子　指除净种子以外的任何植物种子单位，包括杂草种子和异作物种子。其鉴别标准与净种子的标准基本相同。

（3）杂质　指除净种子和其他植物种子外的种子单位和所有其他物质或构成。

六、课后训练

总结作物种子净度分析的操作过程，填写净度分析结果报告单。

任务六　种子发芽试验

一、任务描述

种子发芽试验是用来测定评估种子批的利用价值，种子批的种用价值取决于种子批的净度和发芽率。发芽率高，净度低，可通过清选精选处理。发芽试验是测定种子批的发芽率，进一步比较不同种子批间的播种价值，科学规范化的发芽试验为评价种子批的种用价值提供科学依据。

二、任务目标

通过种子发芽试验的操作，区分正常幼苗和不正常幼苗，计算出种子批的发芽率。

三、任务实施

（一）实施条件

种子批、样品、数粒板、活动数粒板、真空数种器或电子自动数粒仪、发芽箱、发芽室、发芽皿、发芽盘、冰箱、硝酸、硝酸钾、赤霉酸、双氧水等发芽工具。

（二）实施过程

1. 数取试验样品

从经充分混合的净种子中，用数种设备或手工随机数取 400 粒。

通常以 100 粒为一次重复，大粒种子或带有病原菌的种子，可以再分为 50 粒、甚至 25 粒为一副重复。

复胚种子单位可视为单粒种子进行试验，不需弄破（分开），但芜菁例外。

2. 选用发芽床

各种作物的适宜发芽床是：通常小粒种子选用纸床；大粒种子选用砂床或纸间；中粒种子选用纸床、砂床均可。

（1）纸床　纸床包括纸上和纸间。纸上（TP）是将种子放在一层或多层纸上发芽，纸可放在培养皿内。置于光照发芽箱内，箱内的相对湿度接近饱和。纸间（BP）是将种子放在两层纸中间。可用下列方法：另外用一层纸松松地盖在种子上；纸卷，把种子均匀置放在湿润的发芽纸上，再用另一张同样大小的发芽纸覆盖在种子上，然后卷成纸卷，两端用皮筋扣住，竖放。纸间可直接放在保湿的发芽箱盘内。

（2）砂床

① 砂上（TS）：种子压入砂的表面。

② 砂中（S）：种子播在一层平整的湿砂上，然后根据种子大小加盖 10～20mm 厚度的松散砂。

（3）土壤　当在纸床上幼苗出现植物中毒症状或对幼苗鉴定发生怀疑时，为了比较或有某些研究目的，才采用土壤作为发芽床。

3. 置床培养

按要求，将数取的种子均匀地排在湿润的发芽床上，粒与粒之间应保持一定的距离。在培养器具上贴上标签，按规定的条件进行培养。发芽期间要经常检查温度、水分和通气状况。如有发霉的种子应取出冲洗，严重发霉的应更换发芽床。

4. 控制发芽条件

（1）水分和通气　根据发芽床和种子特性决定发芽床的加水量。如砂床加水为其饱和含水量的 60%～80%（禾谷类等中小粒种子为 60%，豆类等大粒种子为 80%）；如纸床，吸足水分后，沥去多余水即可；如用土壤作发芽床，加水至手握土粘成团，再手指轻轻一压就碎为宜。发芽期间发芽床必须始终保持湿润。发芽应使种子周围有足够的空气，注意通气。尤其是在纸卷和砂床中应注意：纸卷须相当疏松；用砂床和土壤试验时，覆盖种子的砂或土壤不要紧压。

（2）温度　发芽应在规定的温度内进行，发芽器、发芽箱、发芽室的温度在发芽期间应尽可能一致。规定的温度为最高限度，有光照时，应注意不应超过此限度。仪器的温度变幅不应超过±1℃。

当规定用变温时，通常应保持低温 16h 及高温 8h。对非休眠的种子，可以在 3h 内逐渐变温。如是休眠种子，应在 1h 或更短时间内完成急剧变温或将试验移到另一个温度较低的发芽箱内。

（3）光照　大多数品种的种子可在光照或黑暗条件下发芽，但一般采用光照。需光种子的光照强度为 750～1250 勒克司（lx），如在变温条件下发芽，光照应在 8h 高温时进行。

5. 休眠种子和处理

当试验结束还存在硬实或新鲜不发芽的种子时，可采用下列一种或几种方法进行处理。

（1）破除生理休眠的方法

① 预先冷冻　试验前，将各重复种子放在湿润的发芽床上，在 5～10℃之间进行预冷处理，如麦类在 5～10℃处理 3d，然后在规定温度下进行发芽。

② 硝酸处理　水稻休眠种子可用硝酸溶液 $[c(HNO_3)=0.1mol/L]$ 浸种 16～24h，然后置床发芽。

③ 硝酸钾处理　硝酸钾处理适用于禾谷类、茄科等作物种子。发芽开始时，发芽床可用 0.2%（质量浓度）的硝酸钾溶液湿润。在试验期间，水分不足时可加水湿润。

④ 赤霉酸（GA3）处理　燕麦、大麦、黑麦和小麦种子用 0.05%（质量浓度）GA3 溶液湿润发芽床。当休眠较浅时用 0.02%（质量浓度）浓度，当休眠深时须用 0.1%（质量浓度）浓度。芸苔属可用 0.01% 或 0.02%（质量浓度）浓度的溶液。

⑤ 双氧水处理　可用于小麦、大麦和水稻休眠种子的处理。用浓双氧水 [29%（体积分数）] 处理时：小麦浸种 5min，大麦浸种 10～20min，水稻浸种 2h。用淡双氧水处理时，小麦用 1%（体积分数）浓度，大麦用 1.5%（体积分数）浓度，水稻用 3%（体积分数）浓度，均浸种 24h。用浓双氧水处理后，须马上用吸水纸吸去沾在种子上的双氧水，再置床发芽。

⑥ 去稃壳处理　水稻用出糙机脱去稃壳；有稃大麦剥去胚部稃壳（外稃）；菠菜剥去果皮或切破果皮；瓜类嗑开种皮。

⑦ 加热干燥 将发芽试验的各重复种子放在通气良好的条件下干燥，种子摊成一薄层。各种作物种子加热干燥的温度和时间见表 5-4。

表 5-4 各种作物种子加热干燥的温度和时间

作物名称	温度/℃	时间/d	作物名称	温度/℃	时间/d
大麦,小麦	30～35	3～5	向日葵	30	7
高粱	30	2	棉花	40	1
水稻	40	5～7	烟草	30～40	7～10
花生	40	14	胡萝卜、芹菜、菠菜、洋葱、黄瓜、甜瓜、西瓜	30	3～5
大豆	30	0.5			

（2）破除硬实的方法

① 开水烫种 适用于棉花和豆类的硬实，发芽试验前将种子用开水烫种 2min，再行发芽。

② 机械损伤 小心地把种皮刺穿、削破、锉伤或砂皮纸摩擦。豆科硬实可用针直接刺入子叶部分，也可用刀片切去部分子叶。

（3）除去抑制物质的方法 甜菜、菠菜等种子单位的果皮或种皮内有发芽抑制物质时，可把种子浸在温水或流水中预先洗涤，甜菜复胚种子洗涤 2h，遗传单胚种子洗涤 4h，菠菜种子洗涤 1～2h。然后将种子干燥，干燥最高温度不得超过 25℃。

6. 幼苗鉴定

（1）试验持续时间 如果样品在规定试验时间内只有几粒种子开始发芽，则试验时间可延长 7d，或延长规定时间的一半。根据试验情况，可增加计数的次数。反之，如果在规定试验时间结束前，样品已达到最高发芽率，则该试验可提前结束。

（2）鉴定 每株幼苗都必须按附录 A（补充件）规定的标准进行鉴定。鉴定要在主要构造已发育到一定时期进行。根据种的不同，试验中绝大部分幼苗应达到：子叶从种皮中伸出（如莴苣属）、初生叶展开（如菜豆属）、叶片从胚芽鞘中伸出（如小麦属）。尽管一些种如胡萝卜属在试验末期，并非所有幼苗的子叶都从种皮中伸出，但至少在末次计数时，可以清楚地看到子叶基部的"颈"。

在计数过程中，发育良好的正常幼苗应从发芽床中拣出，对可疑的或损伤、畸形或不均衡的幼苗，通常到末次计数。严重腐烂的幼苗或发霉的种子应从发芽床中除去，并随时增加计数。

复胚种子单位作为单粒种子计数，试验结果用至少产生一个正常幼苗的种子单位的百分率表示。当送验者提出要求时，也可测定 100 个种子单位所产生的正常幼苗数，或产生一株、两株及两株以上正常幼苗的种子单位数。

7. 重新试验

当试验出现下列情况的，应重新试验。

① 怀疑种子有休眠（即有较多的新鲜不发芽种子），可采用打破休眠的方法再进行试验，将得到的最佳结果填报，应注明所用的方法。

② 由于真菌或细菌的蔓延而使试验结果不一定可靠时，可采用砂床或土壤进行试验。如有必要，应增加种子之间的距离。

③ 当正确鉴定幼苗数有困难时，可采用多种方法在砂床或土壤上进行重新试验。

④ 当发现实验条件、幼苗鉴定或计数有差错时，应采用同样方法进行重新试验。

⑤ 当100粒种子重复间的差距超过表5-5最大容许差距时，应采用同样的方法行重新试验。如果第二次结果与第一次结果相一致，即其差异不超过容许差距，则将两次试验的平均数填报在结果单上。如果第二次结果与第一次结果不相符合，其差异超过容许差距，则采用同样的方法进行第三次试验，填报符合要求的结果平均数。

表 5-5 同一发芽试验四次重复间的最大容许差距

（2.5%显著水平的两尾测定）

平均发芽率		最大容许差距	平均发芽率		最大容许差距
50%以上	50%以下		50%以上	50%以下	
99	2	5	87～88	13～14	13
98	3	6	84～86	15～17	14
97	4	7	81～83	18～20	15
96	5	8	78～80	21～23	16
95	6	9	73～77	24～28	17
93～94	7～8	10	67～72	29～34	18
91～92	9～10	11	56～66	35～45	19
89～90	11～12	12	51～55	46～50	20

8. 结果计算和表示

试验结果以粒数的百分率表示。当一个试验的四次重复（每个重复以100粒计，相邻的副重复合并成100粒的重复）正常幼苗百分率都在最大容许差距内（表5-6～表5-8），则其平均数表示发芽百分率。不正常幼苗、硬实、新鲜不发芽种子和死种子的百分率按四次重复平均数计算。正常幼苗、不正常幼苗和未发芽种子百分率的总和必须为100，平均数百分率修约到最近似的整数，修约0.5进入最大值中。

表 5-6 同一或不同实验室来自相同或不同送验样品间发芽试验的容许差距

（2.5%显著水平的两尾测定）

平均发芽率		最大容许差距	平均发芽率		最大容许差距
50%以上	50%以下		50%以上	50%以下	
98～99	2～3	2	77～84	17～24	6
95～97	4～6	3	60～76	25～41	7
91～94	7～10	4	51～59	42～50	8
85～90	11～16	5			

表 5-7 同一或不同实验室不同送验样品间发芽试验的容许差距

（5%显著水平的一尾测定）

平均发芽率		最大容许差距	平均发芽率		最大容许差距
50%以上	50%以下		50%以上	50%以下	
99	2	2	82～86	15～19	7
97～98	3～4	3	76～81	20～25	8
94～95	5～7	4	70～75	26～31	9
91～93	8～10	5	60～69	32～41	10
87～90	11～14	6	51～59	42～50	11

表 5-8　发芽试验与规定值比较的容许误差

（5%显著水平的一尾测定）

规定发芽率		容许差距	规定发芽率		容许差距
50%以上	50%以下		50%以上	50%以下	
99	2	1	80～86	15～21	5
96～98	3～5	2	71～79	22～30	6
92～95	6～9	3	58～70	31～43	7
87～91	10～14	4	51～57	44～50	8

9. 结果报告

填报发芽结果时，须填报正常幼苗、不正常幼苗、硬实、新鲜不发芽种子和死种子的百分率。假如其中任何一项结果为零，则将符号"-0-"填入该格中。

同时还须填报采用的发芽床和温度、试验持续时间以及为促进发芽所采用的处理方法。

四、　任务考核

项目	重点考核内容	考核标准	分值
发芽试验	发芽床类型	正确选择发芽床	30
	发芽管理	发芽过程中温度湿度控制	30
	幼苗鉴定	正常与不正常幼苗鉴定	30
	种子发芽试验结果报告单	正确填写种子发芽试验结果报告单	10
分数合计		100	

五、　相关理论知识

种子发芽需要足够的水分、适宜的温度、充足的氧气，某些植物的种子还需要光照或黑暗。种子发芽力是指种子在适宜条件下发芽并长成正常幼苗的能力，常用发芽势和发芽率表示。种子发芽势是指种子在发芽试验初期（规定的条件和日期内）长成的正常幼苗数占供试种子数的百分率。发芽势高，说明种子发芽出苗迅速，整齐一致、活力高。种子发芽率是指在发芽试验终期（规定的条件和日期内）长成的全部正常幼苗数占供试种子数的百分率。种子发芽率高，表示有生活力的种子多，播种后成苗率高。

1. 需明确的几个概念

① 发芽（germination）　在实验室内幼苗出现和生长达到一定阶段，幼苗的主要构造表明在田间的适宜条件下能否进一步生长成为正常的植株。

② 发芽率（percentage germination）　在规定的条件和时间内长成的正常幼苗数占供检种子数的百分率。

③ 正常幼苗（normal seedling）　在良好土壤及适宜水分、温度和光照条件下，具有继续生长发育成为正常植株的幼苗。

④ 不正常幼苗（abnormal seedling）　生长在良好土壤及适宜水分、温度和光照条件下，不能继续生长发育成为正常植株的幼苗。

⑤ 复胚种子单位（multigerm seed units）　能够产生一株以上幼苗的种子单位，如伞形科未分离的分果，甜菜的种球等。

⑥ 未发芽的种子（ungerminated seeds）　在规定的条件下，试验末期仍不能发芽的种子，包括硬实、新鲜不发芽种子、死种子（通常变软、变色、发霉，并没有幼苗生长的迹象）和其他类型（如空的、无胚或虫蛀的种子）。

⑦ 新鲜不发芽种子（fresh ungerminated seeds） 由生理休眠所引起，试验期间保持清洁和一定硬度，有生长成为正常幼苗潜力的种子。

2. 发芽床

按规定，通常采用纸和砂作为发芽床。除特殊情况外，土壤或其他介质不宜用作初次试验的发芽床。

湿润发芽床的水质应纯净、无毒无害，pH 为 6.0～7.5。

（1）纸床　一般要求：具有一定的强度、质地好、吸水性强、保水性好、无毒无菌、清洁干净，不含可溶性色素或其他化学物质，pH 为 6.0～7.5。可以用滤纸、吸水纸等作为纸床。

（2）砂床　一般要求：砂粒大小均匀，其直径为 0.05～0.80mm。无毒无菌无种子。持水力强，pH 为 6.0～7.5。使用前必须进行洗涤和高温消毒。化学药品处理过的种子样品发芽所用的砂子，不再重复使用。

（3）土壤　土质疏松良好、无大颗粒、不含种子、无毒无菌、持水力强、pH 为 6.0～7.5。使用前，必须经过消毒，一般不重复使用。

六、 课后训练

根据当地实际情况选取若干品种的作物种子进行发芽试验并填写种子发芽试验结果报告单。

任务七　品种纯度检验

一、 任务描述

品种真实性和品种纯度是保证良种遗传特性得以充分发挥的前提，是正确评定种子等级的重要指标。通过品种纯度田间检验及室内检验来确定种子批的真实性。

二、 任务目标

通过田间检验或室内检验，评价种子批的种子用价，掌握品种纯度检验技术。

三、 任务实施

（一）实施条件

各种作物种子、苯酚、愈创木酚、过氧化氢、氢氧化钾、氢氧化钠、氯化氢。体视显微镜、扩大镜、解剖镜、生长箱等试验试剂设备。

（二）实施过程

1. 测定程序

（1）送验样品的重量　品种纯度测定的送验样品的最小重量参照理论依据部分。

（2）种子鉴定

① 形态鉴定法　随机从送验样品中数取 400 粒种子，鉴定时须设重复，每个重复不超过 100 粒种子。

根据种子的形态特征，必要时可借助扩大镜等进行逐粒观察，必须备有标准样品或鉴定图片和有关资料。

水稻种子根据谷粒形状、长宽比、大小、稃壳和稃尖色、稃毛长短、稀密、柱头夹持率等；大麦种子根据籽粒形状、外稃基部皱褶、籽粒颜色、腹沟基刺、腹沟展开程度、外稃侧背脉纹齿状物及脉色、外稃基部稃壳皱褶凹陷、小穗轴茸毛多少、鳞被（浆片）形状及茸毛稀密等；大豆种子可根据种子大小、形状、颜色、光泽、光滑度、蜡粉多少及种脐形状颜色等；葱类可根据种子大小、形状、颜色、表面构造及脐部特征等。

② 快速测定法　随机从送验样品中数取 400 粒种子，鉴定时须设重复每个重复不超过 100 粒种子。常用方法有苯酚染色法、大豆种皮愈创木酚染色法、高粱种子氢氧化钾-漂白粉测定法、燕麦种子荧光测定法、燕麦种子氯化氢测定法、小麦种子的氢氧化钠测定法等。

（3）幼苗鉴别　随机从送验样品中数取 400 粒种子，鉴定时须设重复，每重复为 100 粒种子。在培养室或温室中，可以用 100 粒。二次重复。

幼苗鉴定可以通过两个主要途径：一种途径是提供给植株以加速发育的条件（类似于田间小区鉴定，只是所需时间较短），当幼苗达到适宜评价的发育阶段时，对全部或部分幼苗进行鉴定；另一种途径是让植株生长在特殊的逆境条件下，测定不同品种对逆境的不同反应来鉴别不同品种。具体标准可参考理论依据的幼苗鉴定。

（4）田间小区种植鉴定　田间小区种植是鉴定品种真实性和测定品种纯度的最为可靠、准确的方法。为了鉴定品种真实性，应在鉴定的各个阶段与标准样品进行比较。对照的标准样品为栽培品种提供全面的、系统的品种特征特性的现实描述，标准样品应代表品种原有的特征特性，最好是育种家种子。标准样品的数量应足够多，以便能持续使用多年，并在低温干燥条件下贮藏，更换时最好从育种家处获取。具体执行可参照理论依据中田间小区鉴定部分。

2. 结果计算和表示

（1）种子和幼苗　用种子或幼苗鉴定时，用本品种纯度百分率表示。

品种纯度（%）＝供检种子粒数（幼苗数）-异品种种子粒数（幼苗数）/供检种子粒数（幼苗数）

（2）田间小区鉴定　将所鉴定的本品种、异品种、异作物和杂草等均用所鉴定植株的百分率表示。

3. 结果报告

在实验室、培养室所测定的结果须填报种子数、幼苗数或植株数。

田间小区种植鉴定结果除品种纯度外，还须填报所发现的异作物、杂草和其他栽培品种的百分率。

四、　任务考核

项目	重点考核内容	考核标准	分值
品种纯度检验	种子形态	根据作物种子形态能够鉴定种子纯度	30
	纯度鉴定	快速鉴定作物种子纯度	30
	幼苗鉴定	根据幼苗鉴定作物种子纯度	30
	田间鉴定	能在田间小区种植法鉴定种子纯度	10
分数合计		100	

五、　相关理论知识

依据品种鉴定的原理不同，品种纯度鉴定记法主要有种子形态鉴定、快速测定、培养箱生长测定、电泳法鉴定、DNA 指纹技术及田间小区种植鉴定等主要方法。不同的鉴定方法各有自己的优点，但同时也都存在一定的局限性。为了准确地鉴定品种的纯度，根据不同作物品种类别选用适宜的方法。鉴定品种纯度要快速省时、简单易行、经济实用、鉴定准确。按照《1996 年国际种子检验规程》鉴定品种纯度最常用方法是电泳法。

1. 测定程序

（1）送验样品的重量 品种纯度测定的送验样品的最小重量应符合表 5-9 的规定。

表 5-9 品种纯度测定的送验样品重量 单位：g

种类	限于实验室测定	田间小区及实验室测定
豌豆属、菜豆属、蚕豆属、玉米属、大豆属及种子大小类似的其他属	1000	2000
水稻属、大麦属、燕麦属、小麦属、黑麦属及种子大小类似的其他属	500	1000
甜菜属及种子大小类似的其他属	250	500
所有其他属	100	250

（2）种子鉴定

① 形态鉴定法 随机从送验样品中数取 400 粒种子，鉴定时须设重复，每个重复不超过 100 粒种子。

根据种子的形态特征，必要时可借助扩大镜等进行逐粒观察，必须备有标准样品或鉴定图片和有关资料。

水稻种子根据谷粒形状、长宽比、大小、稃壳和稃尖色、稃毛长短、稀密、柱头夹持率等；大麦种子根据籽粒形状、外稃基部皱褶、籽粒颜色、腹沟基刺、腹沟展开程度、外稃侧背脉纹齿状物及脉色、外稃基部稃壳皱褶凹陷、小穗轴茸毛多少、鳞被（浆片）形状及茸毛稀密等；大豆种子可根据种子大小、形状、颜色、光泽、光滑度、蜡粉多少及种脐形状颜色等；葱类可根据种子大小、形状、颜色、表面构造及脐部特征等。

② 快速测定法 随机从送验样品中数取 400 粒种子，鉴定时须设重复每个重复不超过 100 粒种子。

a. 苯酚染色法 小麦、大麦、燕麦：将种子浸入清水中经 18～24h，用滤纸吸干表面水分，放入垫有经 1% 苯酚溶液湿润滤纸的培养皿内（腹沟朝下）。在室温下，小麦保持 4h，燕麦 2h，大麦 24h 后即可鉴定染色深浅。小麦观察颖果染色情况，大麦、燕麦评价种子内外稃染色情况。通常颜色分为五级即浅色、淡褐色、褐色、深褐色和黑色。将与基本颜色不同的种子取出作为异品种。水稻：将种子浸入清水中经 6h，倒去清水，注入 1%（质量浓度）苯酚溶液，室温下浸 12h 取出用清水洗涤，放在滤纸上经 24h，观察谷粒或米粒染色程度。谷粒染色分为不染色、淡茶褐色、茶褐色、黑褐色和黑色五级；米粒染色分不染色、淡茶褐色、褐色或紫色三级。

b. 大豆种皮愈创木酚染色法 每粒大豆种子的种皮剥下，分别放入小试管内，然后注入 1mL 蒸馏水，在 30℃下浸提 1h，再在每支试管中加入 10 滴 0.5% 愈创木酚溶液，10min 后，每支试管加入 1 滴 0.1% 过氧化氢溶液。1min 后，计数试管内种皮浸出液呈现红棕色的种子数与浸出液呈无色的种子数。

c. 高粱种子氢氧化钾-漂白粉测定法 配制 1：5（质量浓度）氢氧化钾和新鲜普通漂白粉（5.25% 漂白粉）的混合液即 1g 氧化钾（KOH）加入 5.0mL 漂白液，通常准备 100mL 溶液，贮于冰箱中备用。将种子放入培养皿内，加入氢氧化钾-漂白液（测定前应置于室温一段时间）以淹没种子为度。棕色种皮浸泡 10min。浸泡中定时轻轻摇晃使溶液与种子良好接触，然后把种子倒在纱网上，用自来水慢慢冲洗，冲洗后把种子放在纸上让其晾干，待种子干燥后，记录黑色种子数与浅色种子数。

d. 燕麦种子荧光测定法 应用波长 360Å 紫外光照射，在暗室内鉴定。将种子排列在黑纸上，置于距紫外光下 10～15cm 处，照射数秒至数分钟后即可根据内外稃有无荧光发出进行鉴定。

e. 燕麦种子氯化氢测定法　将燕麦种子放入早已配好的氯化氢溶液[1 份 38％（体积分数）盐酸（HCl）和 4 份水]的玻璃器皿中浸泡 6h，然后取出放在滤纸上让其气干 1h。根据棕褐色（荧光种子）或黄色（非荧光种子）来鉴别种子。

f. 小麦种子的氢氧化钠测定法　当小麦种子红白皮不易区分（尤其是经杀菌剂处理的种子）时，可用氢氧化钠测定法加以区别。数取 400 粒或更多的种子，先用 95％（体积分数）甲醇浸泡 15min，再让种子干燥 30min，在室温下将种子浸泡在 5mol/L NaOH 溶液中 5min，然后将种子移至培养皿内，不可加盖，让其在室温下干燥，根据种子浅色和深色加以计数。

（3）幼苗鉴别　随机从送验样品中数取 400 粒种子，鉴定时须设重复，每重复为 100 粒种子。在培养室或温室中，可以用 100 粒。二次重复。

幼苗鉴定可以通过两个主要途径：一种途径是提供给植株以加速发育的条件（类似于田间小区鉴定，只是所需时间较短），当幼苗达到适宜评价的发育阶段时，对全部或部分幼苗进行鉴定；另一种途径是让植株生长在特殊的逆境条件下，测定不同品种对逆境的不同反应来鉴别不同品种。

① 禾谷类　禾谷类作物的芽鞘、中胚轴有紫色与绿色两大类，它们是受遗传基因控制的。将种子播在砂中（玉米、高粱种子间隔 1.0cm×4.5cm，燕麦、小麦种子间隔 2.0cm×4.0cm，播种深度 1.0cm），在 25℃恒温下培养，24h 光照。玉米、高粱每天加水，小麦、燕麦每隔 4d 施加缺磷的 Hoagland 1 号培养液，在幼苗发育到适宜阶段时，高粱、玉米 14d，小麦 7d，燕麦 10～14d，鉴定芽鞘的颜色。

② 大豆　把种子播于砂中（种子间隔 2.5cm×2.5cm，播种深度 2.5cm），在 25℃下培养，24h 光照，每隔 4d 施加 Hoagland1 号培养液，至幼苗各种特征表现明显时，根据幼苗下胚轴颜色（生长 10～14d）、茸毛颜色（21d）、茸毛在胚轴上着生的角度（21d）、小叶形状（21d）等进行鉴定。

③ 莴苣　将莴苣种子播在砂中（种子间隔 1.0cm×4.0cm，播种深度 1cm），在 25℃恒温下培养，每隔 4d 施加 Hoagland1 号培养液，3 周后（长有 3～4 片叶）根据下胚轴颜色、叶色、叶片卷曲程度和子叶等形状进行鉴别。

④ 甜菜　有些栽培品种可根据幼苗颜色（白色、黄色、暗红色或红色）来区别。将种球播在培养皿湿砂上，置于温室的柔和日光下，经 7d 后，检查幼苗下胚轴的颜色。根据白色与暗红色幼苗的比例，可在一定程度上表明糖用甜菜及白色饲料甜菜栽培品种的真实性。

（4）田间小区种植鉴定　田间小区种植是鉴定品种真实性和测定品种纯度的最为可靠、准确的方法。为了鉴定品种真实性，应在鉴定的各个阶段与标准样品进行比较。对照的标准样品为栽培品种提供全面的、系统的品种特征特性的现实描述，标准样品应代表品种原有的特征特性，最好是育种家种子。标准样品的数量应足够多，以便能持续使用多年，并在低温干燥条件下贮藏，更换时最好从育种家处获取。

为使品种特征特性充分表现，试验的设计和布局上要选择气候环境条件适宜的、土壤均匀、肥力一致、前茬无同类作物和杂草的田块，并有适宜的栽培管理措施。

行间及株间应有足够的距离，大株作物可适当增加行株距，必要时可用点播和点栽。

为了测定品种纯度百分率，必须与现行发布实施的国家标准种子质量标准相联系起来。试验设计的种植株数要根据国家标准种子质量标准的要求而定。一般来说，若标准为$(N-1)\times100\%/N$，种植株数$4N$即可获得满意结果，如标准规定纯度为98%，即N为50，种植200株即可达到要求。

检验员应拥有丰富的经验，熟悉被检品种的特征特性，能正确判别植株是属于本品种还是变异株。变异同株应是遗传变异，而不是受环境影响所引起的变异。

许多种在幼苗期就有可能鉴别出品种真实性和纯度，但成熟期（常规种）、花期（杂交种）和食用器官成熟期（蔬菜种）是品种特征特性表现时期，必须进行鉴定。

良种品种纯度是否达到国家标准种子质量标准、合同和标签的要求，可利用表5-10进行判别。

表 5-10　品种纯度的容许差距（5％显著水平的一尾测定）

标准规定值		样本株数、苗数或种子粒数							
50％以上	50％以下	50	75	100	150	200	400	600	1000
100	0	0	0	0	0	0	0	0	0
99	1	2.3	1.9	1.6	1.3	1.2	0.8	0.7	0.5
98	2	3.3	2.7	2.3	1.9	1.6	1.2	0.9	0.7
97	3	4.0	3.3	2.8	2.3	2.0	1.4	1.2	0.9
96	4	4.6	3.7	3.2	2.6	2.3	1.6	1.3	1.0
95	5	5.1	4.2	3.6	2.9	2.5	1.8	1.5	1.1
94	6	5.5	4.5	3.9	3.2	2.8	2.0	1.6	1.2
93	7	6.0	4.9	4.2	3.4	3.0	2.1	1.7	1.3
92	8	6.3	5.2	4.5	3.7	3.2	2.2	1.8	1.4
91	9	6.7	5.5	4.7	3.9	3.3	2.4	1.9	1.5
90	10	7.10	5.7	5.0	4.0	3.5	2.5	2.0	1.6
89	11	7.3	6.0	5.2	4.2	3.7	2.6	2.1	1.6
88	12	7.6	6.2	5.4	4.4	3.8	2.7	2.2	1.7
87	13	7.9	6.4	5.5	4.5	3.9	2.8	2.3	1.8
86	14	8.1	6.6	5.7	4.7	4.0	2.9	2.3	1.8
85	15	8.3	6.8	5.9	4.8	4.2	3.0	2.4	1.9
84	16	8.6	7.0	6.1	4.9	4.3	3.0	2.5	1.9
83	17	8.8	7.2	6.2	5.1	4.4	3.1	2.5	2.0
82	18	9.0	7.3	6.3	5.2	4.5	3.2	2.6	2.0
81	19	9.2	7.5	6.5	5.3	4.6	3.2	2.6	2.1
80	20	9.3	7.6	6.6	5.4	4.7	3.3	2.7	2.1
79	21	9.5	7.8	6.7	5.5	4.8	3.4	2.7	2.1
78	22	9.7	7.9	6.8	5.6	4.8	3.4	2.8	2.2
77	23	9.8	8.0	7.0	5.7	4.9	3.5	2.8	2.2
76	24	10.0	8.1	7.1	5.8	5.0	3.5	2.9	2.2
75	25	10.1	8.3	7.1	5.8	5.1	3.6	2.9	2.3
74	26	10.2	8.4	7.2	5.9	5.1	3.6	3.0	2.3
73	27	10.4	8.5	7.3	6.0	5.2	3.7	3.0	2.3
72	28	10.5	8.6	7.4	6.1	5.2	3.7	3.0	2.3
71	29	10.6	8.7	7.5	6.1	5.3	3.8	3.1	2.4
70	30	10.7	8.7	7.6	6.2	5.4	3.8	3.1	2.4

续表

标准规定值		样本株数、苗数或种子粒数							
50%以上	50%以下	50	75	100	150	200	400	600	1000
69	31	10.8	8.8	7.6	6.2	5.4	3.8	3.1	2.4
68	32	10.9	8.9	7.7	6.3	5.5	3.8	3.2	2.4
67	33	11.0	9.0	7.8	6.3	5.5	3.9	3.2	2.5
66	34	11.1	9.0	7.8	6.4	5.5	3.9	3.2	2.5
65	35	11.1	9.1	7.9	6.4	5.6	3.9	3.2	2.5
64	36	11.2	9.1	7.9	6.5	5.6	4.0	3.2	2.5
63	37	11.3	9.2	8.0	6.5	5.6	4.0	3.3	2.5
62	38	11.3	9.2	8.0	6.5	5.7	4.0	3.3	2.5
61	39	11.4	9.3	8.1	6.6	5.7	4.0	3.3	2.5
60	40	11.4	9.3	8.1	6.6	5.7	4.0	3.3	2.5
59	41	11.5	9.4	8.1	6.6	5.7	4.1	3.3	2.6
58	42	11.5	9.4	8.2	6.7	5.8	4.1	3.3	2.6
57	43	11.6	9.4	8.2	6.7	5.8	4.1	3.3	2.6
56	44	11.6	9.5	8.2	6.7	5.8	4.1	3.4	2.6
55	45	11.6	9.5	8.2	6.7	5.8	4.1	3.4	2.6
54	46	11.6	9.5	8.2	6.7	5.8	4.1	3.4	2.6
53	47	11.6	9.5	8.2	6.7	5.8	4.1	3.4	2.6
52	48	11.7	9.5	8.3	6.7	5.8	4.1	3.4	2.6
51	49	11.7	9.5	8.3	6.7	5.8	4.1	3.4	2.6
50		11.7	9.5	8.3	6.7	5.8	4.1	3.4	2.6

　　国家标准种子质量标准规定纯度要求很高的种子，如育种家种子、原种，是否符合要求，可利用淘汰值。淘汰值是在考虑种子生产者利益和有较少可能判定失误的基础上，把在一个样本内得到的变异株数与质量标准比较，作出接受符合要求的种子批或淘汰该种子批观察，其可靠程度与样本大小密切相关（见表5-11）。

表5-11　不同样本大小符合标准99.9%接收含有变异株种子批的可靠程度

样本大小（株数）	淘汰值	接受种子批的可靠程度/%		
		1.5/1000	2/1000	3/1000
1 000	4	93	85	65
4 000	9	85	59	16
8 000	14	68	27	1
12 000	19	56	13	0.1

　　不同规定标准与不同样本大小下的淘汰值见表5-12，如果变异株大于或等于规定的淘汰值，就应淘汰该种子批。

表5-12　不同规定标准与不同样本大小的淘汰值

规定标准/%	不同样本（株数）大小的淘汰值						
	4000	2000	1400	1000	400	300	200
99.9	9	6	5	4	—	—	—
99.7	19	11	9	7	4	—	—
99.0	52	29	21	16	9	7	6

注：下方有"—"的数字或"—"均表示样本的数目太少。

2. 结果计算和表示

（1）种子和幼苗　用种子或幼苗鉴定时，用本品种纯度百分率表示。

品种纯度（％）＝供检种子粒数（幼苗数）-异品种种子粒数（幼苗数）/供检种子粒数（幼苗数）

（2）田间小区鉴定　将所鉴定的本品种、异品种、异作物和杂草等均以所鉴定植株的百分率表示。

3. 结果报告

在实验室、培养室所测定的结果须填报种子数、幼苗数或植株数。

田间小区种植鉴定结果除品种纯度外，必要时还须填报所发现的异作物、杂草和其他栽培品种的百分率。

六、 课后训练

学生设计田间小区种植鉴定种子纯度的方案。

任务八　种子水分测定

一、 任务描述

种子中水分是其籽粒的重要组成成分，是维持种子生命活力所必要的物质，但水分含量过高，种子生命活动旺盛，容易引起发热、霉变、生虫和其他生理生化变化，致其贮藏不稳定，加速种子劣变。种子水分含量是影响种子寿命、安全贮藏的重要因素，是评价种子质量的重要指标。

二、 任务目标

通过农作物种子水分的测定操作练习，掌握种子水分测定技术。

三、 任务实施

（一）实施条件

恒温烘箱：装有可移动多孔的铁丝网架和可测到 0.5℃的温度计；粉碎（磨粉）机：备有 0.5mm、1.0mm 和 4.0mm 的金属丝筛子；样品盒、干燥器、干燥剂等。天平：感量达到 0.001g。

（二）实施过程

1. 烘箱法水分测定程序

由于自由水易受外界环境条件的影响，所以应采取一些措施尽量防止水分的丧失。如送验样品必须装在防湿容器中，并尽可能排除其中的空气；样品接收后立即测定；测定过程中的取样、磨碎和称重须操作迅速；避免磨碎蒸发等。不磨碎种子这一过程所需的时间不得超过 2min。

（1）低恒温烘干法条件　该法必须在相对湿度 70％以下的室内进行。

① 取样磨碎　供水分测定的送验样品必须符合 GB/T 3543.2 的要求。用下列一种方法进行充分混合，并从此送验样品取 15～25g。

a. 用匙在样品罐内搅拌。

b. 将原样品罐的罐口对准另一个同样大小的空罐口，把种子在两个容器间往返倾倒。

进行测定需取两个重复的独立试验样品。必须使试验样品在样品盒的分布为每平方厘米不超过 0.3g。取样勿直接用手触摸种子，而应用勺或铲子。

②　烘干称重　先将样品盒预先烘干、冷却、称重，并记下盒号，取得试样两份（磨碎种子应从不同部位取得），每份 4.5～5.0g，将试样放入预先烘干和称重过的样品盒内，再称重（精确至 0.001g）。使烘箱通电预热至 110～115℃，将样品摊平放入烘箱内的上层，样品盒距温度计的水银球约 2.5cm 处，迅速关闭烘箱门，使箱温在 5～10min 内回升至（103±2）℃时开始计算时间，烘 8h。用坩埚钳或戴上手套盖好盒盖（在箱内加盖），取出后入干燥器内冷却至室温，约 30～45min 后再称重。

（2）高温烘干法　其程序与低恒温烘干法相同。首先将烘箱预热至 140～145℃，打开箱门 5～10min 后，烘箱温度须保持 130～133℃，样品烘干时间为 1h。

（3）高水分预先烘干法　需要磨碎的种子，如果禾谷类种子水分超过 18%，豆类和油料作物水分超过 16%，必须采用预先烘干法。

称取两份样品各（25.00±0.02）g，置于直径大于 8cm 的样品盒中，在（103±2）℃烘箱中预烘 30min（油料种子在 70℃预烘 1h）。取出后放在室温冷却和称重。此后立即将这两个半干样品分别磨碎，并将磨碎物各取一份样品按（1）或（2）所规定的方法进行测定。

2. 结果计算

（1）结果计算　根据烘后失去的重量计算种子水分百分率，按以下公式计算到小数点后一位：

$$种子水分（\%）=[(M_2-M_3)/(M_2-M_1)]×100$$

式中　M_1——样品盒和盖的重量，g；

　　　M_2——样品盒和盖及样品的烘前重量，g；

　　　M_3——样品盒和盖及样品的烘后重量，g。

若用预先烘干法，可从第一次（预先烘干）和第二次按上述公式计算所得的水分结果换算样品的原始水分，按以下公式计算。

$$种子水分（\%）=S_1+S_2-(S_1×S_2)/100$$

式中　S_1——第一次整粒种子烘后失去的水分，%；

　　　S_2——第二次磨碎种子烘后失去的水分，%。

（2）容许差距

若一个样品的两次测定之间的差距不超过 0.2%，其结果可用两次测定值的算术平均数表示。否则，重做两次测定。结果填报在检验结果报告的规定空格中，精确度为 0.1%。

四、　任务考核

项目	重点考核内容	考核标准	分值
种子水分测定	种子磨碎	掌握种子水分测定对种子磨碎度的要求	30
	种子水分测定操作	低恒温烘干法和高恒温烘干法测量种子水分	30
	天平使用	正确使用天平	30
	结果报告单	正确计算，填写种子水分结果报告单	10
分数合计		100	

五、　相关理论知识

水分（moisture content）：按规定程序把种子样品烘干所失去的重量，用失去重量占供检样品原始重量的百分率表示。

种子水分测定方法主要有烘箱干燥法、甲苯蒸馏法、溶剂抽提法等。GB/T 3543.6—

1995《农作物种子检验规程》所规定种子水分测定方法为烘箱法。此法是以湿重为基础，并把水分定义为按规程规定的程序将种子样品在烘箱内烘干，用失去水分重量占供检样品原始重量的百分率来表示种子水分。

1. 测定程序

由于自由水易受外界环境条件的影响，所以应采取一些措施尽量防止水分的丧失。如送验样品必须装在防湿容器中，并尽可能排除其中的空气；样品接收后立即测定；测定过程中的取样、磨碎和称重须操作迅速；避免磨碎蒸发等。不磨碎种子这一过程所需的时间不得超过 2min。

（1）低恒温烘干法

① 适用种类　葱属（*Allium* spp.），花生（*Arachis hypogaea*），芸薹属（*Brassica* spp.），辣椒属（*Capsicum* spp.），大豆（*Glycine* max），棉属（*Gossypium* spp.），向日葵（*Helianthus annuus*），亚麻（*linum usitatissimum*），萝卜（*Raphanus sativus*），蓖麻（*Ricinus communis*），芝麻（*Sesamum indicum*），茄子（*Solanum melongena*）。

该法必须在相对湿度70%以下的室内进行。

② 取样磨碎　供水分测定的送验样品必须符合 GB/T 3543.2 的要求。用下列一种方法进行充分混合，并从此送验样品取 15～25g。

a. 用匙在样品罐内搅拌。

b. 将原样品罐的罐口对准另一个同样大小的空罐口，把种子在两个容器间往返倾倒。烘干前必须磨碎的种子种类及磨碎细度见表5-13。

表 5-13　必须磨碎的种子种类及磨碎细度

作物种类	磨碎细度	作物种类	磨碎细度
燕麦(*Avena* spp.) 水稻(*Oryza sativa* L.) 甜荞(*Fagopyrum esculentum*) 苦荞(*Fagopyrum tataricum*) 黑麦(*Secale cereale*) 高粱属(*Sorghum* spp.) 小麦属(*Triticum* spp.) 玉米(*Zea mays*)	至少有50%的磨碎成分通过0.5mm筛孔的金属丝筛，而留在1.0mm筛孔的金属丝筛子上不超过10%	大豆(*Glycine* max) 菜豆属(*Phaseolus* spp.) 豌豆(*Pisum sativum*) 西瓜(*Citrullus lanatus*) 巢菜属(*Vicia* spp.)	需要粗磨，至少有50%的磨碎成分通过4.0mm筛孔
		棉属(*Gossypium* spp.) 花生(*Arachis hypogaea*) 蓖麻(*Ricinus communis*)	磨碎或切成薄片

进行测定需取两个重复的独立试验样品。必须使试验样品在样品盒的分布为每平方厘米不超过 0.3g。取样勿直接用手触摸种子，而应用勺或铲子。

③ 烘干称重　先将样品盒预先烘干、冷却、称重，并记下盒号，取得试样两份（磨碎种子应从不同部位取得），每份 4.5～5.0g，将试样放入预先烘干和称重过的样品盒内，再称重（精确至0.001g）。使烘箱通电预热至 110～115℃，将样品摊平放入烘箱内的上层，样品盒距温度计的水银球约 2.5cm 处，迅速关闭烘箱门，使箱温在5～10min 内回升至（103±2）℃时开始计算时间，烘 8h。用坩埚钳或戴上手套盖好盒盖（在箱内加盖），取出后入干燥器内冷却至室温，约 30～45min 后再称重。

（2）高温烘干法　适用于下列种类种子：芹菜（*Apium graveolens*），石刁柏（*Asparagus officinalis*），燕麦属（*Auena* spp.），甜菜（*Beta vulgaris*），西瓜（*Citrullus lanatus*），甜瓜属（*Cucumis* spp.），南瓜属（*Cucurbita* spp.），胡萝卜（*Daucus carota*），甜荞（*Fagopyrum esculentum*），苦荞（*Fagopyrum tataricum*），大麦（*Hordeum vulgare*），莴苣（*Lactuca sativa*），番茄（*Lycopersicon lycopersicum*），苜蓿属（*Medicago* spp.），草木樨属（*Melilotus* spp.），烟草（*Nicotiana tabacum*），水稻（*Oryza sativa*），黍属（*Panicum* spp.），菜豆属（*Phaseolus* spp.），豌豆（*Pisum sativum*），鸦葱（*Scorzonera hispanica*），黑麦（*Secale cereale*），狗尾草属（*Setaria* spp.），高粱属（*sorghum* spp.），菠菜（*Spinacia oleracea*），小麦属（*Triticum* spp.），巢菜属（*Vicia* spp.），玉米（*Zea mays*）。

其程序与低恒温烘干法相同。必须磨碎的种子种类及磨碎细度见表5-13。

首先将烘箱预热至$140\sim145℃$，打开箱门$5\sim10min$后，烘箱温度须保持$130\sim133℃$，样品烘干时间为$1h$。

（3）高水分预先烘干法　需要磨碎的种子，如果禾谷类种子水分超过18%，豆类和油料作物水分超过16%，必须采用预先烘干法。

称取两份样品各（25.00 ± 0.02）g，置于直径大于$8cm$的样品盒中，在（103 ± 2）℃烘箱中预烘$30min$（油料种子在$70℃$预烘$1h$）。取出后放在室温冷却和称重。此后立即将这两个半干样品分别磨碎，并将磨碎物各取一份样品按（1）或（2）条所规定的方法进行测定。

2. 结果计算

（1）结果计算　根据烘后失去的重量计算种子水分百分率，按下式计算到小数点后一位：

$$种子水分(\%)=[(M_2-M_3)/(M_2-M_1)]\times100$$

式中　M_1——样品盒和盖的重量，g；

　　　M_2——样品盒和盖及样品的烘前重量，g；

　　　M_3——样品盒和盖及样品的烘后重量，g。

若用预先烘干法，可从第一次（预先烘干）和第二次按上述公式计算所得的水分结果换算样品的原始水分，按下式计算。

$$种子水分(\%)=S_1+S_2-(S_1\times S_2)/100$$

式中　S_1——第一次整粒种子烘后失去的水分，%；

　　　S_2——第二次磨碎种子烘后失去的水分，%。

（2）容许差距　若一个样品的两次测定之间的差距不超过0.2%，其结果可用两次测定值的算术平均数表示。否则，重做两次测定。结果填报在检验结果报告的规定空格中，精确度为0.1%。

六、　课后训练

学生对一种作物种子进行水分测定。

项目自测与评价

一、　名词解释

品种混杂、品种退化、净种子、杂质、其他植物种子、发芽率。

二、　填空题

1. 品种混杂退化后表现品种典型性更新丧失、（　　）、（　　）、（　　）。

2. 大豆品种提纯复壮（　　）、单株选择、（　　）、混合繁殖。

3. 高粱杂交制种去杂去劣的原则是（　　）、（　　），做到及时、（　　）和（　　）。

4. 扦样分为扦样准备、（　　）、（　　）和配制混合样品、（　　）。

5. 净度检验报告最后结果精确到（　　）位小数。

6. 发芽试验用水的 pH 为（　　）、水质纯净和（　　）。

7. 发芽床有（　　）、（　　）、土壤。

8. 田间检验结果要显示本品种、（　　）、异作物和（　　）的百分率。

9. 种子水分测定方法有（　　）和（　　）。

10. 种子水分检验结果报告中的规定空格中精确度为（　　）。

三、 简答题

1. 简述品种混杂退化的原因及防止措施。

2. 简述种子批扦样程序。

3. 简述种子水分检验技术。

4. 简述种子纯度检验技术。

5. 杂交制种田去杂、去劣有何要求？

6. 如何正确书写种子净度、纯度检验报告？

项目六 观察记载

　　观察记载是积累试验资料、建立试验档案的主要手段，也是整个试验中很重要、很琐碎、又容易在细节上出现问题的一项工作。严格按照调查项目及标准，及时准确地对试验进行观察记载，可系统地了解和掌握品种的生长发育特点及其与外界环境条件的关系，对于正确合理地评价和选择品种非常重要。按记载内容及评判标准，记载项目一般可分为气象条件观察记载、田间农事操作管理记载、作物生长发育动态记载、收获后考种记载和非正常现象的记载。

任务一　常规作物种子田的调查

一、任务描述

　　常规种子是指遗传性状确定的常规品种的种子，只要做好提纯复壮、防杂保纯工作，可以重复多代使用，常规作物种子主要包括大豆、小麦等。掌握常规种子的田间性状，可有效地评价种子，并通过调整田间环境提高产量。

二、任务目标

　　通过实训，学会观察、识别常规大田作物的生育时期及主要农艺性状，并能够准确分析调查数据代表的意义。

三、任务实施

（一）实施条件

大豆、小麦作物田及作物幼苗；尺子、记载本、计数器、笔等。

（二）实施过程

1. 样点确定

　　根据田块大小，采用五点式取样法、对角线式取样法、棋盘式取样法和抽行式取样法等取样方法，确定代表性样点。一般采用对角线式和五点式取样法取点，棋盘式取法一般取10个样点。如果面积较大，可适当增加样点。生育时期和农艺性状调查每点连续调查10～20株，病虫害调查时，全株性病虫取100～200株，叶部病虫取10～20个叶片，果部病虫取100～200个果。

2. 田间调查记载

　　根据调查项目，进行田间实地调查，同时准确真实记载调查结果，以备撰写实验报告。

3. 调查结果整理与分析

　　对田间调查记载的结果进行整理，并对有关项目进行分析。

四、 任务考核

项目	重点考核内容	考核标准	分值
常规作物种子田的调查记载	调查项目	根据实际情况确定所要调查的项目和记载标准	30
	田间调查	田间进行正确的调查操作和记载	30
	数据分析	整理结果对数据进行分析，并对作物作出正确评价	40
分数合计		100	

五、 相关理论知识

各种作物不同生育时期的长势长相代表了该品种的主要生物学特性，所以准确的观察记载有利于了解本品种抗性、产量、品质等特征，对品种选育具有重要意义。

（一）大豆田间记载项目及标准

1. 生育时期

（1）播种期　指播种当天的日期（以日/月或月、日表示，下同）。

（2）出苗期　50％以上幼苗子叶出土的日期。

（3）出苗情况

① 良（出苗率达90％以上）。

② 中（出苗有先后不齐但相差不大，有个别3～5株的缺苗段，出苗率达70％～90％之间）。

③ 差（出苗不齐，相差5天以上，有多段3～5株的缺苗段，出苗率在70％以下）。

（4）分枝期　田间50％植株出现第一个分枝的日期。

（5）开花期　田间开花的株数达50％的日期。

（6）结荚期　田间50％植株幼荚长度达2cm以上的日期。

（7）鼓粒期　田间50％植株豆荚内籽粒显著凸起的日期。

（8）成熟期　全株有95％的豆荚变为成熟颜色，摇动时荚内开始有响声的植株达50％以上的日期。此时籽粒变硬，豆荚、粒形、种皮呈现本品种应有特征及色泽。

（9）全生育期　从出苗到成熟所经历的天数。

（10）收获期　指收获当天的日期。

2. 农艺性状

（1）株型　指植株生长的形态，于成熟期观察。分收敛、开张、半开张三类。株型收敛：指下部分枝与主茎角度小（角度＜15°），上下均紧凑。株型开张：分枝与主茎角度大（角度＞45°），上下均松散。株型半开张：介于上述两者之间。

（2）株高　指自子叶节至成熟植株主茎顶端的高度，用cm表示。

（3）主茎节数　自子叶节为0起至成熟植株主茎顶端的节数。

（4）结荚高度　从子叶节到最下部豆荚的高度，以cm表示。

（5）有效分枝数　主茎上具有两个节以上，并至少有一个节着生豆荚的有效一次分枝数，分枝上次生分枝不另计数。4.1以上为多，2.1～4为中，2以下为少。

（6）生长习性　指大豆植株生长发育的状况，分直立、亚直立、蔓生三类。直立型：植株生长较健壮，茎秆直立向上。亚直立型：植株生长较健壮，茎秆上部略呈现波状弯曲。蔓生型：植株生长较弱，茎、枝细长爬蔓，呈强度缠绕，匍匐地面。

（7）结荚习性　分有限、亚有限和无限三种。有限：开花结荚顺序由中上部而下，花序长，结荚密集，主茎顶端结荚成簇。无限：开花结荚顺序由下而上，花序短，结荚分散，主茎顶端一般1～2个荚。亚有限：开花结荚由下而上，花序中等，结荚介于无限与有限之间，主茎顶端一般3～4个荚。

（8）落叶性　在成熟时观察，分为良（全落）、中（部分脱落）、差（不落）三种。

（9）裂荚性　成熟时收获前晴天的午后目测，分裂荚、不裂荚两种。

（10）叶形　分长叶、宽叶两类。

（11）花色　分白花、紫花两类。

（12）茸毛色　分灰毛、棕毛两类。

3. 抗性

（1）抗倒伏性　除记载倒伏时期、面积和原因外，成熟后期根据植株倒伏程度分五级。于初荚期至盛荚期及完熟期各记载一次，标准分：1（直立），2（15°～20°的轻度倾斜），3（20°～45°的倾斜），4（45°以上的倾斜），5（匍匐地面，相互缠绕）。

（2）抗病性　指大豆花叶病毒病。分别在盛花期和花荚期调查，分级标准如下。

0级：叶片无症状或其他感病标志，无褐斑粒；

1级：叶片有轻微明显斑驳，植株生长正常，褐斑粒率1%～5%；

2级：叶片斑驳明显，有轻微皱缩，叶片有褐脉，植株生长无明显异常，褐斑粒率6%～15%；

3级：叶片有泡状隆起，叶缘卷缩，植株稍矮化，褐斑粒率26%～50%；

4级：叶片皱缩畸形呈鸡爪状，全株僵缩矮化，结少量无毛畸形荚，褐斑粒率51%以上。

其他的为害叶、茎、荚的病害（如霜霉病、锈病、病毒病、细菌性斑点病等），注明病害名称，并根据其感染情况，以"强、中、弱"表示。

（3）抗虫性

① 食心虫率：一般于室内考种，以虫食粒重/全粒重×100%的百分率表示。也可通过检查标准品种豆荚内被害粒率作为对照，分为5级进行记载：1（高抗），2（抗），3（中抗），4（感），5（高感）。

② 抗豆荚螟性：在当地的适应播种期下，播种鉴定材料。于大豆结荚期自每份材料采200豆荚，剥荚调查被害荚百分率。高抗HR（0～1.5%），抗R（1.6%～3.0%），中M（3.1%～6.0%），感S（6.1%～10.0%），高感HS（>10.0%）。

其他虫害根据被害植株数和被害程度，以"强、中、弱"表示。

（4）耐旱性　在旱害发生时观察，根据植株生长状况和叶片萎蔫程度进行目测，分为强、中、差三级。强：叶片无萎蔫，与正常一样，或顶部1～2节稍有萎蔫现象。中：中上部叶片稍萎蔫，叶片不翻白。差：全株叶片萎蔫、下坠。复叶有翻白现象，下部叶片黄化脱落。

（5）耐肥性　在土壤肥沃或施肥多的条件下，根据植株生长的繁茂性、叶色、抗倒伏程度和产量等观察比较。分强、中、弱三级。

（二）小麦田间记载项目及标准

1. 生育时期

（1）播种期　播种当天的实际日期。（以日/月或月、日表示，以下均同）。

（2）出苗期　全田10%以上的幼苗第一片绿叶伸出芽鞘1cm时的日期为出苗始期。达到50%时的日期为出苗期。

（3）三叶期　田间有 50％幼苗第三片叶平展的日期。

（4）分蘖期　田间有 10％幼苗的第一个分蘖露出叶鞘长达 1.5～2.0cm 的日期为分蘖始期；全田达 50％时的日期为分蘖期。

（5）拔节期　田间 50％植株的主茎第一节露出地面 1～2cm 时的日期为拔节期。

（6）孕穗期　田间 50％植株的旗叶全部露出叶鞘，茎秆中上部膨大成纺锤形的日期。

（7）抽穗期　全田有 10％以上顶部小穗（不含芒）露出剑叶的日期为抽穗始期，达 50％时为抽穗期。或棍棒型在叶鞘中上部裂开见小穗即为抽穗期。

（8）开花期　全田有 50％麦穗中部小穗开花的日期。

（9）成熟期　全田麦穗中部籽粒内呈蜡质硬度的株数达 75％以上的日期。

（10）全生育期　冬麦区为播种到成熟的日数，春麦区为出苗到成熟的日数。

2. 农艺性状

（1）幼苗习性　分蘖盛期观察，分三级。匍匐、半匍匐、直立。

（2）株高　成熟前测量，从地面到穗的顶端（不连芒）的高度，以 cm 表示。其整齐度可按目测分为整齐、不整齐、中等三级。

（3）节间长度和粗度　一般测量主茎各节间，但也可以根据实验的需要测定有关分蘖的各个节间。一般自上而下逐个测量各节间的长度，以 cm 为单位。测量节间粗度用卡尺量节间的中间，以 mm 为单位。

（4）基本苗数　三叶期前选取适当样点，数其苗数，折算成万/亩表示，条播查全行基本苗，并选两个出苗均匀的重复，每重复定一个 1m 样段。

（5）分蘖数　可就上述查苗数的行或段中进行计算。①越冬前分蘖数。②返青后最高分蘖数。③抽穗后有效分蘖数，三者分别折算成万/亩表示；有效分蘖率（％）＝（有效穗数/最高总茎数）×100％。

（6）植株和叶片的姿态　按主茎与分蘖茎的集散程度，株型分为紧凑、松散、居中三类，按茎叶夹角及叶片长势，叶姿分为挺直、披散、居中三类。

（7）芒　分五级。①无芒，完全无芒或芒极短。②顶芒，穗顶部有芒，芒长 5mm 以下，下部无芒。③曲芒，芒的基部膨大弯曲。④短芒，穗的上下均有芒，芒长 40mm 以下。⑤长芒，芒长 40mm 以上。

（8）穗型　分五级。①纺锤型，穗子两头尖，中部销大。②椭圆型，穗短，中部宽，两头稍小，近似椭圆形。③长方型，穗子上、中、下正面与侧面基本一致，呈柱形。④棍棒型，穗子下小、上大，上部小穗着生紧密，呈大头状。⑤圆锥型，穗子下大，上小或分枝，呈圆锥状。

（9）壳色　分两级，分别以 1、5 表示。白壳（包括淡黄色）；红壳（包括淡红色）。

3. 抗逆性

（1）耐寒性　地上部分冻害，冬麦区分越冬、春季两阶段记载，春麦区分前期、后期两阶段，均分五级。无冻害、叶尖受冻发黄、叶片冻死一半、叶片全枯、植株或大部分分蘖冻死。

（2）耐旱性　发生旱情时，在午后日照最强、温度最高的高峰过后，根据叶萎缩程度分五级记载。无受害症状；小部分叶片萎缩，并失去应有光泽；叶片萎缩，有较多的叶片卷成针状，并失去应有光泽；叶片明显卷缩，色泽显著深于该品种的正常颜色，下部叶片开始变黄；叶片明显萎缩严重，下部叶片变黄到变枯。

（3）耐湿性　在多湿条件下于成熟前期调查，分三级记载。茎秆呈黄熟且持续时间长，无枯死现象；有不正常成熟和早期枯死现象，程度中等；不能正常成熟，早期枯死现象严重。

（4）抗倒伏性 抽穗后经风雨后的表现，分三级。直立至稍倾斜（＜15°）的为抗；大部分茎秆倾斜达 30°～45°的为中抗；大部分茎秆倾斜达 45°以上的为不抗。

（5）抗落粒性 完熟期调查，按颖壳包合松紧和受碰撞时落粒的难易分为三级。"口紧"，手用力搓方可落粒，机械脱粒较难；不易落粒，机械脱粒容易；"口松"，麦粒成熟后，稍加触动容易落粒。

（6）抗穗发芽性 成熟收获期遇雨或人工雨湿的条件下，检查穗中发芽粒数，在自然状态下目测，分三级。不发芽到发芽率＜5％的为抗；发芽率为 5％～20％的为中抗；发芽率＞20％的为不抗（易发芽）。

4. 锈病

按条、叶、秆锈病三种分别在其发病盛期观察记载，主要项目包括普遍率、严重率和反应型。

普遍率：目测估计病叶数（条锈病、叶枯病）占叶片的百分比或病秆数（秆锈病）占总数的百分比。

严重度：目测病斑分布占叶（鞘、茎）面积的百分比。

反应型：根据受侵染点坏死斑的有无、强弱和孢子堆发展程度，国内外较一致的为分七级。

0 型：免疫，完全无症状。Ⅰ型：近免疫，偶有极小淡色斑点。Ⅱ型：高抗。Ⅲ型：中抗。Ⅳ型：中感。Ⅴ型：高感。Ⅵ型：混杂型。

5. 赤霉病

发病率：在成熟中期调查病穗百分率，即目测病穗占总穗数百分比。

抗感程度分为四级：发病部分占全穗 1/4 以内的为抗，（1/4）～（1/2）的为中抗，（1/2）～（3/4）的为中感，3/4 以上的为重感；

严重度：目测小穗发病严重程度，分五级。无病穗；1/4 以下小穗发病；（1/4）～（2/4）小穗发病；（1/2）～（3/4）小穗发病；3/4 以上小穗发病。

6. 白粉病

一般在小麦抽穗时白粉病盛发期分五级记载。叶片无肉眼可见症状；基部叶片发病；病斑蔓延至中部叶片；病斑蔓延至剑叶；病斑蔓延至穗及芒。

六、 课后训练

① 根据实训目的自己设计调查记载表格，并认真填写。

例：大豆生育时期田间记载表

品种	播种期	出苗期	分枝期	开花期	结荚期	鼓粒期	成熟期	收获期
1								
2								
3								

② 根据调查结果对被调查作物长势长相、品质、抗性等特征作出评价。

任务二　杂交作物种子田的调查

一、 任务描述

杂交种子是指利用两个强优势亲本杂交而成的杂种第 1 代种子，它在生长势、生活力、繁殖力、抗逆性、产量和品质上比其亲本优越，但只能使用1代，不能2次作种。认真观察和准确记载杂交种子的物候期和主要生物性状可以为评定品种提供有效依据，为品种认定和推广提供理论支撑。

二、　任务目标

通过实训，使学生能够学会观察杂交作物的物候期及主要生物性状。

三、　训练材料与用具

水稻、玉米及高粱作物田及作物植株；尺子、记载本、计数器、笔等。

四、　任务实施

（一）实施条件

水稻、玉米及高粱作物田及作物植株；尺子、记载本、计数器、笔等。

（二）实施过程

1. 样点确定

根据田块大小，采用五点式取样法、对角线式取样法、棋盘式取样法或抽行式取样法等取样方法，确定代表性样点，一般对角线式和五点式取样法取5点，棋盘式取样法一般取10个样点，如果面积较大，可适当增加样点。生育时期和农艺性状调查每点连续调查10～20株，病虫害调查时，全株性病虫取100～200株，叶部病虫取10～20片叶，果部病虫取100～200个果。

2. 田间调查记载

根据调查项目，进行田间实地调查，同时准确真实记载调查结果，以备撰写实验报告。

3. 调查结果整理与分析

对田间调查记载的结果进行整理，并对有关项目进行分析。

五、　任务考核

项目	重点考核内容	考核标准	分值
杂交作物种子田的调查记载	调查项目	根据实际情况确定所要调查的项目和记载标准	40
	田间调查	田间进行正确的调查操作和记载	40
	数据分析	整理结果对数据进行分析，并对作物作出正确评价	20
分数合计		100	

六、　相关理论知识

各种作物不同生育时期的长势长相代表了该品种的主要生物学特性，所以准确的观察记载有利于了解本品种抗性、产量、品质等特征，对品种选育具有重要作用。

（一）玉米田间调查记载项目及记载标准

1. 生育时期

① 播种期　播种当天的日期（以日/月表示，下同）。

② 出苗期　小区有50%幼苗第一片绿叶伸展出芽鞘，出土高度2～3cm时的日期。

③ 拔节期　田间50%植株靠近地面处用手能摸到茎节，茎节露出地面长度达2～3cm的日期。

④ 抽雄期　田间50%植株雄穗尖端从顶叶抽出的日期。

⑤ 开花期　田间50%植株雄穗开始开花散粉的日期。

⑥ 吐丝期　小区50%植株雌穗花丝露出苞叶的日期。

⑦ 成熟期　小区 90％以上植株苞叶放松变黄，籽粒硬化及呈现成熟时固有颜色的日期。

⑧ 生育期　从出苗期到成熟期的总天数。

⑨ 收获期　田间实际收获的日期。

2. 农艺性状

① 株高（cm）　乳熟期每小区定点 10 株，测量地面至雄穗顶端的高度，求其平均数，保留小数点后 0 位。

② 穗位（cm）　乳熟期每小区定点 10 株，测量地面到最上部果穗着生节的高度，求其平均数，保留小数点后 0 位。

③ 茎粗（cm）　乳熟期每小区定点 10 株，测量地上第三节间中部茎的横位直径，求其平均数，保留小数点后 1 位。

④ 穗柄长度（cm）　乳熟期每小区定点 10 株，测定穗着生茎节至穗基部长度，分求其平均数，保留小数点后 0 位。

⑤ 叶数（片/株）　每小区定点 10 株，随着玉米生长，标记叶片。抽雄期后调查主茎叶数，求其平均数，保留小数点后 1 位。

⑥ 叶片苗期鞘色　在可见叶 5 片时调查叶鞘色，分浅绿、绿、浅紫、紫、深紫等。

⑦ 苗期叶色　在可见叶 4～5 片时调查叶片色，分浅绿、绿、深绿、绿紫等。

⑧ 株型　抽雄期后调查小区群体植株的株型，分紧凑、半紧凑、平展。

⑨ 茎色　蜡熟期后调查小区群体植株的茎色，分浅绿、绿、深绿、浅紫、紫、深紫等。

⑩ 颖色　抽雄期调查小区群体植株的雄穗外颖颜色，分浅绿、绿、深绿、浅紫、紫、深紫等。

⑪ 花药色　散粉期调查小区群体植株雄穗的花药颜色，分绿、黄、橙、浅紫、紫、深紫等。

⑫ 花丝色　吐丝期调查小区群体植株雌穗的花丝颜色，分浅绿、绿、黄、橙黄、粉、紫红、深紫、上粉下绿等。特异株要单独记载，计算比率。

⑬ 双穗率　收获时调查结有双穗（第二穗结实 20 粒以上）的植株占全区株数的百分率，调查三次重复

⑭ 空秆率　收获时，调查不结果穗和果穗结实 20 粒以下的植株占全区总株数的百分率，调查三次重复。

3. 抗性

① 倒伏率　植株倾斜度大于 45°但未折断的植株占该试验小区总株数的百分率，倒伏发生后立即调查，调查三次重复。倒伏率为 1/3 以下者为轻，2/3 以下者为中，超过 2/3 为重。

② 倒折率　果穗以下部位折断的植株占该调查总株数的百分率，收获前调查，调查三次重复。

③ 病害

a. 叶斑病　在乳熟期目测植株下、中、上部叶片，观察大小叶斑、灰斑病、弯孢霉叶斑病等叶斑病病斑的数量及叶片因病枯死情况，估计发病程度，分无、轻、中、重四级记载。

（a）无：全株叶片无病斑。

（b）轻：植株中、下部叶片有少量病斑，病斑占叶面积 20％～30％。

（c）中：植株下部有部分叶片枯死，中部叶片有病斑，病斑占叶面积 50％左右。

（d）重：植株下部叶片全部枯死，中部叶片部分枯死，上部叶片有中量病斑。

b. 青枯病　乳熟期调查发病株株数，以百分数表示，两次重复，求平均值。

c. 黑穗　乳熟期调查黑穗病百分数。

d. 其他病害　根据发生程度分无、轻、中、重四级记载。

（二）水稻田间记载项目及标准

1. 生育时期

① 播种期　实际播种日期，以日/月表示（下同）。

② 出苗期　秧田中 50％秧苗从芽鞘中长出筒状不完全叶，长达 1cm 左右的日期。

③ 三叶期　有 50％秧苗第三片真叶展开的日期。

④ 移栽期　实际移栽日期，以日/月表示。

⑤ 秧龄　播种次日至移栽日的天数。

⑥ 返青期　移栽后田间有 50％的秧苗叶片由黄转绿，向上伸展的日期。

⑦ 分蘖期　有 10％植株的新生分蘖叶尖露出叶鞘的日期为发蘖始期；达 50％的日期为分蘖期；分蘖数达最多时，为最高分蘖期。

⑧ 拔节期　有 50％植株第一节间伸长达 1.5～2cm 的日期。

⑨ 孕穗期　有 50％植株剑叶露出叶鞘，茎秆中、上部膨大呈纺锤形的日期。

⑩ 抽穗期　50％植株稻穗顶端露出剑叶的日期为抽穗期。

⑪ 齐穗期　80％茎秆稻穗露出剑叶鞘的日期。

⑫ 开花期　有 10％稻穗开始开花为开花始期；达 50％时日期为开花期。

⑬ 成熟期　乳熟期：50％稻穗中部籽粒颖壳内充满乳浆状物质的时期；蜡熟期：有 50％稻穗中部籽粒颖壳内容物浓浆，无乳浆状物质，但手压仍可变形的时期；完熟期：每穗有 80％的谷粒变硬的时期。

⑭ 生育期　自播种次日至成熟之日的天数。

2. 主要农艺性状

① 株高　在成熟期选有代表性的植株 10 穴（生产试验 20 穴），测量从茎基部至最高穗穗顶（不连芒）顶端的高度，取其平均值，以 cm 表示，保留小数点后 1 位。分高秆（120cm 以上）、中秆（100～120cm）、半矮秆（70～100cm）、矮秆（70cm 以内）。

② 基本苗数　移栽返青后连续调查 10 穴（定点）苗数，包括主苗与分蘖苗。

③ 最高苗数　分蘖盛期在调查基本苗的定点处每隔 3 天调查一次苗数，直至苗数不再增加为止，折算成每亩最高苗数，以万/亩表示，保留小数点后 1 位。

④ 分蘖率　（最高苗数－基本苗数）/基本苗数×100，以％表示，保留小数点后 1 位。

⑤ 穴有效穗数　成熟期在调查基本苗的定点处调查有效穗，抽穗结实少于 5 粒的穗不算有效穗，但白穗应算有效穗。取 2 个重复（单元）的平均值，折算成每亩有效穗，以万/亩表示，保留小数点后 1 位。

⑥ 成穗率　有效穗数/最高苗数×100，以％表示，保留小数点后 1 位。

⑦ 秆色　成熟时调查，分白色、秆黄色、金黄色、褐斑秆黄色、沟褐条纹秆黄色、茶色、淡红到淡紫色、紫斑秆黄色、紫条纹秆黄色、紫色、褐色。

⑧ 株型　分蘖盛期目测，分紧束、适中、松散 3 级。

⑨ 群体整齐度　根据长势、长相、抽穗情况目测，分整齐、一般、不齐 3 级。

⑩ 杂株率　在抽穗前后适当阶段调查明显不同于正常群体植株的比例，以百分率（%）表示，保留小数点后 1 位。

⑪ 叶色　分蘖盛期目测，分浓绿、绿、淡绿 3 级。

⑫ 叶姿　分蘖盛期目测，分挺直、一般、披垂 3 级。

⑬ 长势　分蘖盛期目测，分繁茂、一般、差 3 级。

⑭ 成熟期转色　成熟期目测，根据叶片、茎秆、谷粒色泽，分好、中、差 3 级。

3. 抗性

① 倒伏性　记载发生日期、面积（%）和程度。倒伏程度分直、斜、倒、伏 4 级。直：茎秆直立或基本直立；斜：茎秆倾斜角度小于 45°；倒：茎秆倾斜角度大于 45°；伏：茎穗完全伏贴于地。

② 落粒性　成熟期用手轻搓稻穗，视脱粒难易程度分难、中、易 3 级。难：不掉粒或极少掉粒；中：部分掉粒；易：掉粒多或有一定的田间落粒。

4. 对主要病害的田间抗性

① 叶瘟　分无、轻、中、重 4 级记载，记载标准见表 6-1。

② 穗颈瘟　分无、轻、中、重 4 级记载，记载标准见表 6-1。

③ 白叶枯病　分无、轻、中、重 4 级记载，记载标准见表 6-1。

④ 纹枯病　分无、轻、中、重 4 级记载，记载标准见表 6-1。

表 6-1　田间抗病性记载标准

病类	级别	病情
叶瘟	无	全部没有发病
	轻	全试区 1%～5% 面积发病,病斑数量不多或个别叶片发病
	中	全试区 20% 左右面积叶片发病,每叶病斑数量 5～10 个
	重	全试区 50% 以上面积叶片发病,每叶病斑数量超过 10 个
穗颈瘟	无	全部没有发病
	轻	全试区 1%～5% 稻穗及茎节发病,有个别植株白穗及断节
	中	全试区 20% 左右稻穗及茎节发病,植株白穗及断节较多
	重	全试区 50% 以上稻穗及茎节发病
白叶枯病	无	全部没有发病
	轻	全试区 1%～5% 面积发病,站在田边可见若干病斑
	中	全试区 10%～20% 面积发病,部分病斑枯白
	重	全试区一片枯白,发病面积在 50% 以上
纹枯病	无	全部没有发病
	轻	病区病株基部叶片部分发病,病势开始向上蔓延,只有个别稻株通顶
	中	病区病株基部叶片发病普遍,病势部分蔓延至顶叶,10%～15% 稻株通顶
	重	病区病株病势大部蔓延至顶叶,30% 以上稻株通顶

（三）高粱田间记载项目及标准

1. 生育时期

① 播种期　指实际的播种日期（以日/月）表示，下同。

② 出苗期　指幼苗出土"露锥"（即子叶展开前）达75％的日期。

③ 拔节期　指75％植株基部第一节间伸长之日（即穗分化开始之日）

④ 抽穗期　指75％的植株穗部开始突破旗叶鞘日期。

⑤ 开花期　指75％的穗开花的日期。

⑥ 成熟期　指75％以上植株的穗中下部籽粒变硬，下部籽粒达蜡状硬度，呈现该品种固有的色泽的日期。

⑦ 生育期　从出苗次日到成熟期的日数。分为极早、早、中、晚、极晚熟品种，地方品种调查时，按具体栽培地区成熟期的习惯，可按实际生育日数划分，生育日数在100d以下者为极早熟，101～115d者为早熟，116～130d者为中熟，131～145d者为晚熟，146d以上者为极晚熟品种。

2. 农艺性状

① 芽鞘色　真叶未展开前经日光照射后的芽鞘色，一般以实际颜色表明，多分白、绿、红、紫四色。

② 幼苗色　第四片真叶展开前观察幼苗叶片颜色。一般以实际颜色表明，多分为绿、红、紫三色。

③ 株高　开花之后随机取10株测量从地面到穗顶的长度，取平均值（以cm为单位）。分特矮、矮、中、高、极高五类。100cm以下的为特矮，101～150cm的为矮，151～250cm的为中，251～350cm的为高，351cm以上的为极高。

④ 穗长　自穗下端枝梗叶痕处到穗尖的长度，以cm为单位。

⑤ 秆高　随机取10株测量由地面至穗颈（叶痕）的高度的平均值（以cm表示），即株高与穗长之差。

⑥ 穗柄长　自茎秆上端茎节处至穗下叶痕片的长度，取5～10株的平均值（以cm表示，保留一位小数）。

⑦ 茎粗　灌浆期调查典型株茎秆中部节（不包括叶鞘）直径，取5～10株的平均值（以cm表示，保留两位小数）；也有的测定植株第三节间中部直径，以cm表示。

⑧ 叶片数　每区定点选取5～10株，从第一片起，每隔5片叶标记一次，待旗叶抽出后，计数每株叶片数，取其平均值（以cm表示）

⑨ 叶片着生角度　开花时测量植株中部叶片与茎秆间的生长角度（用度表示）。

⑩ 叶片中脉质地与颜色　开花时植株中部叶片的中脉质地和颜色。分四类：即白、浅黄、黄和绿。

3. 抗性性状

① 倒伏　以倒伏百分率和级别两个参数表示。

按植株倾斜角度，分一、二、三、四级。直立者为一级，倾斜不超过15°者为二级，倾斜不超过45°者为三级，倾斜达到45°以上者为四级。

按倒伏百分率表示分为五级：1级（0％～10％植株倒伏），2级（11％～25％植株倒伏），3级（26％～50％植株倒伏），4级（51％～75％植株倒伏），5级（76％～100％植株倒伏）。

② 抗（耐）旱性　根据田间生育表现凋萎程度，分强、中、弱三级。在干旱情况下生育正常的为强，生育较差的为中，生育极差的为弱。

4. 病虫害

① 叶部病害　根据发病盛期的叶部病害轻重，分无、轻、中、重四级。叶部无病斑的为无，病斑占叶面积 20% 以下的为轻，占叶面积 21%～40% 的为中，占叶面积 41% 以上的为重。

② 丝黑穗病抗性　抽穗后设点调查，每点数 100 株，计算受害株所占百分数。

③ 蚜虫　在危害盛期调查，分 5 级。

1 级（没有受害），2 级（1%～10% 植株有一片或多片叶受害），3 级（11%～25% 植株有一片或多片叶受害），4 级（26%～40% 植株有一片或多片叶受害）和 5 级（40% 以上植株有一片或多片叶受害）。

④ 玉米螟　成熟时调查，分 5 级。

1 级（没有钻孔），2 级（钻孔限制在一节内），3 级（钻过一节），4 级（钻过二节或三节），5 级（钻过四节或更多节）。

七、课后训练

① 根据实训目的自己设计调查记载表格，并认真填写。

例：玉米生育时期田间记载表

品种	播种期	出苗期	拔节期	抽雄期	开花期	叶丝期	成熟期	收获期
1 2 3								

② 根据调查结果对调查作物长势长相、品质、抗性等特征作出评价。

任务三　作物测产

一、任务描述

作物测产是对作物收获前对产量的预测，目的在于在作物收获以前尽早提供产量信息，作为制订收获、仓储、运销、加工等计划的依据。本实训主要训练常见作物的测产方法，如玉米、大豆、小麦、水稻、棉花、高粱、油菜等。

二、任务目标

通过本次实训使学生掌握不同作物产量构成的重要因素，并能通过调查计算各产量构成因素值来估测作物产量。同时掌握实测作物产量方法。

三、任务实施

（一）实施条件

各种作物田块及植株、果穗，尺子、计数器、天平、秤、记录本、笔等。

（二）实施过程

① 选择田块和作物，依据产量构成因素，制订测产方案。

② 根据作物种类，田间正确取样。

③ 正确记录数据。

④ 对调查数据进行整理分析，得出结论或评价。

⑤ 正式收获测产，并将实际产量与估测产量做对比，找出不足。

四、 任务考核

项目	重点考核内容	考核标准	分值
作物测产	测产方案	依据产量构成因素,设计出测产方案	30
	取样	田间正确取样	30
	工具使用	正确使用工具	10
	数据进行分析	对数据进行分析,并对作物作出正确评价	30
分数合计		100	

五、 相关理论知识

每种作物的产量多少和本作物的产量构成因素密切相关,学会估测作物产量对作物对生产实践有着重要意义。

1. 玉米测产

(1) 选点取样　选点取样的代表性与测产结果的准确性有密切关系。为了取得最大代表性的样品,样点应分布全田。一般每块地按对角线取 5 点(根据地块大小和生长整齐情况增减),在点上选取有代表性的植株(即周围植株不过细过密或过高过矮),每点取 5～10 株(实测取 30～50 株)。

(2) 测定行、株距,计算每公顷实际株数

行距:每块地量 10～30 行的距离,求出平均行距(m)。

株距:在已选好的取样点处,每点量 1 行,每行量 10～30 株的距离,求出平均株距(m)。

根据行、株距,按下式求出每公顷株数:

$$每公顷实际株数=\frac{10000\ (\text{m}^2)}{平均行距\ (\text{m})\times平均株距\ (\text{m})}$$

(3) 测定单株有效穗数和穗粒数

单株有效穗数:计数每点所选取的植株(30～50 株)的全部有效穗数(指结实 10 粒以上的果穗),除以植株数即得。

每穗粒数:每点可选有代表性的植株 5～10 株,将其每个有效果穗剥开苞叶数其粒数(可以由籽粒行数与每行籽粒数的乘积求得),最后求出每穗平均粒数。

(4) 计算产量

$$单株粒重\ (\text{g})=\frac{单穗平均粒数\times千粒重\ (\text{g})}{1000\ (粒)}\times单株有效穗数$$

$$籽粒产量\ (\text{kg/hm}^2)=\frac{单株粒重\ (\text{g})}{1000}\times每公顷株数$$

其中千粒重可按本品种常年千粒重计算或根据当年生育情况略加修正后计算。

(5) 实测　如需要实测,可在临收获前将每点所选取(30～50 株)植株的全部有效穗取下,脱粒晒干后称重,计算产量。

$$籽粒产量\ (\text{kg/hm}^2)=\frac{样品粒重\ (\text{kg})}{取样株数}\times每公顷株数$$

但是,由于条件限制或其他原因,往往不能等籽粒晒干后确定产量。在这种情况下,可依下式进行计算。

$$籽粒产量\ (\text{kg/hm}^2)=\frac{样品果穗重\ (\text{kg})\cdot K}{取样株数}\times每公顷株数$$

其中：样品果穗重为取样植株全部果穗去掉苞叶后的重量。

K 为一系数，是经验数字，即去掉果穗中穗轴重及晒干时多余的水分而剩下的籽粒重占果穗重的比率。春夏玉米数值不同。春玉米 K 值为 0.55～0.60，夏玉米 K 值为 0.50～0.55。

2. 水稻测产

（1）选代表田块和代表点　选定一定数量具有代表性的田块作为测产对象。再在各田块内根据生育情况，选取代表点，用对角线法选取 3～5 点。

（2）求每亩穴数　测定实际穴、行距，在每个取样点上，测量 11 穴稻的横、直距离，分别以 10 除之，求出该取样点的行、穴距，再把各样点的数值进行统计，则求得：

$$每亩实际穴数 = \frac{亩}{平均行距（m）\times 平均株距（m）}$$

（3）调查平均每穴有效穗数、求每亩穗数　在每个样点上、连续取样 10～20 穴（每亩田一般共调查 100 穴），数记每穴有效穗数（具有 10 粒以上结实谷粒的稻穗才算有效穗），统计出各点及全田的平均每穴穗数，则求得：

$$每亩穗数 = 每亩实际穴数 \times 每穴平均穗数$$

（4）调查代表穴的实粒数，求每穗的实粒数　在 1～3 个样点上，每点选取一穴穗数接近该点的平均每穴穗数的稻穴，数记各穴的平均每穗总粒数，统计每穴平均实粒数（可将有效穗脱去谷粒，投入清水中，浮在水面的谷粒为空粒，沉在水底的为实粒），以每穴的总穗数去除总实粒数，得出该点平均每穗实粒数，各点平均，则得出全田平均每穗实粒数。即：

$$每亩穴粒数 = \frac{每穴总实粒数}{每穴有效穗数}$$

（5）理论产量的计算　根据穗数、粒数调查结果，再按品种及谷粒的充实度估计粒重，一般每千克稻谷 34000～44000 粒。

若已知该品种千粒重，则按下式推算产量：

$$每亩产量（kg）= [每亩穗数 \times 每穗实粒数 \times 千粒重（g）]/(1000 \times 1000)$$

3. 高粱测产

（1）选点取样　选点取样的代表性与测产结果的准确性有密切关系。为了取得最大代表性的样品，样点应分布全田。一般每块地按对角线取 5 点（根据地块大小和生长整齐情况增减），在点上选取有代表性的植株（即周围植株不过细过密或过高过矮），每点取 5～10 株（实测取 30～50 株）。

（2）测定行、株距，计算每公顷实际株数

行距：每块地量 10～30 行的距离，求出平均行距（m）。

株距：在已选好的取样点处，每点量 1 行，每行量 10～30 株的距离，求出平均株距（m）。

根据行、株距，按下式求出每公顷株数：

$$每公顷实际株数 = \frac{10000（m^2）}{平均行距（m）\times 平均株距（m）}$$

（3）测定穗粒数

每穗粒数：每点可选有代表性的植株 5～10 株，查出每个有效果穗粒数，最后求出每穗平均粒数。

（4）计算产量

$$籽粒产量（kg/hm^2）=\frac{单株粒重（g）}{1000}×每公顷株数$$

但是，由于条件限制或其他原因，往往不能等籽粒晒干后确定产量。在这种情况下，可先通过水分测定仪求出含水量，再折合成风干后的标准含水量计算。

$$籽粒产量（kg/hm^2）=\frac{单株粒重（g）}{1000}×每公顷株数×(1-籽粒含水量+14\%)$$

注：14%指标准含水量。

4. 大豆测产

大豆测产可采用根据产量构成因素来计算或取一定面积大豆，实打实测计算产量。

（1）取代表性样点　于成熟期取代表田块取代表点 3～5 点。每点可选一定面积（2～5m²）。求出代表点的总面积（m²）。

（2）样点收获　把代表点的大豆植株单独收获，风干后脱粒、扬净，测出样点总产量（kg）。

（3）计算每公顷产量

$$实际产量（kg/hm^2）=\frac{代表产量（kg）×10000（m^2）}{代表点产量（m^2）}$$

5. 小麦测产

按调查的单位面积有效穗数、每穗粒数和千粒重计算理论产量。

（1）取代表点　按五点取样，取代表性五点。

（2）求平均行距（m）　每点量 11 行小麦的宽度，除以 10，取出平均行距。量取时从行中间量取。

（3）计算有效穗数　每点量 1m 长两行，数行内有效穗数，然后求出平均每米的有效穗数。

（4）计算单位面积内有效穗数（hm²）

$$每公顷有效穗数=每米长平均有效穗数×\frac{10000（m^2）}{平均株距（m）}$$

（5）千粒重测定　见小麦室内考种方法。

（6）查数每穗实粒数　见小麦室内考种方法。

（7）计算产量

$$小麦单位面积产量（kg/hm^2）=\frac{每公顷有效穗数×每穗实粒数×千粒重（g）}{1000×1000}$$

6. 棉花测产

（1）测产时间　测产时间要适宜，一般应在棉株结铃基本完成、下部 1～2 个棉铃吐絮时较为适宜。棉花的有效铃数，到 9 月 10 日至 15 日已基本定型。故可以在 9 月中下旬测产。

（2）分类选取样点　生产上在测产前，将预测的棉田分为好、中、差 3 个类型。取样点要有代表性，样点数目取决于棉田面积。一般情况下采取对角线五点取样法。

（3）测定单位面积收获株数　先测定行距。具体做法是：在行距大体相同的田块，横向连续量 11 行宽度，除以 10，求出平均行距；纵向测 30～50 株距离，求平均株距。计算单位面积的株数，计算公式为

每公顷株数＝10000×10000/行距（cm）×株距（cm）

（4）测单株铃数 每点连续数 10～30 株的结铃数，求出单株平均结铃数（包括已摘过的棉铃，幼龄和蕾不计在内）。

（5）测单铃重 每点摘取 20 朵充分开裂的棉花并称其重量，求出平均单铃籽棉重，以 g 为单位。

（6）计算单位面积产量 在测产时，平均单铃重和衣分可根据同一品种历年的情况和当年棉田具体情况决定。计算公式为：

$$每公顷籽棉产量（kg）=\frac{每公顷株数×均单株铃数×平均单铃籽棉重（g）}{1000}$$

$$棉籽产量（kg）=籽棉产量×（1-衣分）$$

（注：衣分指籽棉上纤维的重量与籽棉重量的比，通常用百分率来表示，是评定棉花品种优劣的一条重要标准）

7. 油菜测产

（1）测产时间 测产应在收获前 5～7d 进行，在测产中不要浪费。

（2）选择田块和样点 油菜测产一般在绿熟期至黄熟期进行。根据油菜生长情况，选择油菜田块。按 S 形或五点取样法选择样点。

（3）测定点产量 测定有效株数，在要测产的田块内选取 5 个点，每样点 1m²。数每样点内的有效株数。计算单位面积株数；测定角果数，在每个样点中随机抽取 5～10 株，数其角果数，算出每株的角果数；测定每角粒数，在每个样点中取 10 个角果数其籽粒数，求每个角果的籽粒数。

（4）计算产量 理论产量可用测得的株数、每株有效角果数、每角果粒数和千粒重的乘积计算得出。千粒重可参考所测品种历年的千粒重。

$$理论产量（kg/hm²）=\frac{每公顷内株数×每株果数×每果粒数×千粒重（g）}{1000×1000}$$

六、 课后训练

根据测产作物制订测产结果表，并作出准确记载。

例：玉米测产结果表

项目	品种	样点面积/m²	样点穗数	样点果穗重/kg	出籽率	籽粒含水量	样点产量/kg	折合单位面积产量/(kg/hm²)
1								
2								
3								

任务四 室内考种

一、 任务描述

作物产量由于品种、栽培条件、产量水平和自然气候不同，产量因素的构成也有很大差异。因此，通过室内考种，用以分析研究在不同条件下的合理产量结构，研究在高产条件下，争取进一步促进高产再高产的途径。

二、 任务目标

通过实训，使学生能够根据不同作物选择确定相应的室内考种项目，并进行实地考种操作。

三、 任务实施

（一）实施条件

各作物田块、植株、果穗、米尺、皮尺、天平、记录本、笔等。

（二）实施过程

1. 确定考种项目

根据考种的作物种子和实验要求、目的，确定相应的考种项目。

2. 正确考种

根据目的要求，正确地进行考种，并对考种结果真实准确的加以记载，以备数据分析。

3. 数据分析

根据记载的考种结果，对数据进行整理并加以分析，为正确评定品种提供依据。

四、 任务考核

项目	重点考核内容	考核标准	分值
室内考种	考种方案	确定考种项目	30
	正确考种	能熟练操作各种作物考种	30
	数据进行分析	对数据进行分析,并对作物作出正确评价	40
分数合计		100	

五、 相关理论知识

（一）玉米室内考种项目

① 穗长（cm） 测量 10 个样本穗果穗长度（包括秃尖），求平均数，保留小数后 1 位。

② 穗粗（cm） 测量 10 个样本穗果穗中部的直径，果穗非圆形的量其短径，求平均数，保留小数后 1 位。

③ 穗行数 计数果穗中部的籽粒行数，求其平均值并标明行数变幅，保留小数后 1 位。

④ 行粒数 每穗数一中等长度行的粒数，求其平均值，保留小数后 1 位。

⑤ 穗粒数 数 10 个样本果的穗行数和行粒数，求平均数，保留小数后 0 位。平均穗粒数＝$\sum$（每穗行数×每穗行粒数）÷10。

⑥ 秃尖（cm） 用测定穗长的果穗，测其秃顶长度，求平均数，保留小数后 1 位。

⑦ 百粒重（g） 随机取 100 粒籽粒称重，重复取样 3 次，取相近两个数的平均数，按标准水分（14%）折算百粒重。

⑧ 穗型 分长筒型、短筒型、长锥型、短锥型。

⑨ 粒型 以果穗中部籽粒为准，分硬粒型、半马齿型、马齿型三种。

⑩ 粒色 分黄、浅黄、白、紫、深紫、橙红。

⑪ 轴色 分红、紫、粉、白。

⑫ 出籽率 用取回样本调查，以百分数（%）表示，计算公式为：出籽率＝（籽粒干重/果穗干重）×100%。

⑬ 籽粒产量 将计产样本的果穗风干后脱粒，称其籽粒干重，按标准水分（14%）折算，即为小区产量，保留两位小数，用 kg/亩表示。

⑭ 整齐度 用异型株比率（%）表示，保留小数点后 1 位。按"异型株划分标准"，调查株高、穗位、丝色、轴色、吐丝期等的异型株比率。任何一个性状达到不整齐，表明该品

种一致性、整齐度差。异型株分为整齐、较整齐不整齐三类。

（二）水稻室内考种项目

① 穗长　穗茎节至穗顶（不连芒）的长度，取5穴全部稻穗的平均数，以cm表示，保留小数点后1位。

② 每穴穗数　取5穴，查取总有效穗数（10粒以上者），求平均值。

③ 每穗总粒数　调查定点5穴，查取每穗总粒数，取平均值，保留小数点后1位。

④ 每穗实粒数　5穴充实度在1/3以上的谷粒数及落粒数之和/5穴总穗数，保留小数点后1位。

⑤ 结实率　每穗实粒数/每穗总粒数×100，以%表示，保留小数点后1位。

⑥ 千粒重　随机取1000粒干谷称重（g），取样3次，计算平均值。

（三）高粱室内考种项目

① 穗型　按穗子的松紧程度，分紧、中紧、中散、散四种。即观察籽粒已达成熟的穗子，枝梗紧密、手握时有硬性感觉者为紧穗型。枝梗紧密、手握时无硬性感觉者为中紧穗型。第一、二级分枝虽短，但穗子不紧密，向光观察时枝梗间有透明现象者为中散穗型。第一级分枝较长，穗子一经触动，枝梗动摇且有下垂表现者为散穗型。其中，枝梗向一个方向垂散者为侧散穗型，向四周垂散者为周散穗型。

② 穗形　按穗的实际形状记载，如纺锤形、牛心形、圆筒形、棒形、杯形、球形、伞形、帚形等。

③ 壳色　按壳的实际颜色记载，如白、黄、灰、红、褐、紫和黑等。

④ 粒色　按籽粒的实际颜色记载，如白、乳白、白带斑点、黄、黄白、橙黄、红、紫、褐等。

⑤ 粒形　成熟籽粒的实际形状，如圆形、椭圆形、卵形、长圆形、扁圆等。

⑥ 千粒重　自然风干后测定1000个完整籽粒的重量，一般分三次，取其平均值（用g表示）。

⑦ 籽粒大小　用千粒重量的多少表示，以g为单位。分极小、小、中、大、极大五级。千粒重10g以下为极小，10.1～25g为小粒，25.1～30g的为中粒，30.1～35g的为大粒，35.1g以上的为极大粒。

⑧ 穗粒重　随机取10株典型穗，自然风干后，全部脱粒称其质量，取平均值（以g表示），保留一位小数。

⑨ 穗粒数　随机取10株典型穗，查取其总粒数，然后取平均值。

⑩ 籽粒整齐度　以籽粒大小整齐度分整齐、不整齐两种。同等粒占95%以上者为整齐，占94%以下者为不整齐。

⑪ 着壳率　测量100粒中带壳粒的数量，以百分率表示。按籽粒着壳的多少，分少、中、多三级。着壳率在4%以下的为少，在5%～7%的为中，在8%以上的为多。

⑫ 角质率　以籽粒的横断面角质含量的多少分高、中、低三级。角质占70%以上的为高，占31%～69%的为中，占30%以下的为低。

⑬ 育性　指杂交种恢复育性情况，抽穗后套袋检查结实率（%）。

⑭ 出米率　单位重量籽粒出米的百分率。一般取5kg籽粒按国家规定的一等米标准碾米后称重，重复3次，求平均值，以百分率表示。

⑮ 食用品质　以出饭多少、饭的香味、面食适口性及黏性综合情况，分良、中、不良

三级。

⑯ 适口性　以当地习惯做法制成食品进行品尝，按品尝者打分的分数分级。一般分 5 级。1 级（81～100 分），2 级（61～80 分），3 级（41～60 分），4 级（21～40 分），5 级（1～20分）。也有的按照米饭口感，分好、中、次三级。

⑰ 淀粉的类型和比例　用标准法测定籽粒中直链淀粉和支链淀粉的百分数（％）。

⑱ 蛋白质含量　用标准法测定籽粒干物质中蛋白质的百分率（％）。

⑲ 单宁含量　用标准法测定籽粒干物质中单宁的百分率（％）。

⑳ 赖氨酸含量　100g 蛋白质中赖氨酸含量（％）。

（四）大豆室内考种项目

① 结荚高度　从子叶节到最下部豆荚的高度，以 cm 表示。

② 单株荚数　一株的有效荚和无效荚数之和。

③ 有效荚数　指含有一粒以上饱满种子的荚数。

④ 单株粒数　除未成形粒外，包括所有未熟粒、虫食粒、病粒。

⑤ 单荚粒数　用单株粒数除以单株有效荚数之商。

⑥ 单株粒重　将 10 株豆粒筛去杂质，包括未熟、虫食及病粒，称重，计算均重（g/株）。

⑦ 荚熟色　豆荚成熟时的颜色，分为灰褐、淡褐、褐、深褐、黑。

⑧ 荚形　分为直葫芦形，弯镰形、扁平形三种。

⑨ 粒形　指籽粒的形状，分为圆形、椭圆形、扁椭圆形、长椭圆形、肾形。

⑩ 粒色　分为黄、青、黑、褐、双色。

⑪ 子叶色　分黄、绿两种。

⑫ 脐色　分浅黄、黄、淡褐、褐、深褐、蓝、黑七种。

⑬ 种皮光泽　分强光、微光和无光三类。

⑭ 百粒重　随机选取完整成熟豆粒 100 粒称重（g），称两个 100 粒，若两次相差超过 0.5g，重新取样称重。

⑮ 虫食粒率、紫斑粒率、褐斑粒率　随机取豆粒 300 粒，各挑出以上三种病虫粒，计算出百分率。

（五）小麦室内考种项目

① 单株有效穗数　全株能结实的穗数。穗子上只要有 1 个小花结实就算有效穗。

② 穗长　分别测量每个穗子自穗基部量至穗顶（不带芒）的长度，以 cm 为单位。

③ 每穗总小穗数　每穗上所有的小穗，包含有效穗和不育穗。

④ 每穗不孕小穗数　每穗上整个小穗各小花均不结实的小穗的数目。不孕小穗一般在穗的顶部和基部。

⑤ 结实小穗数　每个穗子上的结实小穗数，一个小穗内有 1 粒种子，即为结实小穗。一般用每穗总小穗数与不孕小穗数的差计算。

⑥ 每穗粒数（简称穗粒数）每个穗上的结实粒数。

⑦ 千粒重　从考种的样本籽粒中，随机数 2 组各 500 粒分别称重，以 g 为单位。如 2 组重量之差不超过 2 组平均重量的 3%，则将 2 组重量相加即为千粒重。如 2 组重量之差超

过 2 组平均重量的 3％，应再数第 3 份，取 3 组中重量相近的 2 组相加即为千粒重。也可用两份 1000 粒种子千粒重的平均值。

⑧ 粒色　一般分红色和白色（包括黄色）两类，另有琥珀色、紫色等。

⑨ 粒型　一般分长圆、卵圆、椭圆及圆四种类型。

⑩ 粒质　一般分硬质（角质）、软质（粉质）、半硬质三类。

⑪ 饱满度　一般凭目测分饱满、中等、不饱满、瘪粒四类。

⑫ 容重　每升容积内的干籽粒克数，以 g/L 表示。

⑬ 黑胚率　随机取 200 粒，数黑胚粒数，做两次，取平均值，以百分率表示。

六、　课后训练

根据作物及实训目的制作考种项目表，认真记载，并对考种结果进行分析。

例：玉米考种项目记载表

品种	穗长	穗粗	穗行数	行粒数	穗粒重	秃尖	百粒重
1							
2							
3							
4							
5							
6							

任务五　试验资料的整理、分析与总结

一、　任务描述

试验研究结果的整理、分析与总结，是一年试验中的最后一步工作，是衡量试验的可靠性、准确度以及试验处理之间差异显著与否的依据。这项任务大体可分为基本材料整理、产量统计和分析总结三个步骤。这项任务也是制订下一年工作计划的依据。

二、　任务目标

通过实训，使学生能够对调查、考种和测产的资料进行整理和分析，得出正确的结论，并能写出完整、客观的总结报告。

三、　任务实施

（一）实施条件

本、笔、计算器、统计分析软件等。

（二）实施过程

① 教师以一实际生产试验为例进行示范，进行资料整理。

② 对整理后的数据进行处理，分析，得出结论。

③ 撰写报告三个步骤，要求报告项目齐全。

④ 课后加深：可每人分发一组试验记录或学生自己查找参考书找到记录数据，课后加以练习。并对照答案改正错误。

四、 任务考核

质量考核标准表

考核内容		要求与方法	评分标准	扣除分值	熟练程度	考核方法
资料的整理 100分		1. 分组合理 2. 组距计算准确,组中值、组限确定合理 3. 统计表、统计图绘制规范,比例适当 4. 能反映资料的特征和规律	1. 分组不合理 2. 组距计算不准确,组中值、组限确定不合理 3. 比例不适当,图、表不规范 4. 规律特征不明显	15 30 40 15	较熟练	单人考核按报告评分
结果分析	顺序排列设计 100分	1. 资料整理综合表列制合理 2. 各段平均对照计算准确 3. 各处理相对生产力计算准确 4. 结论正确	1. 资料整理综合表列制不合理 2. 各段平均对照计算不准确 3. 各处理相对生产力计算不准确 4. 结论不正确	25 40 20 15	较熟练	单人考核,按报告评分。中职考核顺序排列设计,高职考核随机区组设计
	随机区组设计 100分	1. 资料整理综合表列制合理 2. 平方和与自由度分解准确,公式应用正确 3. 方差分析表项目全 4. 多重比较方法选择恰当,结果准确 5. 结论科学合理	1. 资料整理综合表列制不合理 2. 平方和与自由度分解不准确,公式应用不正确 3. 方差分析表项目不全 4. 多重比较方法选择不恰当,结果不准确 5. 结论不恰当	15 25 15 25 20		
田间试验总结 100分		1. 报告内容完整 2. 步骤合理 3. 试验结果分析计算准确 4. 结论科学、文字简练	1. 内容不充实 2. 步骤不合理 3. 计算不准确 4. 结论不符合实际、不科学	30 20 20 30	较熟练	模拟考核

以三项成绩总分的 1/4 为考核成绩,90 分以上为优秀;80 分以上为良好;60 分以上为合格;60 分以下为不合格。

五、 相关理论知识

（一） 数据资料的整理

整理原始数据是统计学的基本技能,经过整理使一组杂乱无章的数据变得有规律,并绘制成统计图、表,使数据所反映的特征特性能一目了然。数据资料可分为连续性数量性状资料和间断性数量性状资料及质量性状资料。

① 质量性状或间断性数量性状（变幅小的）用单项分组法,并列制次数分布表。

② 连续性数量性状或间断性数量性状（变幅大的）用组距式分组法。

a. 确定组数,根据样本容量确定分几个组。组数过多各组之间的差距不明显,没有规律性;组数过少也不能正确反映真实的规律。可根据相关教科书提供的分组范围进行分组。

b. 计算极差与组距。极差是资料中最大值和最小值之差。组距＝极差/组数,所得结果一般取整数（四舍五入）。

c. 确定组中值和组限。根据组距确定组中值，首先，将本资料中最小的数值作为第一组的组中值，然后第二组按第一组组中值加上一个组距，依此类推。组限分上、下限，第一组的下限 L_1 为第一组的组中值减 1/2 组距；上限为第一组的组中值加 1/2 组距，其他组依此类推。

d. 划记次数，用"正"字表示各组出现的次数。

e. 列制次数分布表。

③ 绘制统计图。统计图有构成图和直角坐标图。一般以百分数或成数表示的用构成图，而用次数表示的用直角坐标图。一般质量性状用条形图表示；连续性数量性状用直方图或多边形图表示。

注意：在绘制直角坐标图时，横纵轴的坐标比例要适当，一般为（6∶5）～（5∶4）；标题在下方。

（二）结果分析

试验结果的分析是以数据资料整理完整为前提，对结果进行科学的、准确的评定的一种方法。根据不同的试验设计采用不同的分析方法和手段。对于采用顺序排列设计的试验结果，一般用百分比法进行分析，由于不能估算出系统误差，其结果准确度较低；对于采用随机区组设计的试验结果，一般采用方差分析的方法，由于能准确无误地估算出随机误差，故其分析结果准确度较高。

（1）顺序排列　采用百分比法分析（以间比法为例）：列制产量结果表，并计算各品系及对照产量的总和 T_t 与平均产量 $\overline{x_t}$；计算各段平均对照产量 $\overline{CK}$；计算各品系的相对生产力。

$$相对生产力(\%)=\frac{品系\,A_1的平均产量}{品系\,A_1所在段对照的平均产量(\overline{CK})}$$

（2）随机排列　采用方差分析（以单因素随机区组为例）列制产量综合表（F 测验及方差分析表见表 6-2）；平方和及自由度的分解如下。

$$矫正数\,C=\frac{T^2}{nk}$$

$$总平方和\,SS_T=\sum x^2-C\quad 总自由度\,DF_T=nk-1$$

$$区组平方和\,SS_r=\frac{\sum T_r^2}{k}-C\quad 区组自由度\,DF_r=n-1$$

$$处理平方和\,SS_t=\frac{\sum T_t^2}{n}-C\quad 处理自由度\,DF_t=k-1$$

$$误差平方和\,SS_e=SS_T-SS_t-SS_r\quad 误差自由度\,DF_e=(r-1)(k-1)$$

表 6-2　F 测验及方差分析表

变异来源	DF	SS	MS	F	$F_{0.05}$	$F_{0.01}$
区组间						
处理间						
误差						
总变异						

多重比较：

最小显著差数法（LSD 法）　　$S_{\bar{x}_1-\bar{x}_2} = \sqrt{\dfrac{2MS_e}{n}}$

$$LSD_{0.05} = S_{\bar{x}_1-\bar{x}_2} \times t_{0.05}$$

$$LSD_{0.01} = S_{\bar{x}_1-\bar{x}_2} \times t_{0.01}$$

最小显著极差法（LSR 法）　　$SE = \sqrt{\dfrac{MS_e}{n}}$

$$LSR_{0.05} = SE \times SSR_{0.05}$$

$$LSR_{0.01} = SE \times SSR_{0.01}$$

（三）田间试验总结

经过田间调查、室内考种、产量测定获得了大量的数据资料，经整理分析后，结合试验地情况、气候条件、栽培管理等情况，对试验中表现的规律性和存在的问题做出科学的评判和结论，以书面形式写出总结。为推广应用试验成果和进一步研究提供依据。

田间试验的总结在写法上没有固定模式。根据试验内容和具体情况而定。大体包括以下几个方面：试验的设计、实施、管理、调查、分析、结论、解决的问题、存在的问题、下一步的打算等。

①　试验名称　要求言简意赅，通过题目就可看出是什么试验。

②　试验目的　说明为什么要做，期望解决什么问题，有什么意义。

③　试验材料　简要说明试验用的材料或处理，以及对照的名称。

④　试验地点、试验地的基本情况和田间管理措施　写明在什么地方做的试验，土壤情况，整地、施肥、播种以及田间一系列管理技术措施和气象资料等。

⑤　试验的田间设计　说明小区排列方法、小区面积、重复次数等。

⑥　试验结果和统计分析　这是总结的主要部分，它包括生育期的观察、田间调查记载的资料，室内考种和产量结果分析等。将这些资料综合分析，比较评定，从中找出不同处理的增产或减产的原因，并用文字加以说明。文字叙述力求简练明确，重点突出。

⑦　结论　根据上述分析结果，对试验中所提出的某项技术措施或某个品种是否有推广价值，是否还需要继续进行试验，应作出正确的评价。

六、　课后训练

结合基地的生产或科研实际情况，撰写一份科研总结报告。

项目自测与评价

一、　概念题

播种期、出苗期、大豆结荚期、大豆成熟期、全生育期、收获期、小麦抽穗期。

二、　填空题

1. 大豆结荚习性分为（　　　）、（　　　）和（　　　）三种。

2. 大豆的生育习性按大豆生长发育的状况，分为（　　　）、（　　　）和（　　　）三种。

3. 大豆裂荚性于晴天的（　　　）目测，分为（　　　）和（　　　）两种。

4. 大豆按叶形分为（　　　）和（　　　）两类。

5. 大豆花色分为（　　）和（　　）两类。

6. 小麦幼苗习性于（　　）观察，分为（　　）、（　　）和（　　）三级。

7. 小麦按和叶片形态区分株型，可以分为（　　）、（　　）和（　　）三种。

8. 小麦锈病记载项目主要包括（　　）、（　　）、（　　）三种。

9. 玉米粒型以果穗（　　）籽粒为主，分为（　　）、（　　）、（　　）。

10. 水稻穗形包括（　　）、（　　）、（　　）、（　　）四种。

11. 大豆荚形分为（　　）、（　　）、（　　）三种。

12. 小麦粒质分为（　　）、（　　）、（　　）三种。

三、简答题

1. 大豆出苗情况分为哪几种？标准是什么？

2. 大豆食心虫率如何计算？按抗性可分为几级？

3. 在田间观察记载时，样点确定的方法常有哪几种？

4. 在玉米田间观察记载时，调查的病害常有哪几种？

5. 田间试验总结作用是什么？大致包含哪些内容？

项目七 包装与贮藏

种子清选和干燥精选分级加工后，加以合理包装，可防止种子混杂、病虫害感染、霉烂变质、吸湿回潮，减缓种子劣变，提高种子商品特性，保持种子旺盛活力，保证安全贮藏运输，以便为农业生产提供高质量种子。

任务一 种子清选与精选

一、任务描述

种子清选主要是清除混入种子中的茎、叶、穗和损伤种子的碎屑、异作物种子、杂草种子、泥沙、石块、空瘪等杂物，以提高种子纯净度，并为种子安全干燥包装贮藏做好准备。种子精选主要是剔除混入的异作物或异品种种子，不饱满的、虫蛀或劣变的种子，以提高纯度，发芽率和种子活力。

二、任务目标

依据种子物理特性和清选精选原理，能正确清选精选种子。

三、任务实施

（一）实施条件

主要作物种子、各种筛孔筛子、种子清选精选设备。

（二）实施过程

1. 接收物料

（1）挑选 仅用于玉米果穗。玉米果穗缓慢通过皮带输送机时分离出父本穗、杂穗及其他杂质，提高种子纯度。

（2）脱粒 含水量大于 17%～18%，要防止机械损伤。

（3）预清 根据需要除去影响种子流动的大杂质（如碎片、断穗、麦芒、大粒种子）和轻、比重小的夹杂物。一般用风筛预清机。

（4）去芒 除去带芒种子的芒和绒毛，防止在基本清选时影响种子自动分级和流动性。要求种子含水量 14%，并要求机器转速最低。

（5）脱绒 主要是棉花，一般有酸脱绒和机械脱绒。

2. 基本清选

这是一切种子加工过程中必要的工序。其目的是清除种子的夹杂物（颖壳、碎茎片、空瘪粒、尘土、其他作物种子）及大于或小于所规定尺寸范围的种子。一般采用风筛清选机。主要按种子大小及杂质的轻重进行分离，使种子基本达到要求标准。

3. 精选

进一步按种子长短分类，使种子外形尺寸一致，提高种子商品性。一般采用复式种子精选设备来完成精选工作。

四、 任务考核

种子清选与精选

项目	重点考核内容	考核标准	分值
种子清选与精选	筛选应用	能筛选各类种子,选后处理新技术及设备,指导推广应用	10
	种子预处理	能根据物料条件,确定脱粒、预清选、除芒方法和机具类型	20
		能使用泡沫酸和过量式稀硫酸棉籽脱绒成套设备进行脱绒作业	
		能使用机械脱绒设备进行脱绒作业	
	种子清选	能操作风筛式清选机和比重式清选机	20
		能更换风筛式清选机筛片和比重式清选机工作台面	
		能更换传动件、密封件等简单易损件	
	制订切实可行的清选与精选方案	清选精选的种子达到国家种子清选精选标准	50
分数合计		100	

五、 相关理论知识

种子清选精选可根据种子形状、尺寸大小、种子比重、空气动力学特性、种子色泽和种子静电特性的差异等，进行清选和精选。

（一）根据种子的形状、 尺寸大小进行分离

1. 种子的形状、尺寸大小

通常用长度（l）、宽度（b）和厚度（a）表示，小麦种子形状如图7-1所示。

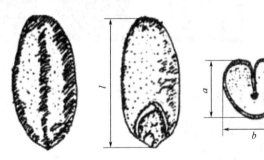

图 7-1　小麦种子形状

l—长度；b—宽度；a—厚度

$l>b>a$ 为扁长形种子　　如：小麦、水稻。

$l>b=a$ 为圆柱形种子　　如：小豆。

$l=b>a$ 为扁圆形种子　　如：野豌豆。

$l=b=a$ 为球形种子　　　如：大豆、油菜。

2. 筛子种类和形状

根据筛孔形状，筛子分为以下几种，如图7-2所示。

（1）冲孔筛　有圆孔、长孔、鱼鳞孔、三角孔等，厚度为0.3～2mm。特点：坚固、耐磨、不易变形，适用于清理大型杂质及种粒分级。有效面积小。

（2）编织筛　有方形、长方形、菱形。钢丝粗度0.3～0.7mm。特点：有效面积大，杂

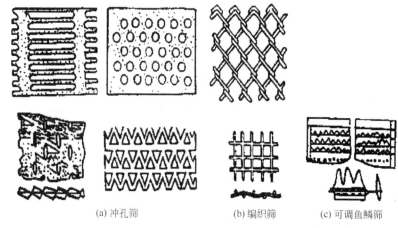

(a) 冲孔筛　　　　　　　　(b) 编织筛　　　　　　(c) 可调鱼鳞筛

图 7-2　筛子种类

质易通过，适于清理细小杂质。但筛面坚固性差，筛孔易变形。

（3）可调鱼鳞筛　联合收获机上应用较多。筛孔可调。

3. 不同形状筛孔的分离原理

如图 7-3 所示，为种子清选精选筛孔类型。

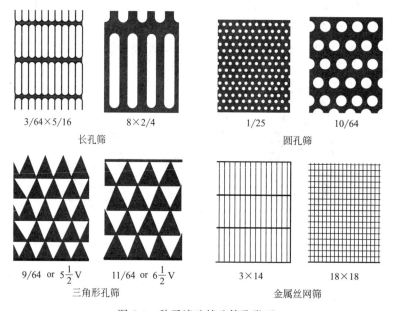

3/64×5/16　　　　　8×2/4　　　　　　　1/25　　　　　　10/64

长孔筛　　　　　　　　　　　　　　圆孔筛

9/64 or $5\frac{1}{2}$V　　　11/64 or $6\frac{1}{2}$V　　　　3×14　　　　　　18×18

三角形孔筛　　　　　　　　　　　金属丝网筛

图 7-3　种子清选精选筛孔类型

① 按种子的宽度分离，选择圆孔筛（见图 7-4）。筛孔直径大于种子厚度，而小于种子长度。又称振动筛。

② 按种子的厚度分离，选择长孔筛（见图 7-5）。用于不同饱满度种子的分离。

③ 按种子的长度分离，选择窝眼筒。长度小于窝眼口径的种子落入圆窝内，并随圆筒旋转上升到一定高度后落入分离槽中；长度大于窝眼口径的种子，不能进入窝眼，而沿窝眼筒的轴向从另一端流出。

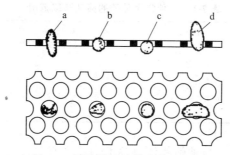

图 7-4　圆孔筛清选精选种子的原理

a、b、c 种子宽度小于筛孔直径（能通过筛孔）d 种子宽度大于筛孔直径（不能通过筛子孔）

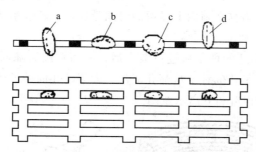

图 7-5　长孔筛清选精选种子的原理

a、b、c 种子宽度小于筛孔宽度（能通过筛孔）d 种子厚度大于筛孔宽度（不能通过筛子孔）

④ 筛孔尺寸选择　依据种子各组成成分的尺寸分布、成品净度要求和获选率进行选择。上筛：主要用于清除特大型杂质，便于种子流动和筛面分布均匀。中筛：清除大型杂质，让种子通过，而大型杂质留在筛面上。如筛孔尺寸越小，大型杂质除净率越高，有利于种子质量提高，获选率相应下降。底筛：清除小型杂质，原则是让小型杂质通过，好种子留在筛面上。如筛孔尺寸大，小型杂质清除彻底，有利于种子质量提高，但小种子淘汰量也相应增加，获选率和生产效率低。在实践中，确定筛孔尺寸时，应比被筛物分界尺寸稍大些。种子尺寸与筛孔尺寸越相近，其通过的机会越小；二者尺寸相等时，实际上不能通过见表 7-1。

⑤ 筛孔的布置　与种子通过性有关。筛孔面积越大，种子通过的可能性越大。圆孔筛棱型排列比正方型排列效率高。

4. 平面筛与圆筒筛

（1）平面筛

① 分离原理　种子与夹杂物在筛面上均匀移动，其中小于筛孔的部分通过筛孔，而大于筛孔的部分则留在筛面上。

② 分离方式　种子漏下，夹杂物留在筛面上（用于分离大型杂质的中、上层筛）；种子留下，而小于种子的夹杂物漏下（用于分离小型杂质的上层筛）。

③ 运动方式　一般是往复摆动。有纵向摆动和横向摆动两种方式。

a. 纵向摆动　被筛物在筛面上纵向上下移动，下移较上移的距离大，逐渐移出筛面。被筛物在筛面上的停留时间较短，生产效率高，但分离效果差。

b. 横向摆动　被筛物在筛面上作"之"字形移动，与纵向相比分离效果好，但生产效率低。

表 7-1　几种常用种子的筛孔选取范围

作物	上筛/mm	中筛/mm	下筛/mm
玉米	Φ13～13.5	Φ11～12	Φ5.5～6.0
水稻	∠4.0～4.5	∠3.2～3.8	∠1.7～2.0
小麦	∠5.0～5.5	∠3.6～4.0	∠1.9～2.2
大豆	Φ9.0～9.5	Φ8.0～8.5	Φ4.5～5.0
油菜	Φ4.0～4.5	Φ2.8～3.0	Φ1.2～1.5

注：表中 Φ 表示圆孔，∠表示长孔筛。

③ 清选质量和生产效率　与被筛物流过筛面的速度有关。被筛物流过筛面的速度与曲轴转速、筛子的倾斜角，以及被筛物与筛面的摩擦力有关。如速度过大被筛物跃过筛孔，使部分筛孔失去分离作用，同时被筛物在筛面上停留的时间缩短，通过筛孔的机会减少，分离质量差；如速度太小，被筛物在筛面上停留的时间延长，生产效率低。

（2）圆筒筛

① 分离原理：需要清选的种子从进口喂入后，一面在圆筒筛面上滑动，一面沿轴向缓慢向出口移动，其中小于筛孔的种子从筛孔漏出，大于筛孔的种子留在筛面上沿轴向从出口排出。图 7-6 为圆筒筛的构造和分离示意图。

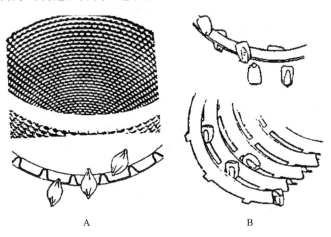

图 7-6　圆筒筛的构造和分离
A—圆孔圆筒筛；B—长孔圆筒筛

② 特点：如果圆筒筛的转速过高，种子在离心力的作用下，会形成长久的相对静止。因此，圆筒筛的转速不能太高，一般 30～50r/min（圆筒筛半径为 200～1000mm）。圆筒筛与平面筛相比，具有如下特点。

a. 种子一次通过圆筒筛可以分成几级。

b. 分离效果好。由于旋转，种子除受重力作用外，还受到离心力的作用，有利于种子通过筛孔，分离效果好，尤其对小种子。

c. 传动简单，易于平衡，筛子便于清理。

d. 转速较低，生产效率不高。

（二）根据种子的空气动力学特性进行分离

1. 种子空气动力学分离原理

按照种子和杂物对气流的阻力大小进行分离。任何一个处在气流中的种子和杂物，除受本身重力外，还承受气流的作用力。重力大而迎风面小的，对气流产生的阻力就小，反之则大。而气流对种子和杂物压力的大小，又取决于种子和杂物与气流方向成垂直平面上的投影面积、气流速度、空气密度以及它们的大小、形状和表面状况。根据各类种子组成成分的空气动力学特性（即所受气流压力）的差异进行分离。

2. 分离方法

① 垂直气流　一般配合筛子进行，其工作原理如图 7-7 所示。

② 平行气流　如风车。

③ 倾斜气流　根据种子本身的重力和所受气流压力大小而将种子分离，如图 7-8 所示。

④ 种子抛扔分离　带式扬场机，如图 7-9 所示。

以上四种分离方法，只能起到清选和初步分级的目的，即将轻型杂质和瘦秕种子除去。

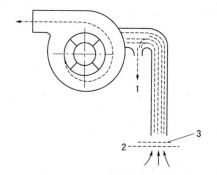

图 7-7　垂直气流清选精选
1—轻杂质；2—筛网；3—谷粒

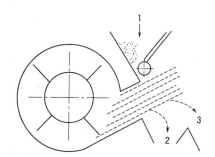

图 7-8　倾斜气流清选精选
1—喂料斗；2—谷粒；3—轻杂质

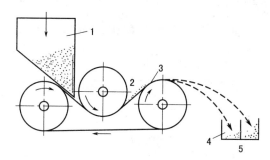

图 7-9　带式扬场机工作示意图
1—喂料斗；2—滚筒；3—皮带；4—轻种子；5—重种子

3. 比重分离器和气流筛选机

① 比重分离器　又称比重清选器。其分离过程是通过两个步骤来实现的。首先是种子在气流的作用下分成上、中、下三层，上层为低密度种子，下层为高密度种子；然后在振动作用下，下层的高密度种子向上作侧向运动，上层的低密度种子向下作侧向运动，从而实现种子分离如图 7-10 所示。

② 气流筛选机　利用种子的空气动力学特性和种子尺寸大小不同，将空气流和筛子组合在一起的种子清选精选种子装置（见图 7-11），这是目前常用的清选精选设备之一。

（三）依据种子表面特性进行分离

1. 分离原理

种子的表面形状和粗糙程度不同，其摩擦角不同，表面粗糙的摩擦角大，表面光滑的摩擦角小，据此将种子与杂物分离。如图 7-12 所示。

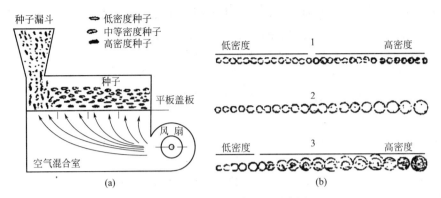

图 7-10　种子比重分离原理示意图

1—大小相同，密度不同；2—密度相同，大小不同；3—密度、大小均不同

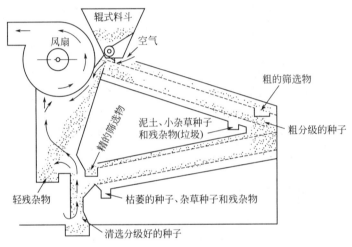

图 7-11　空气筛种子清选精选机示意图

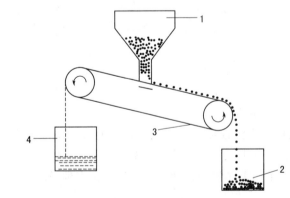

图 7-12　按种子表面光滑程度分离机械

1—种子漏斗；2—圆的或光滑种子；3—粗帆布或塑料布；4—扁平的或粗糙种子

2. 分离机械

目前最常用的种子表面特性分离机械是帆布滚筒。主要用来剔除杂草种子和谷类作物中的燕麦，也可分离豆类中石块和泥块，也可分离未成熟和破损的种子。也可利用磁力分离机进行分离，一般表面粗糙种子可吸附磁粉，当用磁性分离机清选精选时，磁粉和种子混合物

一起经过磁性滚筒，光滑的种子不粘或少粘磁粉，可自由地下落，而杂质或粗糙种子粘有较多磁粉则被吸附在滚筒表面，随滚筒转到下方时被刷子刷落。这类清选机一般都装有 2～3 个滚筒，以提高清选效果。如图 7-13 所示。

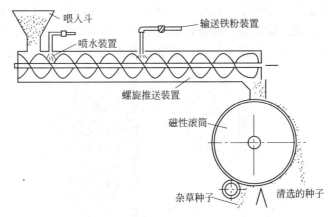

图 7-13 磁性种子清选精选机械

（四）利用种子色泽进行分离

在种子其他特性均相同，难以分离时，可利用种子的色泽进行分离。利用色泽分离是根据种子颜色明亮或灰暗的特征达到分离目的。要分离的种子通过一段照明的光亮区域，每粒种子的反射光与事先在背景上选择好的标准光色进行比较。当种子的反射光不同于标准光色时，即产生信号，种子就从混合群体中被排斥落入另一个管道而分离。如图 7-14 所示为光电色泽种子分离机示意图。

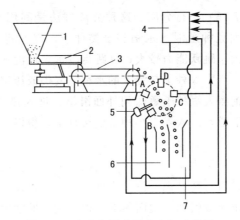

图 7-14 光电色泽种子分离机示意图
1—种子漏斗；2—振动器；3—输送器；4—放大器；5—气流喷口；6—优良种子；7—异色种子

各种类型的颜色分离器在某些机械性能上有差异，但基本原理是相同的。有的机械输送种子进入光照区域的方式不同，可以由真空管带入或用引力流导入种子，由快速气流吹出异色种子。在引力流导入种子的类型中，种子从圆锥体的四周落下。另一种是在管道中，种子在平面槽中鱼贯向前，经过光照区域，若有不同颜色种子即被快速气流吹出。在所有的情况下，种子都是被一个或多个光电管的光束单独鉴别的，不至于直接影响邻近的种子。这种分离方法主要用于豆类作物中因病变而变色的种子及其他异色种子的清选。如为了提高种子质量和发芽率，从不同质量的深蓝色菜豆中，将褪色、变质、异色、有病的种子分离出去。

（五）根据种子的比重进行分离

种子的比重因作物种类、饱满度、含水量以及受病虫害程度的不同而有差异。比重差异越大，其分离效果越显著。

目前最常用的方法是利用种子在液体中的浮力不同进行分离，当种子的比重大于液体的比重时，种子就下沉；反之则浮起。将浮起部分捞去，即可将轻、重不同的种子分离开。一般用的液体可以是水、盐水、黄泥水等。这是静止液体的分离方法，还可用流动液体分离。

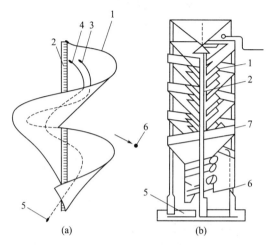

图 7-15　螺旋分离机

1—螺旋槽；2—轴；3.6—球形种子；4—非球形种子；5—非球形种子出口；7—挡槽

（六）根据种子弹性特性进行分离

用螺旋分离机（见图 7-15）进行分离。这种分离方法是利用不同种子的弹力和表面形状的差异进行分离的。如大豆种子混入水稻和麦类种子，或饱满大豆种子中混入压伤压扁粒。饱满的大豆种子弹力大，跳跃能力较大，弹跳得较远，而混入的水稻、麦类和压扁种粒弹力较小，跳跃距离也小。当大豆种子与混入的水稻、麦类或压扁大豆种子混合物沿着弹力螺旋分离器滑道下流时，饱满大豆种子跳跃到外面滑道，进入弹力大种子盛接盘，而水稻、麦类或压扁种粒跳跃入内滑道，滑入弹力小种子盛接盘中，得以分离。

（七）根据种子负电性进行分离

种子一般不带负电。当种子劣变后，种子负电性增加，带负电性高的种子活力低，不带负电或带负电低的种子，则活力高。现已设计成种子静电分离器。当种子混合样品通过电场时，凡是带负电的种子被正极吸引到一边而落下，得以剔除低活力种子，达到选出高活力种子的目的。

（八）根据种皮特性进行分离

利用特殊的类似窝眼筒的滚筒，筒内代替窝眼的是锋利尖锐的钢针，甜豌豆种皮损伤皱褶的种子在滚筒旋转过程中被钢针戳住种皮，种子挂在针上。当挂有种子的钢针随波筒旋转上升到一定高度后，由于本身的重力作用或被刷子刷落，种子落入输送槽中被推运器送出而分离。也可以用于清除带虫眼的豌豆种子。

六、　课后训练

结合基地生产要求选择 1～2 种作物种子进行清选和精选。

任务二　种子干燥

一、任务描述

新收获的种子一般含水量高达 25％～45％。在高水分状态下种子呼吸强度强，放出的热量和水分多，种子易发热霉变；高水分种子贮藏期间很快耗尽种子堆中的氧气，因无氧呼吸产生酒精致使种子受到毒害；高水分种子遇到 0℃以下低温易受冻害而死亡；种子水分在40％～60％时，将发芽；种子水分高，有利于仓虫活动繁殖，为害种子。因此，要在种子收获后，及时将种子干燥，将其水分降到安全包装和安全贮藏的程度，以保持种子旺盛的生命力和活力，提高种子质量。

二、任务目标

依据种子干燥原理，熟练操作主要作物种子的干燥设备干燥种子。

三、任务实施

（一）实施条件

干燥场地、主要作物种子样品、种子干燥基本设备。

（二）实施过程

1. 维护

做好种子干燥设备的检查、保养和维护，注意测温、控温装置是否可靠准确。

2. 除杂

清除干燥设备地面等处的残存种子（指更换品种时），防止混杂。为使干燥床透气性能好、干燥均匀，装机前对种穗要注意挑选，严禁把苞叶、花丝和其他杂质混入干燥设备中。若烘干籽粒最好先进行清选精选去杂，这样种子大小均匀，种子干燥质量好。

3. 缓温

若室外气温较低，玉米果穗在干燥前最好先放到室内缓温 2～3h，再加热烘干。未经干燥种子，堆放时间不能过长，防止发热变质。

4. 干燥

注意种子层厚度，种子干燥层的厚度应根据风机的风量和穿透能力来确定。干燥层过厚或过薄都影响生产效率和干燥质量。一般干燥玉米穗高度不超过 3m，玉米粒不超过 1.5m，其他谷物种粒不超过 1m。如果使用小型干燥室干燥，玉米穗厚度一般为 70～110cm，干燥籽粒（玉米、水稻）25～40cm。中型干燥室和封闭式双向干燥室种子层厚度一般为干燥玉米穗 170～200cm，干燥玉米、水稻种粒 40～60cm 为宜。同时，干燥层厚薄要均匀、平整，中型干燥室干燥层厚度可超过 2m 以上。

控制好干燥温度。干燥玉米果穗 40～43℃，干燥玉米籽粒 38～43℃；干燥水稻 35～40℃；干燥大豆 20～25℃；干燥高粱 35～40℃。干燥啤酒大麦宜将温度控制在 45℃ 以下（胡晋等，1999）。这是根据种子生理和化学特性确定的。

确定好适宜气流量，加强干燥过程气流交换，干燥速率因作物种类存在差异，干燥玉米穗降水速率为（0.3％～0.45％）/h，干燥水稻降水速率为（0.5％～0.8％）/h。一般降水速率不宜过快，干燥玉米穗降水速率应在 0.5％/h 左右，干燥籽粒降水在 1％/h 左右为好。

对含水量超过 25％以上种子最好采取两次干燥，即先干燥到含水量 18％～20％，脱粒后再进行籽粒干燥，直至达到安全水分为止。

四、　任务考核

项目	重点考核内容	考核标准	分值
种子干燥	干燥剂选择	不同种子选用不同干燥剂（少量种子干燥）	10
	干燥技术	能根据操作规程，使用循环式和塔式种子干燥机	20
		能根据实际情况估算干燥时间	
		能根据要求计算出燃料消耗量	
	干燥方法	不同量种子、不同类型种子干燥方法选用	20
	制订当地切实可行的干燥方案	主要作物种子的干燥达到国家种子清选精选标准	50
分数合计		100	

五、　相关理论知识

（一）种子干燥特性

1. 种子的传湿力

（1）种子的传湿力　指种子是一种具有吸湿性的生物胶体。种子在低温潮湿的环境中能吸收水汽，在高温干燥的环境中能散出（解吸）水汽。种子传湿力就是种子这种吸收或散出水汽的能力。

（2）影响传湿力的因素　种子传湿力的强弱主要决定于种子本身的化学组成、细胞结构及外界温度。如果种子内部结构疏松，毛细管较粗，细胞间隙较大，种子含淀粉多和外界温度高时，传湿力就强，反之则弱。据此，认为禾谷类种子的传湿力比含脂肪多的豆类种子要强，软粒小麦种子传湿力比硬粒小麦强。

（3）传湿力与种子干燥关系　传湿力强的种子，干燥起来就比较容易，相反，传湿力弱的种子，干燥起来就比较慢。在干燥过程中，一定要根据种子的传湿力强弱来选择干燥条件。传湿力强的种子可选择较高的温度干燥，干燥介质的相对湿度要低些，并可进行较大风量鼓风。传湿力弱的种子则与此相反。

2. 种子干燥的介质

（1）种子干燥介质　要使种子干燥，必须使种子受热，将种子中的水汽化后排走，从而达到干燥的目的。单靠种子本身是不能完成这一过程的。需要一种物质与种子接触，把热量带给种子，使种子受热，并带走种子中汽化出来的水分，这种物质称为干燥介质。常用的干燥介质有空气、加热空气、煤气（烟道气和空气的混合体）。

（2）干燥介质对水分的影响　影响种子干燥的条件是介质的温度、相对湿度和介质流动速度。

种粒中的水分是以液态和气态存在的，液态水分排走必须经过汽化，汽化所需的热量和排走汽化出的水分，需要介质与种子接触来完成。在干燥过程中，介质与种子接触的时候，将热量传给种子，使种子升温，促使其水分汽化，然后将部分水分带走。干燥介质在这里起着载热体和载湿体的双重作用。

种粒水分在汽化过程中，其表面形成蒸汽层。若围绕种粒表面的气体介质是静止不动的，则该蒸汽层逐渐达到该温度下的饱和状态，汽化作用停止。如使围绕谷粒表面的气体介质流动，新鲜的气体可将已被饱和的原气体介质逐渐驱走，而取代其位置，继续承受由种子中水分所形成的蒸汽，则汽化作用继续进行。因此，要想使种粒干燥、降低水分，与其接触的气体介质应该是流动的，并需设法提高该气体介质的载湿能力，即提高它达到饱和状态时的水汽含量。

在一定的气压下，$1m^3$ 空气内，水蒸气最高含量与温度有关，温度越高则饱和湿度（饱和水汽量）越大。因为温度提高，气体体积增大，所以它继续承受水蒸气量也加大。温度升高以后，由于绝对湿度不变，饱和湿度加大后，则空气相对湿度变小。一般情况下，空气温度每增高 1℃，相对湿度可下降 4%～5%，同时种子中空气的平衡湿度也要降低。相对湿度小，为种子水分汽化、放出创造了条件；饱和湿度增大，增加了空气接受水分的能力，更能促使种子中水分迅速汽化。

因此，提高介质的温度是降低种子水分的重要手段。可以说用任何方法加热空气，空气中原有的含水量虽然没变，但持水能力却逐渐增加。热风干燥就是利用空气的这一特性，加速干燥进程，提高干燥效果。

3. 空气在种子干燥过程中的作用

种子干燥过程中，一方面对种子进行加热，促进其自由水汽化，另一方面要将汽化的水蒸气排走。这一过程需要用空气作介质进行传热和带走水蒸气。利用对流原理对种子进行干燥时，空气介质起着载热体和载湿体的作用；利用传导和辐射原理进行干燥时，空气介质起载湿体作用。掌握空气与种子干燥有关的性能，对保证种子干燥质量、提高生产率有重要意义。

4. 影响种子干燥的因素

（1）相对湿度　在温度不变条件下，干燥环境中的相对湿度决定了种子的干燥速度和降水量。如空气的相对湿度小，对含水量一定的种子，其干燥的推动力大，干燥速度和降水量大；反之则小。同时空气的相对湿度也决定了干燥后种子的最终含水量。

（2）温度　温度是影响种子干燥的主要因素之一。干燥环境的温度高，一方面具有降低空气相对湿度、增加持水能力的作用；另一方面能使种子水分迅速蒸发。在相同的相对湿度情况下，温度高时干燥的潜在能力大。在一个气温较高、相对湿度较大的天气，对种子进行干燥，要比同样湿度但气温较低的天气进行干燥，有较高的干燥潜在能力。所以应尽量避免在气温较低的情况下对种子进行干燥。

（3）气流速度　种子干燥过程中，存在于种子表面的浮游状气膜层，会阻止种子表面水分的蒸发。所以必须用流动的空气将其逐走，使种子表面水分继续蒸发。空气的流速高，则种子的干燥速度快，能缩短干燥时间。但空气流速过高，会加大风机功率和热能的损耗。所以在提高气流速度的同时，要考虑热能的充分利用和风机功率保持在合理的范围，减少种子干燥成本。

（4）种子本身生理状态和化学成分

① 种子生理状态对干燥的影响　刚收获的种子含水量较高、新陈代谢旺盛，进行干燥时宜缓慢，或先低温后高温进行两次干燥。如果采用高温快速一次干燥，反而会破坏种子内的毛细管结构，引起种子表面硬化，内部水分不能通过毛细管向外蒸发。在这种情况下，种子持续处在高温中，会使种子体积膨胀或胚乳变为松软，丧失种子生活力。

② 种子的化学成分对干燥的影响　种子的化学成分不同，其组织结构差异很大，因此，干燥时也应区别对待。

a. 粉质种子　以水稻、小麦（软粒）种子为例，这些种子胚乳由淀粉组成，组织结构较疏松，籽粒内毛细管粗大，传湿力较强，因此容易干燥。可以采用较严的干燥条件，干燥效果也较明显。

　　b. 蛋白质种子　以大豆、菜豆种子为例，这类种子的肥厚子叶中含有大量的蛋白质，其组织结构较致密，毛细管较细，传湿力较弱。然而这类种子的种皮却很疏松易失水。如果放在高温的条件下快速进行干燥，子叶内的水分蒸发缓慢，种皮内的水分蒸发很快，很易使种皮破裂，给贮藏工作带来困难。而且在高温条件下，蛋白质容易变性降低亲水性，影响种子生活力。因此必须采用低温慢速的条件进行干燥。生产上干燥大豆种子往往带荚暴晒，当种子充分干燥后再脱粒。

　　c. 油质种子　以油菜种子为例，这类种子的子叶中含有大量的脂肪，为不亲水性物质，其余大部分为蛋白质。相对来讲，这类种子的水分比上述两类种子容易散发，并且有很好的生理耐热性，因此可以用高温快速的条件进行干燥。据段宪明（1986 年）试验报道，油菜种子干燥的种温用 55～60℃比常用的 45～50℃为好。在曝晒时，考虑到油菜籽粒小，种皮松脆易破，可采用籽粒与荚壳混晒的方法，减少翻动次数，既能防止种子被损，又能起到促进干燥的效果。

　　除生理状态和化学成分外，种子籽粒大小不同，吸热量也不一致，大粒种子需热量多，小粒则少。

　　种子干燥条件中，温度、相对湿度和气流速度之间存在着一定关系。温度越高，相对湿度越低，气流速度越高，则干燥效果越好；在相反的情况下，干燥效果就差。应当指出，种子干燥时，必须确保种子的生命力，否则即使种子能达到干燥，也失去了种子干燥的意义。

　　（二）种子干燥原理

　　种子干燥是通过干燥介质给种子加热，利用种子内部水分不断向表面扩散和表面水分不断蒸发来实现的。

　　种子是活的有机体，又是一团凝胶，具有吸湿特性。但处在某种条件下，也会释放出水分。种子的吸湿和解吸是在一定的空气条件下进行的。当空气中的水蒸气分压超过种子所含水分的蒸汽压时，种子就向空气中吸收水分，直到种子所含水分的蒸汽压与该条件下空气相对湿度所产生的蒸汽分压达到平衡时，种子水分才不再增加。此时种子所含的水分称为平衡水分。反之，当空气相对湿度低于种子平衡水分时，种子便向空气中释放水分，直到种子水分与该条件下的空气相对湿度达到新的平衡时，种子水分才不再降低。暴露在空气中的种子，其水分与相对湿度所产生的蒸汽压相等时，种子水分不发生增减，处在吸附和解吸的平衡状态中，不能起到干燥作用。只有当种子水分高于当时的平衡值时，水分才会从种子内部不断散发出来，使种子逐渐失去水分而干燥。种子内部的蒸气压超过空气的蒸气分压越大，干燥作用越明显。种子干燥就是不断降低空气水蒸气分压，使种子内部水分不断向外散发的过程。种子水分的蒸发，取决于空气中水蒸气分压力的大小。空气中水蒸气的分压力表示空气中水蒸气含量多少，空气中水蒸气含量随水蒸气分压力的增加而增加。水蒸气分压力与含湿量在本质上是同一参数。

　　种子籽粒内部水分的移动现象，称为内扩散。内扩散又分为湿扩散和热扩散。

　　（1）湿扩散　种子干燥过程中，表面水分蒸发，破坏了种子水分平衡，使其表面含水率小于内部含水率，形成了湿度梯度，进而引起水分向含水率低的方向移动，这种现象称为湿扩散。

　　（2）热扩散　种子受热后，表面温度高于内部温度，形成温度梯度。由于存在温度梯度，水分随热源方向由高温处移向低温处，这种现象称为热扩散。

　　温度梯度与湿度梯度方向一致时，种子中水分热扩散与湿扩散方向一致，加速种子干燥而不影响干燥效果和质量。如温度梯度和湿度梯度方向相反，使种子中水分热扩散和湿扩散也以相反方向移动时，影响干燥速度。由于加热温度较低，种子体积较小，对水分向外移动影响不大。如果温度较高，热扩散比湿扩散进行得强烈时，往往种子内部水分向外移动的速度低于种子表面水分蒸发的速度，从而影响干燥质量。严重的情况下，种子内部的水分不但不能扩散到种子表面，反而使水分内迁移，形成种子表面裂纹等现象。

（三）种子干燥方法

种子干燥可分为自然干燥、通风干燥、加热干燥、干燥剂干燥及冷冻干燥等方法。

1. 自然干燥

自然干燥就是利用日光、风等自然条件，或稍加一点人工条件，使种子的含水量降低，达到或接近种子安全贮藏水分标准。一般情况下，水稻、小麦、高粱、大豆等作物种子采取自然干燥可以达到安全水分。玉米种子完全依靠自然干燥往往达不到安全水分，可以作为机械烘干的补充措施。自然干燥可以降低能源消耗，防止种子未烘干前受冻而降低发芽率；可以加快种子降水速度，促进种子早日收贮入库，同时也降低种子的加工成本。

（1）自然干燥的原理　这是目前我国普遍采用的节约能源，廉价安全的种子干燥方法。其干燥原理是种子在日光下晾晒，种子内的水分向两个方向转移：一方面水分受热蒸发向上，散发于空气中；另一方面，由于表层种子受热较多，温度较高，而底层则受热较少，温度较低，因而在种子层中产生了温度陡差。根据湿热扩散定律，水分在干燥物体中沿着热流的方向移动，因此在日光下干燥时，种子中的水分也由表层向底层移动，因而造成表层与底层种子含水量在同一时间内可差 3%～5%。为了防止上层干、底层湿的现象，在晾晒种子时摊的厚度不可过厚，一般可摊成 5～20cm。大粒种子可摊铺 15～20cm；中粒种子可摊铺 10～15cm；小粒种子可摊 5～10cm。如果阳光充足，风力较大时还可厚些。种子干燥降水速度与空气温度，空气相对湿度，种子形态结构和晒场有关。另外晒种子最好摊成波浪形，形成种子垄，增加种子层的表面积，这样晒种比平摊降水快，此外在晒种时应经常翻动，使上下层干燥均匀。

但应注意，在南方炎夏高温天气，中午或下午水泥晒场或柏油场地晒种时，因表面温度太高，易伤害种子。

（2）自然干燥作用　在我国北方秋冬干燥季节，大气相对湿度很低，一般在 5% 以下。由于刚收获的种子水分在 25%～35%，其平衡水分大大高于野外空气的相对湿度，种子水分就会不断向外扩散失水而达到干燥的效果。但这种干燥方法的干燥时间较长，易受外界大气湿度、温度和风速等因素的影响，并还应防止秋冬寒潮的冻害。这种自然干燥方法在南方潮湿地区不宜应用。

（3）自然干燥方法　自然干燥分脱粒前和脱粒后自然干燥，干燥方法也不相同。

① 种子脱粒前的干燥　脱粒前的种子干燥可以在田间进行，也可在场院、晾晒棚、晒架、挂藏室等，利用日光暴晒或自然风干等办法降低种子的含水量。田间晾晒的优点是场地宽广，处理得当会使穗或谷穗植株等充分受到日光和流动空气（风）的作用降低水分。如玉米种子的果穗在收割前可采用"站秆扒皮"方法晾晒；高粱收割后可用刀削下穗头晒在高秆垛上面；小麦、水稻可捆紧竖起，穗向上堆放晒干；大豆可在收割时放小铺子晾晒。这些方法主要是利用成熟到收获这段较短的时间，使种子水分降低到一定程度。对一些暂时不能脱粒或数量较少又无人工干燥条件的种子，可采用搭晾晒棚、挂藏室、搭晾晒架等方法，将植株捆成捆挂起来，玉米穗制成吊子挂起来。实践中总结出来的最好的自然降水法是高茬晾

晒。高茬晾晒即在收割玉米秸时留茬高 50cm 左右，将需晾晒玉米果穗扒皮拴成挂，挂在玉米秸茬上，每株玉米秸茬挂 6～10 个玉米果穗。

② 脱粒后的自然干燥　脱粒后的自然干燥就是籽粒的自然晾晒，这种方法简单，日光中紫外线有杀菌作用，此外晾种还可以促进种子的后熟、提高发芽率。晾晒种子是在晴天有太阳光时将种子堆放在晒场（场院）上。晒场四周通风情况，对晾晒种子降低水分的效果有很大影响。晒场常见的有土晒场和水泥晒场两种，水泥晒场由于场面较干燥和场面温度易于升高，晒种的速度快，容易清理，晾晒效果优于土晒场。水泥晒场面积一般根据种子生产单位晾晒种子数量大小而定，晒种子经验数值是 1t/15m²。水泥晒场一般可按一定距离（面积），中间修成雨脊形，中间高两边低，晒场四周应设排水沟，以免雨天积水影响晒种。

2. 通风干燥

（1）通风干燥的目的　对新收获的较高水分种子，遇到天气阴雨或没有热空气干燥机械时，可利用送风机将外界凉冷干燥空气吹入种子堆中。把种子堆间隙的水汽和呼吸热量带走，以达到不断吹走水汽和热量，避免热量积聚导致种子发热变质、使种子变干和降温的目的。这是一种暂时防止潮湿种子发热变质，抑制微生物生长的干燥方法。

（2）种子通风干燥条件　通风干燥是利用外界的空气作为干燥介质，因此，种子降水程度受外界空气相对湿度的影响。一般只有当外界相对湿度低于 70% 时，采用通风干燥才是经济有效的方法。但在南方潮湿地区或北方雨天，因为外界大气湿度不可能很低，因而不可能将种子水分降低到当时大气相对湿度的平衡水分。当种子的持水力与空气的吸水力达到平衡时，种子既不向空气中散发水分，也不从空气中吸收水分（见表 7-2）。此外，达到平衡的相对湿度随种子水分的减少而变低。因此，当种子水分是 15% 时，温度为 4.5℃，空气的相对湿度必须低于 68%，才能进行干燥。

表 7-2　不同水分的种子在不同温度下的平衡相对湿度　　　　单位：%

温度/℃	种子水分					
	17	16	15	14	13	12
4.5	73	78	68	61	54	47
15.5	83	79	74	68	61	53
25	85	81	77	71	65	58

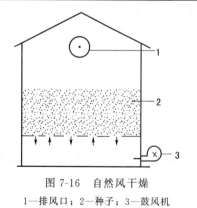

图 7-16　自然风干燥
1—排风口；2—种子；3—鼓风机

从种子水分与空气相对湿度的平衡关系，可表明自然风干燥必须辅之以人工加热的原因。所以，当采用自然风干燥（见图 7-16），使种子水分下降到 15% 左右时可以暂停鼓风，等空气相对湿度低于 70% 时再鼓风，使种子得到进一步干燥。70% 相对湿度是在自然风干燥的常用温度下与水分为 15% 的种子达到平衡水分时的相对湿度。如果相对湿度超过 70% 时，开动鼓风不仅起不到干燥作用，反而会使种子从空气中吸收水分。所以，这种方法只能用于刚采收潮湿种子的暂时安全保存的通风干燥。

（3）种子通风干燥方法　这种干燥方法较为简便，只要有一个鼓风机就能进行通风干燥工作。

据实际工作经验，通风干燥时，可按种子水分的不同，分别采用表 7-3 的最低空气流。

表 7-3　各类种子常温通风干燥的工作参数

推荐通风干燥工作参数		种子堆最大厚度/m	在上述厚度时所需的最低风量/[m³/(m³·min)]	机械常温通风将种子干燥至安全水分时空气的最大允许相对湿度/%
稻谷干燥前水分	25%	1.2	3.24	60
	20%	1.8	2.40	
	18%	2.4	1.62	
	16%	3.0	0.78	
小麦干燥前水分	20%	1.2	2.4	60
	18%	1.8	1.62	
	16%	2.4	0.78	
高粱干燥前水分	25%	1.2	—	60
	20%	1.2	3.24	
	18%	1.8	2.40	
	16%	2.4	1.62	
大麦干燥前水分	20%	1.2	2.40	60
	18%	1.8	1.62	
	16%	2.4	0.78	

一般认为，空气流速大于 $9m^3/min$ 时，只会增加电力消耗而不能增加种子干燥速度，是不经济的，因为种子层厚度对空气流速会产生阻力。因此通风干燥效果还与种子堆高厚度和进入种子堆的风量有关。堆高厚度低，进风量大，干燥效果明显，种子干燥速度也快；反之则慢。

3. 加热干燥

这是一种利用加热空气作为干燥介质（干燥空气）直接通过种子层，使种子水分汽化跑掉，从而干燥种子的方法。在温暖潮湿的热带、亚热带地区，特别是大规模种子生产单位或长期贮藏的蔬菜种子，需利用加热干燥方法。

在加热干燥时，对（空气）介质进行加温，以降低介质的相对湿度，提高介质的持水能力，并使介质作为载热体向种子提供蒸发水分所需的热量。根据加温程度和干燥快慢可分为以下几种方法。

（1）低温慢速干燥法　所用的气流温度一般仅高于大气温度8℃以下，采用较低的气流流量，一般 $1m^3$ 种子可采用 $6m^3/min$ 以下空气流量。干燥时间较长，多用于仓内干燥。

（2）高温快速干燥法　用较高的温度和较大的气流量对种子进行干燥。可分为加热气体对静止种子层干燥和对移动的种子层干燥两种。

气流对静止种子层干燥。种子静止不动，加热气体通过静止的种子层以对流方式进行干燥，用这种方法加热气体温度不宜太高。根据干燥机类型、种子原始水分和不同干燥季节，温度一般可高于大气温度11～25℃，但加热的气流最高温度不宜超过43℃。属于这种形式的干燥设备有袋式干燥机、箱式干燥机及目前常用的热气流烘干室等。

加热气体对移动种子层干燥。在干燥过程中为了使种子能均匀受热，提高生产率和节约燃料，种子在干燥机中移动连续作业。潮湿种子不断加入干燥机，经干燥后又连续排出，所以这种方法又称为连续干燥。根据加热气流流动方向与种子移动方向配合的方式，分顺流式干燥、对流式干燥和错流式干燥 3 种形式。属于这种形式的烘干设备有滚筒式干燥机、百叶窗式干燥机、风槽式干燥机、输送带式干燥机。这些干燥机气体温度较高。各种干燥设备结构不同，对温度要求也不一致。如风槽式干燥机在干燥含水量低于20%的种子时，一般加热气体的温度以 43～60℃ 为宜，这时种子出机温度 38～40℃，如果种子含水量高，应采用几次干燥。

除此以外还有远红外、太阳能做热源的干燥方法。

4. 干燥剂干燥

（1）干燥剂干燥法的特点　这是一种将种子与干燥剂按一定比例封入密闭容器内。利用干燥剂的吸湿能力，不断吸收种子扩散出来的水分，使种子变干，直到平衡水分的干燥方法。其主要特点如下。

① 干燥安全　利用干燥剂干燥，只要干燥剂用量比例合理，完全可以人为控制种子干燥的水分程度，确保种子的安全。

② 人为控制干燥水平　现已完全明白干燥剂的吸水量，可人为预定干燥后水分水平，然后按不同干燥剂的吸水能力，正确计算种子与干燥剂的比例，以便达到种子干燥程度。

③ 适用少量种子干燥　这种干燥法主要适用少量种质资源和科学研究种子的保存。

（2）干燥剂的种类和性能　当前使用的干燥剂有氯化锂、变色硅胶、活性氧化铝、生石灰和五氧化二磷等。现就常用的几种分述如下。

① 氯化锂（LiCl）中性盐类，固体。在冷水中溶解度大，可达 45% 的质量分数。吸湿能力很强。化学性质稳定性好，一般不分解、不蒸发。可回收重复使用，对人体无毒害。氯化锂一般用于大规模除湿机装置。将其微粒保持与气流充分接触来干燥空气。每小时可输送 $17000m^3$ 以上的干燥空气。可使干燥室内相对湿度最低降到 30% 以下，能达到低温低湿干燥的要求。

② 变色硅胶（$SiO_2 \cdot nH_2O$）玻璃状半透明颗粒，无味、无臭、无害、无腐蚀性，不会燃烧。化学性质稳定，不溶解于水，直接接触水便成碎粒不再吸湿。硅胶的吸湿能力随空气相湿度而不同，最大吸湿量可达自身重量的 40%（见表 7-4）。

硅胶吸湿后在 50～200℃ 条件下加热干燥，性能不变仍可重复使用。但烘干温度超过 250℃ 时，破裂并粉碎，丧失吸湿能力。

一般的硅胶不能辨别其是否还有吸湿能力，使用不便。在普通硅胶内掺入氯化锂或氯化钴成为变色硅胶。干燥的变色硅胶呈深蓝色，随着逐渐吸湿而呈粉红色。当相对湿度达到 40%～50% 时就会变色。

表 7-4　不同相对湿度条件下硅胶的平衡水分

相对湿度/%	含水量/%	相对湿度/%	含水量/%
0	0.0	55	31.5
5	2.5	60	33.0
10	5.0	65	34.0
15	7.5	70	35.0
20	10.0	75	36.0
25	12.5	80	37.0
30	15.0	85	38.0
35	18.0	90	39.0
40	22.0	95	39.5
45	26.0	100	40.0
50	28.0		

③ 生石灰（CaO）　通常是固体，吸湿后分解成粉末状的氢氧化钙，失去吸湿作用。但是生石灰价廉，容易取材，吸湿能力较硅胶强。生石灰的吸湿能力因品质而不同，使用时需要注意。

④ 氯化钙（CaCl₂）通常是白色片剂或粉末，吸湿后呈疏松的块状或粉末。吸湿性能基本上与氧化钙相同或稍微超过。

⑤ 五氧化二磷（P₅O₂）是一种白色粉末，吸湿性能极强，很快潮解。有腐蚀作用。潮解的五氧化二磷通过干燥，蒸发其中的水分，仍可重复使用。

（3）干燥剂的用量和比例　干燥剂的用量因干燥剂种类、保存时间、密封时种子的水分不同而不同。

5. 冷冻干燥

冷冻干燥也称冰冻干燥（freeze-dry）。这一方法是使种子在冰点以下的温度产生冻结的方法，也就是在这种状况下通过升华作用以除去水分达到干燥的目的。

（1）冷冻干燥原理　水分的状态分固态、液态和气态三相。当在水的三相点以下的温度、压力范围内，冰与水汽能够保持平衡。而在这种条件下，对冰加热即可以直接升华为水蒸气。由于冰的温度能够保持在对应于外界压力下的一定温度，因而能顺次升华为水蒸气。在低温状况下除去种子水分时，种子的物理变化与化学变化是很小的。如再加水给冷冻种子，就可以立即复原。因此，利用冷冻干燥法可使种子保持良好的品质。

（2）冷冻干燥的方法　通常有两种方法。一种是常规冷冻干燥法，将种子放在涂有聚四氟乙烯的铝盒内，铝盒体积为254mm×38mm×25mm。然后将置有种子的铝盒放在预冷到−20～−10℃的冷冻架上。另一种是快速冷冻干燥法，要首先将种子放在液态氮中冷冻，再放在盘中，置于−20～−10℃的架上，再将箱内压力降至39.9966Pa（0.3mmHg）左右，然后将架子温度升高到25～30℃给种子微微加热。由于压力减小，种子内部的冰通过升华作用慢慢变少。升华作用是一个吸热过程，需要供给少许热量。如果箱内压力维持在冰的蒸汽压以下，则升华的水汽会结冰，并阻碍种子中冰的熔解。随着种子中冰量减少，升华作用也减弱，种子堆的温度逐渐升高到和架子的温度相同。

（3）冷冻干燥的应用　冷冻干燥原理早在19世纪初期就已提出，但直到20世纪初才得以应用。在种子冷冻干燥保存方面研究较早的是Woodstock。他在1976年报道了采用冷冻干燥改进种子耐藏性的研究，确定了洋葱、辣椒和欧芹种子冷冻干燥的适宜时间。洋葱和欧芹以1d为宜，辣椒则2d为宜。表现出干燥损伤的水分因作物而不同，欧芹种子水分为2.4%时就表现出干燥损伤，而洋葱水分为2.1%，辣椒水分为1.3%时，均未表现干燥损伤。试验表明，冷冻干燥对种子贮藏在高温条件下有良好效果，亦可在中温或低温条件下延长贮藏时间。

1983年Woodstock等又报道应用冷冻干燥进行长期贮藏，表明冷冻干燥后，其长期贮藏性明显提高，尤其对洋葱的干燥效果更好。经冷冻干燥的种子贮藏后，发芽率的下降并不明显。

冷冻干燥这一方法，可以使种子不通过加热将自由水和多层束缚水选择性地除去，而留下单层束缚水，将种子水分降低到通常空气干燥方法不可能获得的水平以下，而使种子干燥损伤明显降低，增加了种子的耐藏性。因此这种方法不仅适用于种质资源的保存，而且在当前已有大规模的冷冻设备用于食品冷冻干燥的情况下，也可应用这些设备进行大规模的种子干燥，这对蔬菜种子特别具有应用前景。

六、 课后训练

结合实际情况，选取1～2种作物种子进行干燥训练实践。并选取少量种子进行干燥剂干燥。

任务三　种子包衣

一、任务描述

种子包衣是种子在播种前对种子进行的保护处理措施，种子包衣是利用黏着剂或成膜剂，将杀菌剂、杀虫剂、微肥、植物生长调节剂、着色剂或填充剂等非种子材料，包裹在种子外面，到使种子成球形或基本保持原有形状，提高抗逆性、抗病性，加快发芽，促进成苗，增加产量，提高质量的一项种子新技术。

二、任务目标

能独立进行种子包衣操作

三、任务实施

（一）实施条件

主要作物种子、常用种子包衣剂、大塑料盆、天平、量筒、小木棒等。

（二）实施过程

① 确定包衣对象　因为种子经过精选加工后，提高了种子净度、整齐度，同时种子表面干净一致，利于包衣剂的黏附。棉花需先经硫酸脱绒再包衣，使其包衣后成为丸化种子。在包衣前进行种子发芽试验，符合国标才能包衣。

② 明确种衣剂型号和剂量　种衣剂的型号很多，有效成分含量各不相同。同时，不同作物对各种药剂的适应性和敏感性也不同。

③ 种衣剂检验　首先搅动种衣剂，以防沉淀。若气温太低搅不动时，可将装有种衣剂的桶浸入 35～40℃温水中化解，待化解后搅拌均匀再使用。其次要对种衣剂的成膜性进行测试。最后对包衣种子进行室内发芽试验，看是否影响其发芽率。以上均无任何问题，才能进行正式包衣。

④ 包衣。

⑤ 包衣规格检验　包衣种子必须符合种衣剂理化特性。

⑥ 烘干贮藏。

四、任务考核

项目	重点考核内容	考核标准	分值
种子包衣	种衣剂类型	不同要求选用不同类型种衣剂	10
	种子包衣	能调整药勺供药装置的包衣机药种比 能判断包衣种子是否合格 能排除主要类型包衣机故障	30
	种子丸化	能使用丸化机进行丸化处理作业 能维修保养丸化机	20
	制订玉米种子包衣方案	主要作物种子的包衣指标达到国家种子包衣标准	40
分数合计		100	

五、相关理论知识

（一）种衣剂

种衣剂是一种用于种子包衣的新制剂。主要由杀虫剂、杀菌剂、复合肥料、微量元素、植物生长调节剂、缓释剂和成膜剂或黏着剂等加工制成的药肥复合型的种子包衣新产品。种衣剂以种子为载体，借助于成膜剂或黏着剂黏附在种子上，很快固化为均匀的一层药膜，不易脱落。播种后种衣剂对种子形成一个保护屏障，吸水后膨胀，不会马上被溶解，随种子萌动、发芽、出苗成长，有效成分逐渐被植株根系吸收，传导到幼苗植株各部位，对幼苗植株种子带菌、土壤带菌及地下害虫起到防病治虫的作用，促进幼苗生长，增加种子产量。种子表面的种衣剂（包衣剂）有以下作用。

1. 防治病虫害

种衣剂对病虫害的防治主要有三种形式。

①保护、驱避作用。

②内吸传导作用。

③缓慢释放作用。种衣剂对种子能起到杀菌消毒作用，可防止病菌随种子调运而传播蔓延。播种后，种衣剂在种子表面形成一层保护膜，避免土壤病菌侵袭；每粒种子是一个"小药库"，种子发芽后，种衣剂中内吸性药剂被幼苗吸收，并输送到各个部位，保护幼苗免遭病虫害。种衣剂中含有缓释剂，其主要成分是缓慢释放的（一般有效期 45～60d），被根系吸收后，运输到植株的各个部分，继续发挥防治病虫的作用。

2. 促进生长

种衣剂中加入微量元素肥料和激素，可有效地促进作物生长发育。因此，种子包衣后播种，苗期生长健壮，叶色深绿，长势强。

3. 提高种子产量

种衣剂含有类激素和多种微量元素，可以有效地防治缺素症，使根系发达，叶面积增加，增强光合作用，使作物最终穗大粒饱，提高种子产量。据各地试验，一般种子包衣后增产 10％，棉花增产 15％、花生增产 20％左右。

4. 减少环境污染

种子包衣后，包衣种子的药效持久，使田间苗期不用喷施农药，既有效防治地下害虫，减少苗期病虫害发生又可保护天敌，减少环境污染。

（二）种衣剂的类型及其性能

目前种衣剂按其组成成分和性能的不同，可分为农药型、复合型、生物型和特异型等类型。

1. 农药型

这种类型种衣剂应用的主要目的是防治种子和土壤病害。种衣剂主要成分是农药。美国玉米种衣剂和我国目前应用的多种种衣剂同属于这种类型。长期大量应用农药型种衣剂会污染土壤和造成人畜中毒，因此应尽可能选用高效低毒的农药加入种衣剂中。

2. 复合型

这种种衣剂是为防病、提高抗性和促进生长等多种目的而设计的复合配方类型。这种种衣剂中的化学成分包括有农药、微肥、植物生长调节剂或抗性物质等。目前许多种衣剂都属于这种类型。

3. 生物型

这是新开发的种衣剂。根据生物菌类之间拮抗原理，筛选有益的拮抗根菌，以抵抗有害病菌的繁殖、侵害而达到防病的目的。美国为防止农药污染土壤，开发了根治类生物型包衣剂。如防治玉米纹枯病的 ZSB 生物型包衣剂、防治大豆根腐病的苦参碱生物型包衣剂、防治麦类腥黑穗病等生物型包衣剂。浙江省种子公司也开发了根菌类生物型包衣剂。从环保角度看，开发天然、无毒、不污染土壤的生物型包衣剂也是一个发展趋势。

4. 特异型

特异型种衣剂是根据不同作物特点而专门设计的种衣剂类型。如 Sladdin 等人用过氧化钙包衣小麦种子，使播种在冷湿土壤中的小麦出苗率从 30% 提高到 90%；江苏为水稻旱育秧而设计的高吸水种衣剂；中国科学院气象研究所研制的高吸水树脂抗旱种衣剂。

（三）种衣剂配方成分和理化特性

1. 种衣剂配方成分

目前使用的种衣剂成分主要有以下两类。

（1）有效活性成分　该成分是对种子和作物生长发育起作用的主要成分。如杀菌剂主要用于杀死种子上的病菌和土壤病菌，保护幼苗健康生长。目前我国应用于种衣剂的农药有呋喃丹、辛硫磷、多菌灵、五氯硝基苯、粉锈宁等。如微肥主要用于促进种子发芽和幼苗植株发育。像油菜缺硼容易造成花而不结实，则油菜种子包衣可加硼。其他作物种子可针对性地加入锌、铁等微肥。如植物生长调节剂主要用于促进幼苗发根和生长。像加赤霉酸促进生长，加萘乙酸促进发根等。如用于潮湿寒冷土地播种时，种衣剂中加入萘乙烯（Styrene）可防止冰冻伤害。如种衣剂中加入半透性纤维素类可防止种子过快吸胀损伤。如靠近种子的内层加入活性炭、滑石粉和肥土粉，可防止农药和除草剂的伤害。如种衣剂中加入过氧化钙，种子吸水后放出氧气，促进幼苗发根和生长等等。

（2）非活性成分　种衣剂除有效活性成分外，还需要有其他配用助剂，以保持种衣剂的理化特性。这些助剂包括包膜种子用的成膜剂、悬浮剂、抗冻剂、防腐剂、酸度调节剂、胶体保护剂、渗透剂、黏度稳定剂、扩散剂和警戒色染料等。

种子包膜是将农药、微肥、激素等材料溶解和混入成膜剂而制成种衣剂，为乳糊状的剂型。种子包膜用的成膜剂种类也较多。如用于大豆种子的成膜剂为乙基纤维素，甜菜种子的成膜剂为聚吡咯酮等。

2. 种衣剂理化特性

优良包膜型种衣剂的理化特性应达到如下标准。

（1）合理的细度　细度是成膜性好坏的基础。种衣剂细度标准为 $2\sim4\mu m$。要求 $\leqslant2\mu m$ 的粒子在 92% 以上，$\leqslant4\mu m$ 的粒子在 95% 以上。

（2）适当的黏度　黏度是种衣剂黏着在种子上牢度的关键。不同种子的动力黏度不同，一般在 $150\sim400mPa\cdot s$（黏度单位）。小麦、大豆要求在 $180\sim270mPa\cdot s$，玉米要求在 $50\sim250mPa\cdot s$，棉花种子要求在 $250\sim400mPa\cdot s$。

（3）适宜的酸度　酸度决定了是否影响种子发芽和贮藏期的稳定性，要求种衣剂为微酸性至中性，一般 pH6.8～7.2 为宜。

（4）纯度　纯度是指所用原料的纯度，要求有效成分含量要高。

（5）良好的成膜性　成膜性是种衣剂的又一关键特性，要求能迅速固化成膜。种子不粘连，不结块。

（6）种衣牢固度　种子包衣后，膜光滑，不易脱落。种衣剂中农药有效成分含量和包衣种子的药种比符合产品标志规定。小麦 $\geqslant99.81$，玉米（杂交种）$\geqslant99.65$，高粱（杂交种）$\geqslant99.80$，谷子 $\geqslant99.81$，棉花 $\geqslant99.65$。

（7）良好的缓解性　种衣剂能透气、透水，有再湿性，播种后吸水很快膨胀，但不立即溶于水，缓慢释放药效，药效一般维持 $45\sim60d$。

（8）良好的贮藏稳定性　冬季不结冰，夏季有效成分不分解，一般可贮藏 2 年。

（9）对种子的高度安全性和对防治对象较高的生物活性　种子经包衣后的发芽率和出苗率应与未包衣的种子相同，对病虫害的防治效果应较高。

（四）包衣机械

目前种子包衣机械主要分为种子丸化包衣机、种子包膜包衣机和多用途种子包衣机等。

1.5ZY-1200B 型种子（丸化）包衣机

见图 7-17。这种型号种子包衣机主要适用于蔬菜、油菜、甜菜和牧草等种子的丸化包衣。主要机械结构由料斗、丸化罐、搅拌桶、贮液桶、贮液池、凹流管、输液管、喷头、陶瓷凉暖风扇、粉料输送装置、吸顶通风器等部分构成。

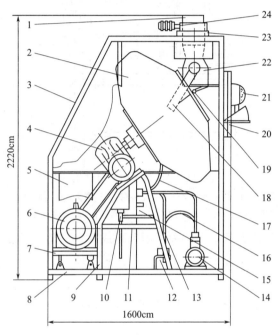

图 7-17　5ZY-1200B 种子包衣机结构

1—料斗 ;2—丸衣罐；3—梁架；4—圆弧齿圆柱蜗杆减速机；5—搅拌桶；6—电磁调速电动机；

7—电机架；8—底架；9—减速机架；10—贮液池；11—电磁换向阀；12—贮液桶；13—回流管；

14—电动高压无气喷液泵；15—电磁放水阀；16—输液管；17—进、出液高压管具；18—输料管；19—喷头；

20—观察罩；21—陶瓷凉风扇；22—粉料输送装置；23—吸顶通风器；24—排尘管

本机的工作原理：丸衣罐回转时种子被罐壁与种子之间及种子与种子之间的摩擦力带动随罐回转，到一定高度后，在重力的作用下脱离罐壁下落，到罐的下部时又被带动，这样周而复始的在衣丸罐内不停地翻转运动，黏着剂定时地经电动高压无气喷枪呈雾状均匀喷射到种子表面，当粉状物料从料斗中落下时，即被黏着剂黏附。如此不断反复，使种子逐渐被物料所包裹成丸化种子。种子包衣完毕，接通陶瓷凉暖风扇的电源，向包衣种子吹热风，将包衣种子的水分带走，从而达到大体干燥的目的。

2.5BY-5A 型种子（包膜）包衣机

见图 7-18。该种子包衣机适用各类种子包衣工作。该机由机架、喂入配料装置、喷涂滚筒机构、排料袋装机构、供气系统、电气系统、供液系统等部分构成。

本机的工作原理是：种子在翻滚搅拌过程中，一方面由入口端向较低的出口端运动，另一方面在抄板和导向板的作用下，随滚筒上下运动，形成了"种子雨"，与此同时种衣剂也

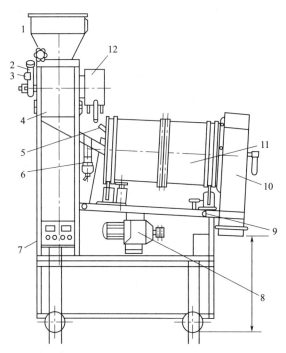

图 7-18 5BY-5A 种子包衣机结构示意图

1—喂料斗；2—计量摆杆；3—配重块；4—配料箱；5—喷头；6—高压阀组合；7—配电箱；

8—减速机；9—倾角调节手轮；10—排料箱；11—滚筒；12—药液箱

经计量后流入喷头，随气流雾化，和"种子雨"形成一定夹角，反复喷涂各粒种子表面，形成薄膜，实现包衣，也可实现种子染色、包肥等多种功能。

六、 课后训练

选取实习基地的 1~2 种作物种子进行包衣训练实践。

任务四 种子包装

一、 任务描述

清选干燥和精选分级等加工后的种子，加以合理包装，可防止种子混杂，病虫害感染、吸湿回潮，减缓种子劣变，提高种子商品特性，保持种子旺盛生命活力，保证种子安全贮藏。

二、 任务目标

熟练包装种子。

三、 任务实施

（一）实施条件

主要作物种子、种类包装材料、台秤、打包机等。

（二）实施过程

① 包装袋规格选择。包装袋上印有作物、品种、等级、重量、质量标准、生产单位、生产许可证、编号等各项内容。种子袋内必须有品种说明、生产日期等。包装必须符合 GB

7414—87 规定。

    ② 明确包装对象。主要作物种子。

    ③ 计量。按照设定计量单位，进行分装。

    ④ 装袋。

    ⑤ 输送。

    ⑥ 封包。

    ⑦ 入库。

四、考核标准

项目	重点考核内容	考核标准	分值
种子包装	包装材料类型	正确选用包装材料	10
	包装	根据计量要求,选用不同计量包装 会用喷码机对种子包装袋进行喷码作业 能排除主要类型包衣机故障	30
	包装标签	能设计使用标签	10
	制订种子包装方案	种子包装各项指标是否符合 GB 7414—87 规定	50
分数合计		100	

五、相关理论知识

（一）种子包装原则

经清选干燥和精选分级等加工的种子，加以合理包装，可防止种子混杂、病虫害感染、吸湿回潮、种子劣变，以提高种子商品特性，保持种子旺盛活力，保证安全贮藏运输以及便于销售等。种子包装必须遵循以下原则。

① 防湿包装的种子必须达到包装所要求的种子含水量和净度等标准。确保种子在包装容器内，在贮藏和运输过程中不变质，保持原有质量和活力。

② 包装容器必须防湿、清洁、无毒、不易破裂、重量轻。种子是一个活的生物有机体，如不防湿包装，在高湿条件下种子会吸湿回潮；有毒气体会伤害种子，而导致种子丧失生活力。

③ 按不同要求确定包装数量。应按不同种类、苗床或大田播种量，不同生产面积等因素，确定适合包装数量，以利使用或方便销售。

④ 有较长保存期限。保存时间长，则要求包装种子水分更低，包装材料更好。

⑤ 包装种子贮藏条件。在低湿干燥气候地区，包装条件要求较低；而在潮湿温暖地区，则要求严格。

⑥ 包装容器外面应加印或粘贴标签纸。写明作物和品种名称、采种年月、种子质量指标资料和高产栽培技术要点等，并最好绘上醒目的作物或种子图案，引起种植者的兴趣，使良种能得到充分利用和销售。

（二）包装材料的种类特性

目前应用比较普遍的包装材料主要有麻袋、多层纸袋、铁皮罐、聚乙烯铝箔复合袋及聚乙烯袋等。

麻袋强度好，但透湿容易，防湿、防虫、防鼠性能差。

金属罐强度好，高透湿率，防湿、防光、防淹水、防有害烟气、防虫、防鼠性能好，并适于高速自动包装和封口，是最适合的种子包装容器。

表 7-5　铝箔厚度和透湿率

种类	铝箔厚度/mm	透湿率/(g/m²)24h
1	0.007～0.008	<7
2	0.008～0.010	<5
3	0.010～0.015	<2.5
4	0.015～0.020	<1.5
5	0.020～0.025	0

注：引自日本工业规格 21500—1960。

聚乙烯铝箔复合袋强度适当，透湿率极低，也是最适宜的防湿袋材料（见表 7-5）。该复合袋由数层组成。因为铝箔有微小孔隙，最内及最外层为聚乙烯薄膜则有充分的防湿效果。一般用这种袋子包装种子，1 年内种子含水量不发生变化。

聚乙烯和聚氯乙烯等为多孔型塑料，不能完全防湿。用这种材料所制成的袋和容器，密封在里面的干燥种子会慢慢地吸湿，因此其厚度在 0.1mm 以上是必要的。但这种防湿包装只有 1 年左右的有效期。

聚乙烯薄膜是用途最广的热塑性薄膜。通常可分为低密度型（密度 0.914～0.925g/cm³）、中密度型（密度 0.93～0.94g/cm³）、高密度型（密度 0.95～0.968g/cm³）。这三种聚乙烯薄膜均为微孔材料，对水汽和其他气体的通透性因密度不同而有差异。经试验，在 37.8℃ 和 100% 相对湿度下，$6.45×10^{-4}$ m² 的厚薄膜在 24h 内可透过水汽：低密度薄膜为 1.4g，中密度薄膜为 0.7g，高密度薄膜为 0.3g。约为 0.0254mm（10 密耳）厚的低密度薄膜在上述条件下每 24h $645.16×10^{-4}$ m²（100 平方英寸）可透过约 0.13g 水汽，约为 0.0254mm 厚的薄膜透过量的 1/10，制成的袋子几乎完全能防止仓虫，薄的薄膜可能被某些仓虫蛀破。

玻璃纸这类薄膜用再生纤维素制成，目前有 100 多个品种，每个品种都有一定的专门用途。防潮类型的（水气透过率很低）可用于少量种子的包装。玻璃纸单独用于种子包装，不能令人十分满意，因其随着年数增多或在干燥条件下易发脆而破裂。玻璃纸和聚乙烯的混合制品，不会像单独的玻璃纸那样容易受潮，而且具有相当好的防潮性能。聚乙烯——玻璃纸层压材料在种子包装中用得相当广泛，其热封简易，并且在自动包装机上操作便利。

纸袋多用漂白亚硫酸盐纸或牛皮纸制成，其表面覆上一层洁白陶土以便印刷。许多纸质种子袋系多层结构，由几层光滑纸或皱纹纸制成。多层纸袋因用途不同而有不同结构。普通多层纸袋的抗破力差，防湿、防虫、防鼠性能差。在非常干燥时会干化，易破损，不能保护种子生活力。

纸板盒和纸板罐（筒）也广泛用于种子包装。多层牛皮纸能保护种子的大多数物理品质，并对自动包装和封口设备很适合。

（三）包装材料和容器的选择

包装材料和容器要按种子种类、种子特性、种子水分、保存期限、贮藏条件、种子用途和运输距离及地区等因素来选择。

麻袋、布袋有坚固耐磨的特点，常用于大量种子的贮藏和长途运输包装。

多孔纸袋或针织袋一般用于要求通气性好的种子种类（如豆类），或数量大，贮存在干燥低温场所，保存期限短的批发种子的包装。

小纸袋、聚乙烯袋、铝箔复合袋、铁皮罐等通常用于零售种子的包装。内衬细绳子的纸/聚乙烯复合袋在德国被用作种子扦样袋。

钢皮罐、铝盒、塑料瓶、玻璃瓶和聚乙烯铝箔复合袋等容器可用于价高或少量种子长期保存或品种资源保存的包装。

在高温高湿的热带和亚热带地区的种子包装应尽量选择严密防湿的包装容器，并且待种子干燥到安全包装保存的水分，封入防湿容器以防种子生活力的丧失。

（四）防湿容器包装的种子安全含水量

根据安全包装和贮藏原理，种子含水量降低到 25％相对湿度平衡的含水量时，种子寿命可延长，有利于保持种子旺盛的活力。但这种含水量因种子种类不同而有差异（见表 7-6）。

如果不能达到干燥程度，则会加速种子的劣变死亡。因为高水分种子在这种密闭容器里，由于呼吸作用很快耗尽氧气而累积二氧化碳，最终导致无氧呼吸而中毒死亡。所以防湿密封包装的种子必须干燥到安全包装的含水量，才能得到保持种子原有生活力的效果。

表 7-6 封入密闭容器的种子上限含水量

农作物及牧草种子	含水量/％	蔬菜种子	含水量/％	蔬菜种子	含水量/％	花卉种子	含水量/％
大豆	8.0	四季豆	7.0	洋葱	6.5	蜀葵蓟	6.7
甜玉米	8.0	菜豆	7.0	葱	6.5	庭芥	6.3
大麦	10.0	甜菜	7.5	西葫芦	6.0	金鱼草	5.9
玉米	10.0	硬叶甘蓝	5.0	豌豆	7.0	紫苑	6.5
燕麦	8.0	抱球甘蓝	5.0	萝卜	5.0	雏菊	7.0
黑麦	8.0	胡萝卜	7.0	菠菜	8.0	风铃草	6.3
小麦	8.0	甜芹	7.0	南瓜	6.0	勿忘草	7.1
其他作物种子	6.0	君达菜	4.5	西瓜	6.5	龙面花	5.7
三叶草	8.0	白菜	5.0	辣椒	4.5	羽扇豆	8.0
早熟禾	9.0	黄瓜	6.0	韭菜	6.5	钓钟柳	6.5
苜蓿	6.0	茄子	6.0	芥菜	5.0	福禄考	7.8
六月禾	6.0	番茄	5.5	莴苣	5.5	矮牵牛	6.2
黑麦草	8.0	芜菁	5.0	其他	5.0		

（五）包装标签

国外种子法要求在种子包装容器上必须附有标签。标签上的内容主要包括种子公司名称、种子名称、种子净度、发芽率、异作物和杂草种子含量、种子处理方法和种子净重或粒数等项目。我国种子工程和种子产业化要求挂牌包装，以加强种子质量管理。

种子标签可挂在麻袋上，或贴在金属容器、纸板箱的外面，也可直接印制在塑料袋、铝箔复合袋及金属容器上，图文醒目，以吸引种植者选购。

六、课后训练

选取实习基地主要作物种子 1～2 种进行包装。

任务五 了解种子安全贮藏技术措施

一、任务描述

种子是活的有机体，每时每刻都在进行着各种代谢活动，种子安全贮藏就是人为地控制贮藏条件，使种子劣变降低到最低限度，最有效地保持较高的种子发芽力和活力从而保持种子的种用价值。

二、 任务目标

运用各种贮藏技术，安全贮藏种子。

三、 任务实施

（一） 实施条件

主要作物种子、种子低温库。

（二） 实施过程

低温仓库采用机械降温的方法使库内的温度保持在15℃以下，相对湿度控制在65％左右。经过试验和大批生产用种贮藏表明，这类仓库对于贮藏杂交种子和一些名贵种子，能延长其寿命和保持较高的发芽率。

1. 清仓消毒

种子入库前按操作规程进行严格清仓消毒或熏蒸。种子垛必须配备透气垫架，垛与垛、垛与墙体之间应保持适当距离。

2. 检修制冷设备

确保设备始终处于良好技术状态，设计好低温探头的安放，延长设备使用寿命。查看库房门窗密封状况及时维护。

3. 严把种子质量关

种子入库前种子含水量必须达到国家规定标准，质量不合格的严禁入库。在种温较高时，可先放入缓冲室，待温度降下后入库。

4. 控温控湿

种子入库后，不立即开机降温，先通风降低湿度，否则易出现结露。

5. 严格各项管理制度

正确制定和使用规章制度，做到"三好"（管好、用好、修好），"四会"（会使用、会保养、会检查、会排除故障）。

四、 考核标准

项目	重点考核内容	考核标准	分值
种子安全贮藏技术	温度与贮藏关系	温度与水分对种子贮藏影响	10
	安全贮藏	种子安全贮藏条件 种子贮藏中常见问题处置	30
	仓库病虫害防治	常用药剂的正确使用	10
	制订种子贮藏方案	保证种子安全贮藏	50
分数合计		100	

五、 相关理论知识

1. 呼吸与种子贮藏关系

种子的呼吸是种子贮藏期间生命活动的集中和具体表现。种子的呼吸强度和种子的安全贮藏有密切的联系。呼吸作用对种子贮藏有两方面的影响。有利方面是呼吸可以促进种子的后熟作用，但通过后熟的种子还是要设法降低种子的呼吸强度；利用呼吸自然缺氧，可以达到驱虫的目的。不利方面是在贮藏期间种子呼吸强度过高会引起许多问题。

① 旺盛的种子呼吸消耗了大量贮藏干物质。据计算，每放出 $1g$ 二氧化碳必须消耗

0.68g 葡萄糖。贮藏物质的损耗会影响种子的重量和种子活力。

② 种子呼吸作用释放出大量的热量和水分。例如，每克葡萄糖氧化可产生 0.5g 水分，占种子有氧呼吸释放能量的 44%。微生物分解种子时释放能量的 80% 转变成热能。种子堆是热的不良导体，这些水分和热量不能散发出去。使种子堆湿度增大，种温增高，湿度与热量重新被种子吸收后，使得种子的呼吸强度提高。如此恶性循环最后造成种子发热霉变，完全丧失生活力。

③ 缺氧呼吸会产生有毒物质，积累后会毒害种胚，降低或使种子丧失生活力。

④ 种子呼吸释放的水汽和热量，使仓虫和微生物活动加强，加剧对种子的取食和危害。由于仓虫和微生物生命活动的结果放出大量的热能和水汽，又间接地促进种子呼吸强度的增高。

因此，必须尽可能地在种子贮藏期间降低种子的呼吸强度，使种子处于极微弱的生命活动状态中。在种子贮藏期间把种子的呼吸作用控制在最低限度，就能有效地保持种子生活力和活力。一切措施（包括收获、脱粒、清选、干燥、仓房、种子品质、环境条件和管理制度等）都必须围绕降低种子呼吸强度和减缓劣变进程来进行。

2. 呼吸作用的含义

（1）呼吸作用概念　呼吸作用是种子内活的组织在酶和氧的参与下将本身的贮藏物质进行一系列的氧化还原反应，最后放出二氧化碳和水，同时释放能量的过程。种子的任何生命活动都与呼吸密切相关。呼吸的过程是将种子内贮藏物质不断分解的过程，它为种子提供生命活动所需的能量，促使有机体内生化反应和生理活动正常进行。种子呼吸过程中释放的能量一部分以热能的形式散发到种子外面。种子的呼吸作用是贮藏期间种子生命活动的集中表现，因为贮藏期间不存在同化过程，而主要进行分解作用和劣变过程。

（2）种子呼吸作用部位　呼吸作用是活组织特有的生命活动，如禾谷类种子中只有胚部和糊粉层细胞是活组织，所以种子呼吸作用是在胚和糊粉层细胞中进行。种胚虽只占整粒种子的 3%～13%。但它是生命活动最活跃的部分，呼吸作用以胚部为主，其次是糊粉层。果皮和胚乳经干燥后，细胞已经死亡，不存在呼吸作用，但果种皮和通气性有关，会影响呼吸性质和强度。

3. 呼吸作用性质及衡量指标

种子呼吸的性质根据是否有外界氧气参与分为有氧呼吸和无氧呼吸两类。呼吸作用可用呼吸强度和呼吸系数两个指标来衡量。

（1）呼吸强度　是指一定时间内、单位重量种子放出的二氧化碳量或吸收的氧气量。它是表示种子呼吸强弱的指标。

（2）呼吸系数　是指种子在单位时间内，放出二氧化碳的体积和吸收氧气的体积之比。呼吸系数是表示呼吸底物的性质和氧气供应状态的一种指标。

当碳水化合物用作呼吸底物时，若氧化完全，呼吸系数为 1。如果呼吸底物是分子中氧/碳值比碳水化合物小的脂肪和蛋白质，则其呼吸系数小于 1，如果底物是一些比碳水化合物含氧较多的物质，如有机酸，其呼吸系数大于 1。

呼吸系数还与氧的供应是否充足有关。测定呼吸系数的变化，可以了解贮藏种子的生理作用是在什么条件下进行的。当种子进行缺氧呼吸时，其呼吸系数大于 1；在有氧呼吸时，呼吸系数等于1或小于1。如果呼吸系数比1小得多，表示种子进行强烈的有氧呼吸。

4. 影响种子呼吸强度因素

种子呼吸强度的大小，因作物、品种、收获期、成熟度、种子大小、完整度和生理状态而不同，同时还受环境条件的影响，其中水分、温度和通气状况的影响更大。

（1）水分　呼吸强度随着种子水分的提高而增强（见图7-19）。潮湿种子的呼吸作用很旺盛，干燥种子的呼吸作用则非常微弱。因为种子内的酶类随种子水分的增加而活化，把复杂的物质转变为简单的呼吸底物。所以种子内的水分越多，贮藏物质的水解作用越快，呼吸作用越强烈，氧气的消耗量越大，放出的二氧化碳和热量越多。可见种子中游离水的增多是种子新陈代谢强度急剧增加的决定因素。

种子内出现游离水时，水解酶和呼吸酶的活动便旺盛起来，增强种子呼吸强度和物质的消耗。把游离水将出现时的种子含水量称为临界水分。一般禾本科作物种子临界水分为13.5%左右（如水稻13%、小麦14.6%、玉米11%），油料作物种子的临界水分为8%～8.5%（油菜7%）。临界水分与种子贮藏的安全水分有密切关系，而安全水分随各地区的温度不同而有差异。禾谷类作物种子的安全水分，在温度0～30℃范围内，温度一般以0℃为起点，水分以18%为基点，以后温度每增高5℃，种子的安全水分就相应降低1%，在我国多数地区，水分不超过14%～15%的禾谷类作物种子，可以安全度过冬、春季；水分不超过12%～13%可以安全度过夏、秋季。

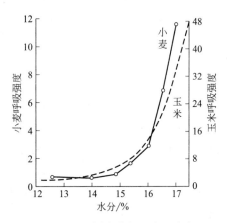

图7-19　不同水分的玉米和小麦种子的呼吸强度［CO_2 mg/（100g·h）］

（2）温度　在一定温度范围内种子的呼吸作用随着温度的升高而加强。一般种子处在低温条件下，呼吸作用极其微弱。随着温度升高，呼吸强度不断增强，尤其在种子水分增高的情况下，呼吸强度随着温度升高而发生显著变化。但这种增长受一定温度范围的限制。在适宜的温度下，原生质黏滞性较低，酶的活性强，所以呼吸旺盛；而温度过低，则酶和原生质受到损害，使生理作用减慢或停止。

（3）通气　空气流通的程度可以影响呼吸强度与呼吸方式。不论种子水分和温度高低，在通气条件下的种子呼吸强度均大于密闭贮藏（见表7-7）。同时还表明种子水分和温度越高，则通气对呼吸强度的影响越大。高水分种子，若处于密闭条件下贮藏，由于旺盛的呼吸，很快会把种子堆内部间隙中的氧气耗尽，而被迫转向缺氧呼吸，结果引起大量氧化不完全的物质如醇、醛、酸等积累，对种胚产生毒害，导致种子迅速死亡。因此，高水分种子，尤其是呼吸强度大的油料作物种子不能密闭贮藏，要特别注意通风。含水量不超过临界水分的干燥种子，由于呼吸作用非常微弱，对氧气的消耗很慢，密闭条件下有利于保持种子生活力。在密闭条件下，种子发芽率随着其水分提高而逐渐下降（见表7-8）。

表 7-7　通风对大豆种子呼吸强度的影响

单位：（μgCO_2/100g 干物质·周）

温度 /℃	水分/%					
	10.0		12.5		15.0	
	通风	密闭	通风	密闭	通风	密闭
0	100	10	182	14	231	45
24	147	16	203	23	279	72
10~12	286	52	603	154	827	293
18~20	608	135	979	289	3526	1550
24	1073	384	1667	704	5851	1863

表 7-8　通气状况对水稻种子发芽率的影响（常温贮藏 1 年）

材料	原始发芽率/%	入库水分/%	贮藏方法	
			通气/%	密闭/%
珍汕 97A	94.0	11.4	73.0	93.5
		13.1	73.5	74.5
		15.4	71.5	19.0
汕优 6 号	90.3	11.5	70.2	85.6
		13.0	67.0	83.0
		15.2	61.0	26.5

通气对呼吸的影响还和温度有关。种子处在通风条件下，温度越高，呼吸作用越旺盛，生活力下降越快。生产上为有效地长期保持种子生活力，除干燥、低温外，进行合理的密闭或通风是必要的

（4）种子本身状态　种子的呼吸强度还受种子本身状态的影响。凡是未充分成熟的、不饱满的、损伤的、冻伤的、发过芽的、小粒的和大粒的种子，呼吸强度高；反之，呼吸强度就低。因为未成熟、冻伤、发过芽的种子含有较多的可溶性物质，酶的活性也较强，损伤、小粒的种子接触氧气面较大，大胚种子则由于胚部活细胞所占比例较大，使得呼吸强度较高。

（5）化学物质　二氧化碳、氮气、氨气以及农药等气体对种子呼吸作用也有明显影响，浓度高时住往会影响种子的发芽率。目前，有些粮食部门采用脱氧充氮或提高二氧化碳浓度等方法保管粮食，既可杀虫灭菌，一定程度上也抑制了粮食的呼吸作用。这种方法在粮食保管上已有成效，但在保存农业种子方面，还有待进一步研究。

（6）仓虫和微生物　如果贮藏种子感染了仓虫和微生物，一旦条件适宜时便大量繁殖。同时仓虫和微生物生命活动的结果是放出大量的热能和水汽，间接地促进了种子呼吸强度的提高。

5. 种子后熟作用

种子成熟应该包括两方面的意义，即种子形态上的成熟和生理上的成熟。只具备其中一个条件时，都不能称为种子真正的成熟。种子形态成熟后被收获，并与母株脱离，但种子内部的生理生化过程仍然继续进行，直到生理成熟。这段时期的变化实质上是成熟过程的延续，又是在收获后进行的，所以称为后熟。实际上是在种子内发生的准备发芽的变化。种子通过后熟作用，完成其生理成熟阶段，才可认为是真正成熟的种子。种子在后熟期间所发生的变化，主要是在质的方面，而量的方面只减少不会增加。从形态成熟到生理成熟变化的过程，称为种子后熟作用。

在种子后熟期间，仓内不稳定。实践中，为防止后熟期不良现象的发生，必须适时收获（避免提早收获使后熟期延长），充分干燥，促进后熟的完成。入库后勤管理，入库后 1 个月

内勤检查，适时通风散温散湿。种子在后熟期间对恶劣环境的抵抗力较强，此时进行高温干燥处理或化学药剂熏蒸杀虫，对生活力的损害较轻。如小麦种子的热进仓，利用未通过后熟种子抗性强的特点，采用高温暴晒种子后进仓，起到杀死仓虫的目的。

六、 课后训练

选取 1～2 种作物种子按照操作规程进行贮藏前处理实践。

任务六　主要作物种子的贮藏

一、 任务描述

主要农作物种子有水稻、小麦、玉米、棉花、大豆、油菜等，按成分分为淀粉类种子、蛋白质类种子、脂肪类种子，按胚的大小分为大胚种子、小胚种子，不同的作物种子在贮藏过程中要求的条件差异较大，因此要针对不同作物种类种子采取不同措施安全贮藏。

二、 任务目标

主要农作物种子能安全贮藏。

三、 任务实施

（一）实施条件

主要作物种子、贮藏设备、台秤。

（二）实施过程

1. 水稻种子贮藏技术

（1）适时收获，及时干燥，冷却入库，防止混杂　了解品种成熟特性，适时收获。未经干燥的稻种存放时间不宜过长，否则容易引起发热成萌动甚至发芽以致影响种子的贮藏品质。一般在早晨收获的稻种，即使是晴朗天气由于受朝露影响，种子水分可达 28%～30%，午后收获的稻种在 25% 左右。种子脱粒后，立即进行曝晒，只要在平均种温能达到 40℃ 以上的烈日下，经过 2～3d 曝晒即可达到安全水分标准。当晒时如阳光强烈，要多加翻动，以防受热不匀，发生爆腰现象，水泥晒场尤应注意这一问题。早晨出晒不宜过早，事先还应预热场地，否则由于场地与受热种子温差大发生水分转移，影响干燥效果。这种情况对于摊晒过厚的种子更为明显。机械烘干温度不能过高，防止灼伤种子。经过高温曝晒或加温干燥的种子，应待冷却后才能入库。否则，种子堆内部温度过高会发生"干热"现象，时间过长引起种子内部物质变性而影响发芽率。热种子遇到冷地还可能引起结露。水稻种子品种繁多，有时在一块晒场上同时要晒几个品种，如稍有疏忽，容易造成品种混杂。因此种子在出晒前，必须清理晒场，扫除垃圾和异品种种子。出晒后，应在场地上标明品种名称，以防差错。入库时要按品种有次序地分别堆放。

（2）控制种子水分和温度　种子水分应根据贮藏温度不同加以控制。生产上，一般早稻种子的入库水分掌握严一些。晚稻尤其是晚粳稻种子入库水分可适当放宽些。这是因为晚稻入库时气温较低，提供干燥条件困难，粳稻种子又不易降低水分等原因而定的。总之，经过高温季节的稻种，水分必须控制严格些，进入低温季节的稻种，水分可适当放宽些。种子水分降低到 6% 左右，温度在 0℃ 左右，可长期贮藏而不影响种子发芽率；种子水分降到 8%以下的水稻种子可安全度夏，水分超过 14% 的水稻种子次年发芽率会有明显下降。

（3）治虫防霉　我国稻区高温潮湿，易滋生仓虫。仓虫可用药剂熏杀。最常用的杀虫剂是有机磷化铝，另外，还可用防虫磷等。磷化铝剂量控制在种子水分含量12.5%以下，空间2g/m³，种子堆3g，熏蒸7d后，打开仓库释放毒气，3h后，密闭贮藏管理。危害水稻种子贮藏的微生物主要是真菌中的曲霉和青霉。在种子充分干燥情况下密闭贮藏可抑制霉菌。

（4）少量稻种贮藏

可用干燥剂贮藏法。要注意干燥剂与种子的比例。

2. 小麦种子贮藏技术

（1）干燥密闭贮藏　麦种容易吸湿从而引起生虫和霉变，如能采用密闭贮藏可防止吸湿回潮，延长贮藏期限。密闭贮藏要求种子水分控制在12%以内才有效。超过12%便发芽，水分越高发芽越快。

（2）热进仓贮藏　这是利用麦种耐热特性采用的贮藏方法，对杀虫和促进种子后熟作用有很好效果。具体做法：选择晴朗天气，将小麦种子进行曝晒降水至12%以下，使种温达到46℃以上不超过52℃，趁热迅速将种子入库堆放，并须覆盖麻袋2~3层密闭保温，待种湿保持在44~46℃之间，经7~10d之后掀掉覆盖物，进行通风散温直至达到与仓温相同为止，然后密闭贮藏即可。

（3）密闭压盖防虫贮藏　适用于数量级较大的全仓种子储藏，对防治麦蛾有良好效果。具体做法：先将种子堆表面耙平，后用麻袋2~3层．或篾垫2层或干燥砻糠灰10~17cm覆盖在上面，可起到防湿、防虫作用，尤其是砻糠灰有干燥作用，防虫效果更好。覆盖麻袋或篾垫要求做到"平整、严密、压实"，就是指覆盖物要盖得平坦而整齐，每个覆盖物之间衔接处要严密不能有脱节或凸起，待覆盖完毕再在覆盖物上压一些有分量的东西，使覆盖物与种子之间没有间隙，以阻碍害虫活动及交尾繁殖。

压盖时间与效果有密切关系，一般在入库以后和开春之前效果最好。但是种子入库以后采用压盖，要多加检查，以防后熟期"出汗"发生结顶。到秋冬季交替时，应揭去覆盖物降温，仍要防止表层种子发生结露。如在开春之前采用压盖，应根据各地不同的气温状况，必须掌握在越冬麦蛾羽化之前压盖完毕。在冬季每周进行面层深扒沟一次，压盖后能使种子保持低温状态，防虫效果更佳。

3. 玉米种子贮藏技术

（1）果穗贮藏法　果穗贮藏法有挂藏和玉米仓堆藏两种。挂藏是将果穗苞叶编成辫，用绳逐个联结起来，挂在避雨通风的地方。有些是采用搭架挂藏，也有将玉米苞叶联结后围绕在树干上挂成圆锥体形状，并在圆锥体顶端披草防雨等各种形式。堆藏则是在露天地上用高粱秆编成圆形通风仓，将剥掉苞叶的玉米穗堆在里面越冬，次年再脱粒入仓，此法在我国北方采用较多。

（2）籽粒贮藏法　粒藏法可提高仓容量，密度在55%~60%，空气在籽粒堆内流通性较果穗堆内差。如果仓房密闭性能较好，可以减少外界温湿度的影响，能使种子在较长时间内保持干燥。在冬季入库的种子，则能保持较长时间低温。据试验，利用冬季低温种温在0℃时将种子入库，面上盖一层干沙，到6月底种温仍能保持在10℃左右，种子不生霉不生虫，并且无异常现象。

对于采用籽粒贮藏的玉米种子，当果穗收获后不要急于脱粒应以果穗贮藏一段时间为好。这样对种子完成后熟过程，提高品质以及增强贮藏稳定性都非常有利。玉米种子的后熟期因品种而不同，一般经过20~40d即可完成，再经过15~30d贮藏之后，就可达到最高的发芽率。

粒藏种子的水分，一般不宜超过13%，南方则在12%以下才能安全过夏。据各地经验，散装堆高随种子水分而定。种子水分在13%以下，堆高3～3.5m，可密闭贮藏。种子水分在14%～16%，堆高2～3m需间隙通风。种子水分在16%以上，堆高1～1.5m，需通风，保管期不超过6个月，或采用低温保管、但要注意防止冻害。

4. 棉花种子贮藏技术

棉籽从轧出到播种约需经过5～6个月的时间。在此期间，如果温湿度控制不适当，就会引起棉胚内部游离脂肪酸增多、呼吸旺盛、微生物大量繁殖，以致发热霉变，丧失生活力。轧花时要减少破损粒、提高健籽率，以保证种子质量。

(1) 合理堆放　棉籽可采用包装和散装。散装虽对仓壁压力很小，但也不宜堆得过高。一般只可装满仓库容量的一半左右，最多不能超过70%，以便通风换气。堆装时必须压紧，可采用边装边踏的方法把棉籽压实，以免潮气进入堆内使短绒吸湿回潮。华中及华南地区的棉籽，堆放不宜压实。棉籽入库最好在冬季低温阶段冷籽入库，可延长低温时间。但是当堆内温度较高时，则应倒仓或低堆再插入用竹篾编成的通气篓，以利通风散热。

(2) 严格控制水分和温度　我国地域广大，贮藏方式应因地制宜。华北地区冬春季温度较低，棉籽水分在12%以下，已适宜较长时间保管，贮藏方式可以用露天围囤散装堆藏；冬季气温过低，须在外围加一层保护套，以防四周及表面棉籽受冻。水分在12%～13%以上的棉籽要注意经常性的测温工作，以防发热变质。如水分超过13%以上，则必须重新晾晒，使水分降低后，才能入库。棉籽要降低水分，不宜采用人工加温机械烘干法，以免引起棉纤维燃烧。

华中、华南地区，温湿度较高，必须有相应的仓库设备，采用散装堆藏法。安全水分要求达到11%以下，堆放时不宜压实，仓内需有通风降温设备。在贮藏期间，保持种温不超过15℃。长期贮藏的棉籽水分必须控制在10%以下。

(3) 常规检查　在9～10月份应每天检查1次。入冬以后，水分在11%以下，每隔5～10d检查1次，12%以下则应每天检查。入库前检查虫害，若发现有虫可采用曝晒的方法处理。

5. 大豆种子贮藏技术

(1) 充分干燥　充分干燥是大多数农作物种子安全贮藏的关键，对大豆来说，更为重要。一般要求长期安全贮藏的大豆水分必须在12%以下，如超过13%，就有霉变的危险。

(2) 低温密闭　大豆是热的不良导体，在高温情况下易发生红变，应采用低温密闭保存。贮藏大豆对低温敏感程度较差，因此很少发生低温冻害。

(3) 及时倒仓过风散湿　大豆入库后存3～4周，应及时进行倒仓过风散湿，并结合过筛除杂，以防止出汗发热、霉变、红变等异常情况。

6. 油菜种子贮藏技术

(1) 适时收获，及时干燥　油菜在花薹上角果有70%～80%呈现黄色时收获为宜。脱粒后及时干燥，晒干后须经摊晾冷却才可进仓，以防种子堆内温度过高，发生发热现象。

(2) 严格控制入库水分，清除杂质　油菜种子水分控制在9%～10%以内，可保证安全。油菜种子入库前，应进行风选1次，以清除尘土杂质及病菌之类，可增强贮藏期间的稳定性。此外对水分及发芽率进行1次检验，以掌握油菜种子在入库前的情况。

(3) 合理堆放，低温贮藏　油菜种子散装的高度应随水分多少而增减，水分在7%～9%时，堆高可达1.5～2.0m；水分在9%～10%时，堆高只能1～1.5m；水分在10%～

12%时，堆高只能1m左右；水分超过12%时，应进行晾晒后再进仓。散装的种子可将表面耙成波浪形或锅底形，使油菜种子与空气接触面加大，有利于堆内湿热的散发。

油菜种子如采用袋装贮藏法应尽可能堆成各种形式的通风桩，如工字形，井字形等。油菜种子水分在9%以下时，可堆高10包，9%～10%的可堆8～9包，10%～12%的可堆6～7包，12%以上的高度不宜超过5包。

在夏季一般不宜超过28～30℃，春秋季不宜超过13～15℃，冬季不宜超过6～8℃，种温与仓温相差如超过3～5℃就应采取措施，进行通风降温。

（4）定期检查　油菜种子进仓时即使水分低，杂质少，仓库条件合乎要求，在贮藏期间仍须遵守严格检查制度，一般在4～10月份，对水分在9%～12%之间的油菜种子，应每天检查2次，水分在9%以下应每天检查1次。在11月至来年3月份之间，对水分为9%～12%的油菜种子应每天检查1次，水分在9%以下的，可隔天检查1次。按水分高低，油菜种子保管时间和方法不同（见表7-9）。

表7-9　油菜种子安全贮藏标准

油菜种子水分%	安全保存时间	散装堆高	袋装高度
8～9	适于长期贮藏	2～2.5m	12～13袋
9～10	可保管2个月	1.5～1.8m	10袋
10～12	可保管1个月	1.5m	6～8袋
12～13	可保管7～15d	1m	6袋
13～14	可保管10～15d	至多80cm，须经常翻动	经常倒袋通风
14～15	可保管7d	麻袋不缝口，经常倒袋翻动	麻袋不缝口，经常倒袋翻动
16以上	可保管1～2d	应及时处理	应及时处理

四、任务考核

项目	重点考核内容	考核标准	分值
主要农作物种子贮藏	小麦种子贮藏	温度与水分对种子贮藏影响 会操作小麦种子热进仓贮藏	30
	玉米种子贮藏	玉米果穗安全贮藏 玉米种子安全贮藏	30
	水稻种子贮藏	水稻种子安全贮藏临界水分控制 常规稻种子贮藏 杂交稻种子贮藏	30
	制订主要作物种子贮藏方案	保证种子安全贮藏	10
分数合计		100	

五、相关理论知识

（一）主要作物种子的贮藏特性

1.水稻种子的贮藏特性

（1）散落性差　水稻种子称为颖果，籽实由内外稃包裹着，稃壳外表面被有茸毛。某些品种外稃尖端延长为芒。由于种子表面粗糙，其散落性较一般禾谷类种子差，静止角约为33°～45°，对仓壁产生的侧压力较小，一般适宜高堆，以提高仓库利用率。同一批稻谷如水分高低不平衡，则散落性亦随之发生差异。因此，同一品种的稻谷，测定其静止角可作为衡量水分高低的粗放指标。稻谷水分高则籽粒间的摩擦增大，即散落性减小，凭手指感觉亦可大致辨别，初步的水分感官检验即以此为依据。

（2）通气性好　由于水稻种子形态的特征，形成的种子堆一般较疏松，孔隙度较禾谷类的其他作物种子大，在50%～65%之间。因此，贮藏期间种子堆的通气性较其他种子好。

稻谷在贮藏期间进行通风换气或熏蒸消毒，较易取得良好效果。稻谷由于孔隙度较大也易受外界不良环境条件的影响。

（3）耐热性差　稻谷在干燥和贮藏过程中耐高温的特性比小麦差。如用人工机械干燥或利用日光曝晒，都须勤加翻动，以防局部受温偏高，影响原始生活力。另外，稻谷不论用人工干燥或日光曝晒，如对温度控制失当，均能增加爆腰率，引起变色，损害发芽率，不但降低种用价值，同时也降低工艺和食用品质。稻谷高温入库，处理不及时，种子堆的不同部位会发生显著温差，造成水分分层和表面结顶现象，甚至导致发热霉变。在持续高温的影响下，稻谷所含的脂肪酸会急剧增高。据中国科学院上海植物生理研究所研究结果表明，含有不同水分的稻谷放在不同温度条件下贮藏 3 个月，在 35℃ 下，脂肪酸均有不同程度的增加。这种贮藏在高温下的稻谷由于内部发生变质，不适于作种用，经加工后，米质亦显著降低。

（4）稃壳具有保护性　水稻的内外稃坚硬且勾合紧密，对气候的变化起到一定的保护作用。对虫霉的危害起到保护作用。内外稃裂开的水稻品种种子容易遭受害虫的为害。水稻种子的吸湿性因内外稃的保护而吸湿缓慢，水分相对地比较稳定，但是当稃壳遭受机械损伤、虫蚀或气温高于种温且外界相对湿度又较高的情况下，则吸湿性显著增加。

（5）杂交水稻种子休眠期短，易发生穗萌动　杂交水稻种子生产过程中需使用赤霉素。高剂量赤霉素的使用可打破杂交水稻种子的休眠期，使种子易在母株萌动。据对种子蜡熟至完熟期间考察，颖花受精后半个月胚发育完整，在适宜萌发的条件下，种子即开始萌动发芽。

（6）杂交水稻种子生理代谢强，呼吸强度比常规稻大，贮藏稳定性差　杂交水稻生产过程中易使种子内部可溶性物质增加，可溶性糖分含量比常规稻种子高，呼吸强度较大，不利于种子贮藏。

2. 小麦种子贮藏特性

（1）易吸湿　小麦种子称为颖果，稃壳在脱粒时分离脱落，果实外部没有保护物。种皮较薄，组织疏松，通透性好，在干燥条件下容易释放水分；在空气湿度较大时也容易吸收水分。麦种吸湿的速度，因品种而不同。在相同条件下，红皮麦粒的吸湿速度比白皮麦粒慢，硬质小麦吸湿能力比软质小麦弱；大粒小麦比小粒、虫蚀粒弱。但是，从总体上讲，小麦种子具有较强的吸湿能力。在相同的条件下，小麦种子的平衡水分较其他麦类高，吸湿性较稻谷强。因此，麦粒在曝晒时失水快，干燥效果好；反之，在相对湿度较高的条件下，容易吸湿提高水分。麦种在吸湿过程中还会产生吸胀热，产生吸胀热的临界水分为 22%。水分在 12%～22% 之间，每吸收 1g 水便能产生热量 336J。水分越低，产生热量越多。所以，干燥的麦种一旦吸湿不仅会增加水分，还会提高种温。

（2）通气性差　麦种的孔隙度一般在 35%～45% 之间，通气性较稻谷差，适宜于干燥密闭贮藏，保温性也较好，不易受外温的影响。但是，当种子堆内部发生吸湿回潮和发热时，则不易排除。

（3）耐热性好　小麦种子有较强的耐热性，特别是未通过休眠的种子，耐热性更强。据试验，水分 17% 以下的麦种，种温在较长的时间内不超过 54℃；水分在 17% 以上，种温不超过 46℃ 的条件下进行干燥和热进仓，不会降低发芽率。根据小麦种子这一特性，实践中常采用高温密闭杀虫法防治害虫。但是，小麦陈种子以及通过后熟的种子耐高温能力下降，不宜采用高温处理，否则会影响发芽率。

（4）后熟期长　小麦种子有较长的后熟期，有的需要经过 1～3 个月的时间。后熟期的长短因品种不同，通常是红皮小麦比白皮小麦长。一般是春性小麦有 30~40d，半冬性小麦有 60~70d，冬性和强冬性小麦在 80d 以上。其次，小麦的后熟期与成熟度有关，充分成熟后收获的小麦后熟期短一些；提早收获的小麦则长一些。通过后熟作用的小麦种子可以改善籽粒品质。但是麦种在后熟过程中，由于呼吸作用不断释放水分，这些水分聚集在种子表面上便会引起"出汗"，严重时甚至发生结顶现象。有时因种子的后熟作用引起种温波动即"乱温"现象。这些都是麦种贮藏过程中需要特别注意的问题。

小麦种皮颜色不同，耐藏性存在差异，一般红皮小麦的耐藏性强于白皮小麦。

由于麦种很容易回潮并保持较高的水分，为仓虫、微生物的繁衍提供了良好的条件。为害小麦种子的主要害虫有玉米象、米象、谷蠹、印度谷螟和麦蛾等，其中以玉米象和麦蛾为害最多。被害的麦粒往往形成空洞或蛀蚀一空，完全失去使用价值。因此，麦种的贮藏特别应注意防回潮，防害虫和防病菌等"三防"工作。

3. 玉米种子贮藏特性

穗贮与粒贮并用是玉米种子贮藏的一个突出特点。一般新收获的种子多采用穗贮以利通风降水，而隔年贮藏或具有较好干燥设施的单位常采取脱粒贮藏。

(1) 种胚大，呼吸旺盛，容易发热　玉米种子在禾谷类作物中，属大胚种子，种胚的体积几乎占整个籽粒的 1/3 左右，重量占全粒的 10%~12%，从它的营养成分来看，其中脂肪占全粒的 77%~89%，蛋白质占 30% 以上，并含有大量的可溶性糖。由于胚中含有较多的亲水基，比胚乳更容易吸湿。在种子含水量较高的情况下，胚的水分含量比胚乳高，而干燥种子的胚，水分却低于胚乳（见表 7-10）。因此吸水性较强，呼吸量比其他谷类种子大得多，在贮藏期间稳定性差，容易引起种子堆发热，导致发热霉变。有资料报道，含水量 14%~15% 的玉米种子在 25℃ 条件下贮藏，呼吸强度为 28mgO$_2$/（kg·24h），而相同条件下的小麦种子呼吸强度仅为 0.64mgO$_2$/（kg·24h）。

表 7-10　玉米胚与胚乳水分变化比较

不同处理的玉米	全粒水分/%	胚部水分/%	胚乳水分/%	备注
新剥玉米粒	31.4	45.2	29.0	刚从植株上剥下时测定的水分
收获后 5d 的玉米	23.8	36.4	22.4	收获后剥去苞叶 5d 后测定的水分
烘干的玉米	12.8	10.2	13.2	
晾晒后的玉米	14.4	11.2	14.8	

(2) 玉米种胚易遭虫霉为害　其原因是胚部水分高，可溶性物质多，营养丰富。为害玉米的害虫主要是玉米象、谷盗、粉斑螟和谷蠹。为害玉米的霉菌多半是青霉和曲霉。当玉米水分适宜于霉菌生长繁殖时，胚部长出许多菌丝体和不同颜色的孢子，被称为"点翠"。因此，完整粒的玉米霉变，常常是从胚部开始。实践证明，经过一段时间贮藏后的玉米种子，其带菌量比其他禾谷类种子高得多。因此，在生产上玉米经常发生"点翠"现象，这是玉米较难贮藏的原因之一。

在穗轴上的玉米种子，由于开花授粉时间的不同，顶部籽粒成熟度差，加上含水量高，在脱粒加工过程中易受损伤，据统计，一般损伤率在 15% 左右。损伤籽粒呼吸作用较旺盛，易遭虫、霉为害，经历一定时间会波及全部种子。所以，入库时应将这些破碎粒及不成熟粒清除，以提高玉米贮藏的稳定性。

(3) 玉米种胚容易酸败　玉米种子脂肪含量绝大部分（77%~89%）集中在种胚中。这种分布特点加上种胚吸湿性又较强，因此，玉米种胚非常容易酸败，导致种子生活力降低。特别是在高温、高湿条件下贮藏，种胚的酸败比其他部位更明显。据试验，玉米在 13℃ 和相对湿度 50%～60% 条件下贮藏 30d，胚乳的酸度为 26.5（酒精溶液，下同），而胚为 211.5。在温度 25℃，相对湿度 90% 的条件下，胚乳酸度为 31.0，胚则高达 633.0。可见玉米种胚容易酸败，高温高湿会加快酸败的速度。

（4）玉米种子易遭遇受低温冻害　在我国北方，玉米属于晚秋作物，一般收获较迟。加之种子较大，果穗被苞叶紧紧包裹在里面，在植株上水分不易蒸发，因此收获时种子水分较高，一般多在 20%～40%。由于种子水分高，入冬前来不及充分干燥，极易发生低温冻害。这种现象在下列情况下更易发生：一是低温年份、种子成熟期推迟，或不能正常成熟，含水量偏高；二是种子收获季节阴雨连绵、空气潮湿或低温来得早；三是一些杂交组合生育期偏长、活秆成熟或穗粗、粒大、苞叶包裹紧密。

有关玉米种子低温冻害条件的研究资料众多，由于研究者选用的材料和试验方法不同，得到的结果也不尽一致。据试验，玉米水分高于 17% 时易受冻害，发芽率迅速下降。

（5）玉米穗轴特性　玉米穗轴在乳熟及蜡熟阶段柔软多汁。成熟时轴的表面细胞木质化变得坚硬，轴心（髓部）组织却非常松软，通透性较好，具有较强的吸湿性。种子着生在穗轴上，其水分的大小在一定程度上决定于穗轴。潮湿的穗轴水分含量大于籽粒，而干燥的穗轴水分则比籽粒少。果穗在贮藏期间，种子和穗轴水分变化与空气相对湿度有密切关系，都是随着相对湿度的升降而增减。

将玉米穗轴和玉米粒放在不同的相对湿度条件下，其平衡水分有明显的变化。据试验，在空气相对湿度低于 80% 的情况下，穗轴水分低于玉米粒；当相对湿度高于 80% 时，穗轴水分却高了玉米粒。前者情况，穗轴向籽粒吸水，可以使玉米粒降低水分；而后者却相反，玉米粒从穗轴吸水，使种子增加水分。因此，相对湿度低于 80% 的地区以穗藏为宜，超过 80% 的地区，则以粒藏为宜。

4. 棉花种子贮藏特性

棉籽种皮厚，一般在种皮表面附有短绒，导热性很差，在低温干燥条件下贮藏，寿命可达 10 年以上，在农作物种子中属长命的类型。但如果水分和温度较高，就很容易变质，生活力在几个月内完全丧失。

（1）耐藏性好　熟后的棉籽，种皮结构致密而坚硬，外有蜡质层可防外界温、湿度的影响。种皮内含有 7.6% 左右的鞣酸物质，具有一定的抗菌作用。所以，从生物学角度讲，棉籽属于长寿命种子。但是未成熟种子则种皮疏松皱缩，抵御外界温、湿度的影响能力较差，寿命也较短。一般从霜前花轧出的棉籽，内容物充实饱满，种壳坚硬，比较耐贮藏。而从霜后花轧出的棉籽，种皮柔软，内容物松瘪，在相同条件下，水分比霜前采收的棉籽高，生理活性也较强，因此耐藏性较差。

棉籽的不孕粒比例较高，据统计，中棉占 10% 左右，陆地棉占 18% 左右。棉籽经过轧花后机械损伤粒比较多。一船占 15%～29%，特别是经过轧短绒处理后的种子，机损（伤）率有时可高达 30%～40%。上述这些种子本身生理活性较强，又易受贮藏环境中各种因素的影响，不耐贮藏。

棉籽入库前，要进行一次检验。其安全标准为：水分不超过 12%，杂质不超过 0.5%，发芽率应在 90% 以上，无霉烂粒，无病虫粒，无破损粒，霜前花籽与霜后花籽不可混在一起，后者通常不作留种用。

（2）通气性差　一般的棉籽表面着生单细胞纤维称为棉绒。轧花之后仍留在棉籽上的部分棉绒称为短绒，占种子重量的 55% 左右，它的导热性较差，具有相当好的保温能力，不易受外界温、湿度的影响。如果棉籽堆内温度较低时，则能延长低温时间，相反堆内的热量也不易向外散发。短绒属于死坏物质易吸附水分子，在潮湿条件下易滋生霉菌。相对湿度在84%～90%时霉菌生长很快，放出大量热量，积累在棉籽堆内而不能散发引起发热，干燥的棉籽很容易燃烧，在贮藏期间要特别注意防火工作。

（3）含油分多，易酸败　棉籽的脂肪含量较高，在20%左右、其中不饱和脂肪酸含量比较高，易受高温、高湿的影响使脂肪酸败。特别是霜后花中轧出的种子，更易酸败而丧失生活力。棉籽入库后的主要害虫是棉红铃虫。幼虫由田间带入，可在仓内继续蛀食棉籽，危害较大。幼虫在仓内越冬，到第2年春，羽化为成虫飞回田间。因此，棉籽入库前后做好防虫灭虫工作。

留种用的棉籽短绒上会带有病菌，可用脱短绒机或用浓硫酸将短绒除去，以消除这些病菌，并可节约仓容，来年开春播种时也比较方便，种子不至互相缠结，使播种落子均匀，对吸水发芽也有一定促进作用。但应注意脱去绒的棉籽在贮藏中容易发热，须加强检查和适当通风。

5. 大豆种子贮藏特性

大豆除含有较高的水分外（17%～22%），还含有非常丰富的蛋白质（35%～40%）。因此，其贮藏特性不仅与禾谷类作物种子大有差别，而且与其他一般豆类比较也有所不同。

（1）吸湿性强　大豆子叶中含有大量蛋白质（蛋白质是吸水力很强的亲水胶体），同时由于大豆的种皮较薄，种孔（发分口）较大，所以对大气中水分子的吸附作用很强。在20℃条件下，相对湿度为90%时，大豆的平衡水分达20.9%（谷物种子在20%以下）；相对湿度在70%时，大豆的平均水分仅11.6%（谷物种子均在13%以上）。因此，大豆贮藏在潮湿的条件下，极易吸湿膨胀。大豆吸湿膨胀后，其体积可增加2～3倍，对贮藏容器能产生极大的压力，所以大豆晒干以后，必须在相对湿度70%以下的条件下贮藏，否则容易超过安全水分标准。

（2）易丧失生活力　大豆水分虽保持在9%～10%的水平，如果种温达到25℃时，仍很容易丧失生活力。大豆生活力的影响因素除水分和温度外，种皮色泽也有很大的关系。黑色大豆保持发芽力的期限较长，而黄色大豆最容易丧失生活力。种皮色泽越深，其生活力越能保持长久，这一现象也出现在其他豆类中。其原因是深色种皮组织较为致密，代谢作用较为微弱的缘故。

贮藏期间的通风条件影响大豆的呼吸作用，也会间接影响生活力。当大豆水分为10%，在0℃时放出CO_2的量为100mg/（kg·24h），当温度升高到24℃时，通风贮藏的，其呼吸强度增至1073mg/（kg·24h）（即增强10倍多），而不通风的仅384mg/（kg·24h）（还不到4倍）。呼吸强度增高，放出水分和热量又进一步促进呼吸作用，很快就会导致贮藏条件的恶化而影响生活力。

根据Toole等（1946）的研究，两个大豆品种，在高水分（大粒黄为18.1%，耳朵棕为17.9%）30℃条件下经1个月贮藏，大粒黄种子仅有14%的发芽率，而耳朵棕种子则完全死亡。同样水分如在10℃下贮藏1年，发芽率分别为88%和76%；而自然风干的种子（大粒黄水分为13.9%，耳朵棕为13.4%）10℃下贮藏4年，发芽率分别为88%和85%；低水分种子（大粒黄水分为9.4%，耳朵棕为8.1%）30℃条件下经1年贮藏，大粒黄和耳朵棕种子仍有87%和91%的发芽率，同样的低水分种子在10℃下贮藏10年，发芽率分别为94%和95%。

（3）破损粒易生霉变质　大豆颗粒椭圆形或接近圆形，种皮光滑，散落性较大。此外大豆种子皮薄、粒大，干燥不当易损伤破碎。同时种皮含有较多纤维素，对虫霉有一定抵抗力。但大豆在田间易受虫害和早霜的影响，有时虫蚀高达 50% 左右。这些虫蚀粒、冻伤粒以及机械破损粒的呼吸强度要比完整粒大得多。受损伤的暴露面容易吸湿，往往成为发生虫霉的先导，引起大量的生霉变质。

（4）导热性差　大豆含油分较多，而油脂的导热率很小。所以大豆在高温干燥或烈日曝晒的情况下，不易及时降温以至影响生活力和食用品质。大豆贮藏期可利用这一特点以增强其稳定性，即大豆进仓时，必须干燥而低温，仓库严密，防热性能好，则可长期保持稳定，不易导致生活力下降。据黑龙江省试验，大豆贮藏在木板仓壁和铁皮仓顶的条件下，堆高 4m，于 1 月份入库，种温为 -11℃，到 7 月份出仓时，仓温达 30℃，而上层种温为 21℃，中层为 10℃，下层为 7℃。如果仓壁加厚，仓顶选用防热性良好的材料，则贮藏稳定性将会大大提高。

（5）蛋白质易变性　大豆含有大量蛋白质，远非一般农作物种子所能比拟。但在高温高湿条件下，很容易老化变性，以至影响种子生活力和工艺品质及食用品质。这和油脂容易酸败的情况相同，主要由于贮藏条件控制不当所引起，值得注意。

大豆种子一般含脂肪 17%～22%，由于大豆种子中的脂肪多由不饱和脂肪酸构成，所以很容易酸败变质。

6. 油菜种子贮藏特性

（1）吸湿性强　油菜种子种皮脆薄，组织疏松且籽粒细小，暴露的比表面积大。油菜收获正近梅雨季节，很容易吸湿回潮；但是遇到干燥气候也容易释放水分。据浙江省的试验，在夏季比较干燥的天气，相对湿度在 50% 以下，油菜种子水分可降低到 7%～8% 以下，而相对湿度在 85% 以上时，其水分很快回升到 10% 以上。所以常年平均相对湿度较高的地区和潮湿季节，特别要注意防止种子吸湿。

（2）通气性差，容易发热　油菜种子近似圆形，密度较大，一般在 60% 以上。由于种皮松脆，子叶较嫩，种子不坚实，在脱粒和干燥过程中容易破碎，或者收获时混有泥沙等因素，往往使种子堆的密度增大，不易向外散发热量。然而油菜种子的代谢作用又旺盛，放出的热量较多。如果感染霉菌以后，分解脂肪释放的热量比淀粉类种子高 1 倍以上。所以油菜种子比较容易发热。尤其是那些水分高、感染霉菌，又是高堆的种子。据上海、苏南等地经验，发热时种温甚至可高达 70～80℃。经发热的种子不仅失去发芽率，同时含油量也迅速降低。

（3）含油分多，易酸败　油菜种子的脂肪含量较高，一般在 36%～42%，在贮藏过程中，脂肪中的不饱和脂肪酸会自动氧化成醛、酮等物质，发生酸败。尤其在高温高湿的情况下，这一变化过程进行得更快，结果使种子发芽率随着贮藏期的延长而逐渐下降。

油脂的酸败主要由两方面原因所引起：一是不饱和脂肪酸与空气中的氧起作用，生成过氧化物，它极不稳定，很快继续分解成为醛和酸；另一种原因是在微生物作用下，使油脂分解成甘油及脂肪酸，脂肪酸进而被氧化生成酮酸，酮酸经脱羧作用放出二氧化碳便生成酮。实践中油脂品质常以酸价表示，即中和 1g 脂肪中全部游离脂肪酸所耗去的氢氧化钾的毫克数。耗去氢氧化钾量越多，酸价越高，表明油脂品质越差。

油菜种子在贮藏期间的主要害虫是螨类，它能引起种子堆发热，是油菜种子的危险害虫。螨类在油菜种子水分较高时繁殖迅速，只有保持种子干燥才能预防螨类为害。

（二）主要作物种子贮藏过程中的变化

1. 结露

热空气遇到冷物体，便在冷物体的表面凝结成小水珠，称为结露，发生在种子表面就叫种子结露

2. 霉变

种子一般都带有微生物，但微生物不一定发生霉变，健全的种子对微生物有一定抵抗能力。种子霉变是一个连续的统一过程，常伴有变色、变味、发热、霉烂等现象。

3. 点翠

玉米种子表面许多菌丝体和不同颜色的孢子，称为点翠。

4. 酸败

脂肪类种子的脂肪含量较高，一般在 $36\%\sim42\%$，在贮藏过程中，脂肪中的不饱和脂肪酸会自动氧化成醛、酮等物质，发生酸败。尤其在高温高湿的情况下，这一变化过程进行得更快。

5. 红眼

大豆产种子贮藏过程中，当种子水分超过 13%，温度达 $25℃$ 以上，即使还未发热生霉，但经过一段时间，豆粒发软，两片子叶靠近脐的部位呈现深黄色甚至透出红色的现象。

6. 红变

红眼后，种温升高，豆粒内部红色加深逐步扩大，即红变。

六、课后训练

选取 $1\sim2$ 种作物种子按照操作规范进行贮藏实践。

项目自测与评价

一、名词解释

种子清选、种子精选、种子传湿力、种子安全含水量、种衣剂、种子包衣、种子丸化、呼吸作用。

二、填空题

1. 种子干燥的介质是（　　）。

2. 传湿力强的种子，干燥就（　　）。反之则干燥就（　　）。

3. 影响种子干燥的因素有（　　）、（　　）、（　　）和种子本身的生理状态和化学成分。

4. 种子籽粒内部水分扩散有（　　）和（　　）。

5. 种子干燥剂硅胶吸水后颜色变为（　　），在（　　）条件下加热干燥，性能不变仍可重复使用。

6. 种衣剂的类型有（　　）、（　　）、（　　）和特异型。

7. 种衣剂的理化特性有合理细度、适当黏度、适宜酸度、（　　）、（　　）、牢固度和良好缓解性。

8. 种子法规定种子包装外必须附有（　　）。

9. 呼吸作用衡量指标有（　　）和（　　）。

10. 小麦种子贮藏过程的三防是防回潮、（　　　）和（　　　）。

三、简答题

1. 简述种子清选精选过程。

2. 种子干燥的基本方法有哪些？

3. 种子包衣有何作用？

4. 种子包装的原则是什么？

5. 简述影响种子安全贮藏的因素。

6. 简述小麦、玉米、大豆种子贮藏技术。

参 考 文 献

[1] 王孟宇，刘宏．作物遗传育种．北京：中国农业大学出版社，2009．

[2] 李道品．作物遗传育种．北京：中国农业大学出版社，2016．

[3] 董炳友．作物育种技术．北京：化学工业出版社．2012．

[4] 董炳友．作物良种繁育．北京：化学工业出版社．2012．

[5] 邱强．作物病虫害诊断与防治彩色图谱．北京：中国农业科学技术出版社．2013．

[6] 刘丽云、周显忠．园艺植物保护．北京：中国农业大学出版社，2014．

[7] 农业部人事劳动司，农业职业技能培训教材编审委员会．作物种子繁育员．北京：中国农业出版社，2004．

[8] 杜鸣銮．种子生产原理和方法．北京：中国农业出版社，2003．

[9] 官春云．作物育种实验．北京：中国农业出版社，2003．

[10] 李振陆．植物生产综合实训教程．北京：中国农业出版社，2003．

[11] 颜启传，种子学．北京：中国农业出版社，2001．

[12] 吴玉娥，刘明久．农艺实践与技能．北京：中国农业大学出版社，2005．

[13] 赵凤艳等．农作物生产技术与实训．北京：中国劳动社会保障出版社，2005．

[14] 薛全义．作物生产综合训练．北京：中国农业大学出版社，2008．

[15] 李清西，钱学聪．植物保护．北京：中国农业出版社，2002．

[16] 张随榜．园林植物保护．北京：中国农业出版社，2007．

[17] 贾希海，刘善江，王萍．怎么识别假种子假化肥假农药．北京：中国农业出版社，2007．

[18] 纪英．种子生物学．北京：化学工业出版社，2009．

[19] 王立军．种子贮藏加工与检验．北京：化学工业出版社，2009．

[20] 李涛．植物保护．北京：化学工业出版社，2009．

[21] 卢颖．植物化学保护．北京：化学工业出版社，2009．